零基础学
Pine Script

基于TradingView平台的量化分析

阎英姿 著

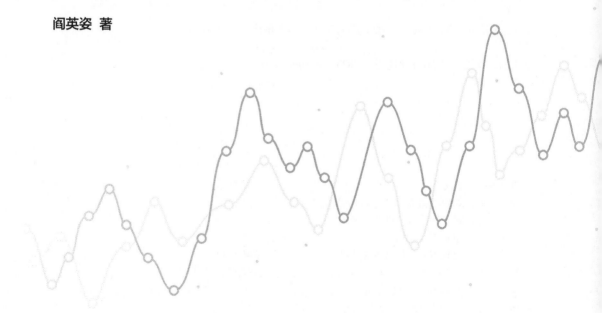

電子工業出版社
Publishing House of Electronics Industry
北京·BEIJING

内 容 简 介

这是第一本介绍 Pine Script 语言的中文图书。Pine Script 是 TradingView 平台上特有的一种轻量级脚本语言，它简洁高效、易学易用，可用于编写/定制指标和策略，并进行策略的回测。

按照内容划分，本书可以归类于金融投资领域的量化分析图书范畴。全书内容分为四个部分，包括基础篇、函数篇、进阶篇和应用篇。本书从初学者角度出发，按照由浅入深、从基础到应用的顺序递进，先介绍 Pine Script 语言基础，再着重讲解该语言的特色、重点和使用技巧，最后给出精选的 20 多款颇具应用价值的实例。书中所有知识点都结合具体实例进行讲述，所涉及的脚本代码均在关键之处给出了详细的注释，使读者可以轻松领会 Pine Script 语言的精髓，并快速掌握应用技能。

图书在版编目（CIP）数据

零基础学 Pine Script：基于 TradingView 平台的量化分析 / 阎英姿著. —北京：电子工业出版社，2023.11
ISBN 978-7-121-46538-3

Ⅰ. ①零⋯　Ⅱ. ①阎⋯　Ⅲ. ①程序语言—程序设计　Ⅳ. ①TP312

中国国家版本馆 CIP 数据核字（2023）第 199874 号

责任编辑：黄爱萍
印　　刷：固安县铭成印刷有限公司
装　　订：固安县铭成印刷有限公司
出版发行：电子工业出版社
　　　　　北京市海淀区万寿路 173 信箱　　　邮编：100036
开　　本：787×980　　1/16　　印张：26.75　　字数：599.2 千字
版　　次：2023 年 11 月第 1 版
印　　次：2024 年 10 月第 2 次印刷
定　　价：139.00 元

凡所购买电子工业出版社图书有缺损问题，请向购买书店调换。若书店售缺，请与本社发行部联系，联系及邮购电话：（010）88254888，88258888。
质量投诉请发邮件至 zlts@phei.com.cn，盗版侵权举报请发邮件至 dbqq@phei.com.cn。
本书咨询联系方式：faq@phei.com.cn。

前　　言

写作背景

近 20 年来，随着中国经济突飞猛进、蓬勃发展，中国居民储蓄总额已跃居世界首位。与此同时，约有 2 亿名股民和 7 亿名基民积极参与到金融市场中。普通投资者持续高涨的投资理财热情与缺乏专业级的图表软件和市场行情分析工具（尤其是免费的）形成矛盾。

这类情况与 10 多年前欧美地区的情况相似。当时，知名的财经资讯和金融数据服务提供商路透社和彭博社的服务对象几乎只限于金融机构和大客户，不菲的收费和专业性的高门槛将普通投资者隔绝在外。普通投资者和业余交易者渴望拥有一个免费的网络空间，能够与金融机构和专业人士平等地获取市场资讯、交流行情分析和分享交易观点。

TradingView 平台应运而生、应势而起。TradingView 平台于 2011 年在美国成立，现今它已成为全球最活跃的金融市场研究和业界交流的平台，也是全球最大的投资人与交易员汇聚的社区。每月有超过 2000 万名活跃用户汇聚在这里，用户可以自由浏览金融资讯和行情，共同分析市场动态、分享投资观点。该平台基于云计算技术搭建，可提供实时的金融市场行情报价、免费的金融图表、技术分析、交易策略和专家交易观点分享等服务。TradingView 连接全球 50 多家交易所，支持股票、债券、外汇、加密货币和期货等金融产品，并且目前已经支持 20 多种自然语言。与此同时，TradingView 平台上的 Pine Script 语言可供用户免费使用，用户可以利用该语言自主设计指标、策略并进行回测。从此，量化分析工具不再是金融机构和专业人士专属，普通投资者和业余交易者也能免费使用，并轻松入门、快速掌握。"工欲善其事，必先利其器"，Pine Script 就是助力"金融淘金者"的量化利器。自此，量化工具在手，提升胜算无忧。

读者对象

本书适合零基础学习 Pine Script 语言的投资者和金融技术分析的爱好者阅读，还可供有编程基础的交易员和开发人员等相关从业者查阅。

内容组织方式

本书内容划分为四个部分，包括基础篇、函数篇、进阶篇和应用篇，共有 31 章内容。全书内容的组织按照由浅入深、从基础到应用的顺序递进。

- 第一部分基础篇：这一部分沿袭经典的计算机语言图书的逻辑顺序介绍 Pine Script 语言基础。基础篇共有 9 章（第 1 章～第 9 章）的内容，包括初识 TradingView 与 Pine Script、快速上手 Pine Script、Pine Script 语法基础、数据类型、变量声明与变量再赋值、条件结构和循环结构等。其中第 5 章数据类型需要重点掌握，尤其是 Pine Script 语言的特色部分。

- 第二部分函数篇：Pine Script 语言的特色之一是它提供了大量的功能完善的函数。熟练掌握 Pine Script 主要函数的应用，是从零基础到精通该语言的必经之路。函数篇共有 8 章（第 10 章～第 17 章）的内容。在这一部分，详细解析了 Pine Script 中的主要函数的参数与功能，并进行了举例说明。其中，指标函数 indicator 和策略函数 strategy 是 Pine Script 的两大核心函数，同时它们也是主调函数，需要重点掌握。输出函数（如 plot 系列函数）也是编写指标时必不可少的，另外还有一些重要函数，比如输入函数 input 系列、库函数 library、其他内置函数和用户自定义函数，它们对灵活应用 Pine Script 编程也很有帮助。

- 第三部分进阶篇：这部分内容适合读者在初步掌握 Pine Script 语言后的进阶或提高阶段使用。进阶篇共有 6 章（第 18 章～第 23 章）的内容。其中，图表的配色设计、提醒功能都是 Pine Script 语言的特色部分，突显了该语言的灵活友好和便捷高效。此外，这一部分还包括数组、调试、发布脚本、小技巧集锦与实例分享等内容，引导读者走上熟练应用和进阶之路。

- 第四部分应用篇：经过对前面 3 篇的学习，我们迎来了践行"知行合一"的重要时刻。应用篇共有 8 章（第 24 章～第 31 章）的内容，这部分将指标、策略和技术分析方法分为 8 类，包括趋势指标/策略、反转指标、动量指标、成交量指标和波动率指标，此外还有背离技术分析、K 线形态与分形技术分析等更高阶的技术分析工具，旨在帮助读者更深入地洞察市场走势，抓住潜在的交易机会。

本书的内容组织不仅旨在帮助读者掌握 Pine Script 语言和熟悉 TradingView 平台，更致力于协助读者构建量化分析的思维方式和实践能力。通过理论与实际案例的结合，逐步培养进行量化研究和制定交易策略的能力，从而在金融交易中获益。扫描本书封底二维码，可以获取本书的源码资料。

建议

在金融投资领域中有 3 种常用的分析方法，即技术分析法、基本面分析法和市场心理分析法，它们用于预测和分析金融市场的走势和投资机会。这 3 种分析方法的关系不是割裂的，而是可以相得益彰和相辅相成的。我们强烈建议将这 3 种分析方法相结合以辅助交易决策。

第一，对于技术分析，强烈建议使用多个指标相互验证。在选择指标时应考虑它们之间的独立性和互补性，以提高验证结果的可靠性。

第二，结合技术面分析和基本面分析。基本面分析可以帮助投资者选择具有长期价值和成长潜力的投资标的，而技术面分析则可以帮助投资者确定最佳的买卖时机和控制风险，将技术面分析与基本面分析结合可以使投资决策更加全面和准确。

第三，结合市场情绪和心理分析。市场情绪和分理分析可以提供对市场参与者情绪和信心的洞察，帮助投资者更好地了解市场情况和预测市场走势。

采用上述的综合分析方法可以帮助投资者做出更明智的交易决策，提高胜率和利润率，并最大限度地降低风险。

致谢

本书得以顺利出版，要衷心感谢诸多亲朋、师友、电子工业出版社和各方合作伙伴们。

感谢我的父亲多年来对我无条件的支持，感谢家人的爱与陪伴。尤其要诚挚感谢电子工业出版社的黄爱萍老师为本书的出版付出的卓越而辛勤的工作。由衷感谢期权类丛书作者王勇老师和小马老师的交易指导。还要感谢我的朋友赵熠先生的信息支援，以及我的同事和小伙伴们的协力合作。

另外，要特别感谢 TradingView 公司及其技术支持团队和合作方。在本书的撰写过程中，我参考了很多 TradingView 公司的文档，以及 TradingView 平台上的用户@PineCoders 的脚本范例；此外，还参考了 tradingcode.net 网站的一些源码和示例。在此，对 TradingView 公司、tradingcode.net 网站和@PineCoders 账户拥有者深表谢意。

"历尽天华成此景，人间万事出艰辛。"本书从构思到截稿历时两年，直至出版前又经历数月的修订与打磨。希望我和电子工业出版社的老师们共同努力下的这部倾情之作可以给读者朋友们带来收获和惊喜——享受丝滑编程、赏鉴精美图表、轻松高效交易和乐享投资收益。

阎英姿

2023 年 8 月

目　　录

基础篇

第1章　初识 TradingView 与 Pine Script

1.1　初识 TradingView

1.1.1　TradingView 简介

TradingView 是全球最活跃的金融市场研究和业界交流平台，也是全球最大的投资人与交易员汇聚的社区。每月有超过两千万的活跃用户聚集在该平台，他们共同分析市场动态、分享投资观点。

TradingView 于 2011 年在美国成立，其基于云计算技术搭建，可提供实时的金融市场行情报价、免费的金融图表、技术分析、交易策略和专家交易观点分享等服务。TradingView 连接全球 50 多家交易所，支持股票、债券、外汇、加密货币和期货等金融产品，并且目前已经支持 20 多种自然语言。

1.1.2　如何访问 TradingView

首先，打开浏览器，进入 TradingView 的官网主页（如图 1-1 所示），初次使用 TradingView 平台需要注册并创建用户账户，选择右上角小人头像，在弹出的菜单中选择"Sign in"，然后在弹出的窗口下方选择"Sign up"，注册成功后需再登录。TradingView 平台支持中文，用户可以直接访问其中文的官网主页。

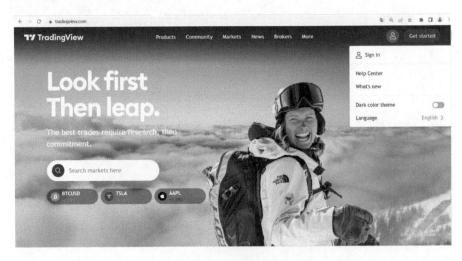

图 1-1　TradingView 的官网首页

成功登录平台后，在屏幕上方搜索框中输入商品代码（Symbol），如图 1-2 所示。

图 1-2　在搜索框中输入高品代码

进入 TradingView 图表界面，以上证指数（000001）为例，如图 1-3 所示。

图 1-3　TradingView 图表界面

1.1.3　TradingView 图表界面的布局与功能

　　TradingView 图表界面的布局非常清晰和直观，各个功能和工具都被合理地安排在窗口中不同的位置，使用户能够轻松地进行技术分析和对图表进行操作。TradingView 图表界面布局如图 1-4 所示。

图 1-4　TradingView 图表界面布局

　　从图 1-4 中可以看出，TradingView 图表界面布局按照功能可划分为五个区域。

● 区域 A：窗口中部的大面积区域，用于图表展示，这里也是手工绘制图表的工作区域。

● 区域 B：顶部窗口栏，主要用于操作图表和用户设置。

  - 左上角用户头像，用于用户设置（Profile Settings）、图表风格设置、语言设置、返回官网主页和一键直达帮助中心（Help Center）等。

  - 商品代码（Symbol），用于搜索商品代码、对比或添加商品代码。

  - 时间间隔（Time Interval），选择/定制时间间隔。

  - 指标/策略（Indicators, Metrics & Strategies），选取添加指标/策略。

- 定制指标/策略的模板（Indicators Templates），它允许用户将各种技术指标、图表设置和分析工具等保存为模板，以便在后续的技术分析中快速应用这些设置。

- 提醒/警报（Alert），添加、定制和管理提醒。

- 回放（Bar Replay），允许用户回放历史 K 线图，以便研究过去的市场动态和价格行为。

- 复原（Undo）和重做（Redo），类似 Word 中的编辑指令 Undo 和 Redo，允许用户在进行分析、绘图和编辑等操作时进行撤销和恢复。

- 界面布局（Layout），用于选取/定制界面布局，允许用户自定义和保存图表的布局、时间间隔、技术指标和绘图工具等设置。

- 快速搜索（Quick Search），允许用户在进行商品搜索时更快速地找到感兴趣的商品和相关信息。

- 图表设置（Chart settings），允许用户根据自己的需求和习惯，自定义图表的各种参数和属性。

- 全屏模式（Fullscreen mode），允许用户以全屏的方式观察图表和相关信息。

- 生成快照（Take a snapshot），允许用户在分析商品时，将当前图表的快照保存为图片文件，以备后续参考或分享。

- 发布/发表交易观点（Publish），允许用户将自己的交易观点、分析结果和技术指标等信息发布到 TradingView 社区中，以便与其他用户进行交流。

● 区域 C：左侧工具栏，主要用于提供图表的绘制工具等。

● 区域 D：底部标签栏，提供了一些 Tab 页窗口，包括以下几方面内容。

- 股票筛选器（Stock Screener），这是一个功能强大的工具，可用于搜索和筛选市场中的股票，以帮助用户找到最合适的交易机会。通过股票筛选器，用户可以根据基本面分析指标和技术分析指标等多种因素和条件对股票进行筛选和排序。用户还可以自定义股票筛选器，并用以筛查出符合自己交易风格和偏好的金融产品。

- Pine Editor（Pine Script 编辑器），这是 TradingView 平台提供的一款界面友好、功能强大的代码编辑工具。

- 策略测试器（Strategy Tester），用户可以使用它来回测自己的交易策略，用于测试和评估交易策略的效果和潜在风险。

- 交易面板（Trading Panel），其提供了一个交易操作界面，方便用户进行市价单和限价单的下单，还可以帮助用户管理订单、持仓和账户信息等。

● 区域 E：界面右侧边栏的面板/导航栏。该区域的功能极其丰富，可归纳总结为"观测面板+导航栏"。通过该区域既可以观测行情数据、提示警报信息、浏览市场新闻和获取通知信息，还可以一键快速访问其他功能模块。其中，右下方最后一项是"帮助中心"按钮，单击此按钮后可一键直达"帮助中心"页面。此外，该区域还提供了聊天窗口以供用户参与不同主题的群组聊天和私密聊天等。

- 观察清单和详情（Watchlist and details），用于跟踪和查看多种金融资产的价格和详细信息。

- 警报/提醒（Alerts），用户定制的提醒列表。

- 新闻（News），提供市场和行业相关的最新新闻报道和分析信息。

- 数据窗口（Data Window），可用于观测当前图表中的 K 线、指标和策略信息。

- 热股榜（Hotlists），提供市场中表现最活跃或涨幅最大的股票的列表。

- 日历（Calendar），提供市场中的重要事件、经济指标发布时间，以及公司财报公布日期等信息。

- 我的观点（My Ideas），允许用户创建、分享和查看有关股票和市场的研究和分析信息。

- 公共聊天（Public Chats），可供用户加入不同主题的群组（公共聊天室）聊天。

- 私密聊天（Private Chats），允许用户与其他特定用户进行私密交流和讨论。

- 观点流（Ideas Stream），提供所有用户创建的观点和想法的汇总信息。

- 通知（Notifications），提供与用户关注的金融资产相关的各种通知，如价格变化和成交量等。

- 交易面板（Order Panel），提供交易功能，允许用户买卖股票和其他证券。

- 市场深度（DOM），提供买方和卖方的订单信息，以及订单价格和数量的分布情况。

- 对象树（Object Tree），提供有关图表、指标和其他技术分析工具的信息和设置。

- 帮助中心（Help Center），可以一键直达帮助中心，以获得帮助信息和客户支持服务。

在通常情况下，K 线会展示在主图上，而指标和策略既可以叠加在主图上，也可以添加到副图上。有时在副图上会有多个指标/策略，这时每个指标/策略都会占用一个窗格（Pane），TradingView 图表界面布局的主图与副图如图 1-5 所示。

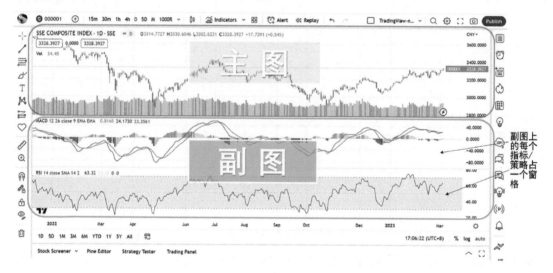

图 1-5　TradingView 图表界面布局的主图与副图

1.2　初识 Pine Script

1.2.1　Pine Script 简介

Pine Script 是 TradingView 平台上独有的一个轻量级脚本语言工具，它具有简单高效、易学易用、灵活友好、功能强大的特点。交易者不仅可以使用它灵活、快速地定制交易指标，还可以方便快捷地回测所编写的交易策略。TradingView 平台上的大部分内置指标/策略都是由 Pine Script 编写的。截至目前，TradingView 社区已经发布了 10 万多个脚本，指标/策略资源丰富、类型多样。

在 2021 年 10 月，TradingView 平台推出了 Pine Script 的最新版本 Pine Script V5。Pine Script V5 版本在 Pine Script V4 版本的基础上进行了一系列优化和升级，对用户更友好，功能更完备。

1.2.2　Pine Script 界面概览与功能

在图 1-4 中区域 D 内的 Pine Editor 为 Pine Script 提供了编写代码的操作界面。Pine Script 操作界面如图 1-6 所示。

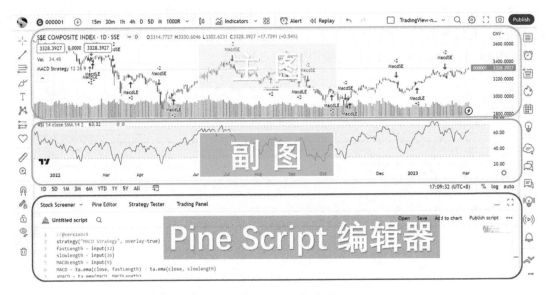

图 1-6　Pine Script 操作界面

Pine Editor 即为 Pine Script 的编辑窗口，如图 1-7 所示。

图 1-7　Pine Script 的编辑窗口

Pine Editor 是 TradingView 平台提供的一款界面友好、功能强大的代码编辑器，它提供了一些很实用的功能，如语法高亮显示、自动补全代码、代码提示、错误检查、版本控制和回测等，方便用户进行编码和测试。用户可以在 Pine Editor 中创建新的脚本、打开已有的脚本、保存脚本和设置脚本的属性等，还可以将编写的 Pine Script 代码分享到 TradingView 社区，并与其他用户进行交流和分享经验。

第 2 章　快速上手 Pine Script

2.1　第一个程序

在 Pine Script 中，指标函数 indicator 和策略函数 strategy 是两大核心函数。下面我们使用 Pine Editor 自动生成的脚本框架编写第一个 indicator 程序和第一个 strategy 程序。

2.1.1　第一个 indicator 程序

在图表界面下方，选择"Pine Editor"选项，单击右上方"Open"，在弹出的菜单中选择"TEMPLATES→Indicator"，然后由编辑器自动生成 indicator 脚本框架，如图 2-1 所示。

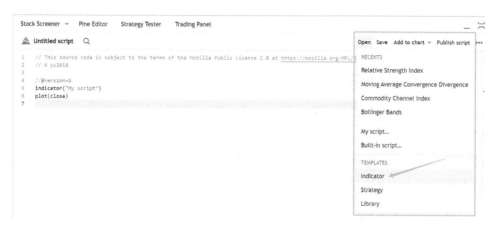

图 2-1　由编辑器自动生成 indicator 脚本框架

简单地修改该脚本，如下所示。

```
// This source code is subject to the terms of the Mozilla Public License 2.0
at https://mozilla.org/MPL/2.0/
// © yc2018

//@version=5
indicator("Hello world!")
plot(close)
```

在 Pine Editor 页面右上方的菜单中选择"Add to chart"，将该脚本添加到图表上。这里以深证指数（399001）为例，如图 2-2 所示。可以看到该脚本在图表的副图上添加了一个标题为"Hello world!"的指标，该指标根据收盘价（close）绘制了一条蓝色折线。

图 2-2　第一个 indicator 程序 "Hello World!" 的图表界面

2.1.2　第一个 strategy 程序

策略函数 strategy 既有指标函数 indicator 的功能，又可以进行回测（Backtesting）和前测（Forwardtesting）。

在图表界面下方，选择 "Pine Editor"，单击右上方 "Open"，在弹出的菜单中选择 "TEMPLATES→Strategy"，由编辑器自动生成 strategy 脚本框架，如图 2-3 所示。

图 2-3　由编辑器自动生成 strategy 脚本框架

我们以此为框架编写一个标题为 "Trend Following Strategy Example（趋势跟踪策略示例）" 的脚本。"Trend Following Strategy" 设定为当金融资产价格突破前高时做多，而当价格跌破前低时做空，默认周期为 20 天，脚本如下。

```
// This source code is subject to the terms of the Mozilla Public License 2.0
at https://mozilla.org/MPL/2.0/
// © yc2018

//@version=5
strategy(title="Trend Following Strategy Example", overlay=true,
pyramiding=30)

// Calculate and plot the highest high and lowest low
highestHigh = ta.highest(high, 20)[1]
lowestLow   = ta.lowest(low, 20)[1]

plot(highestHigh, color=color.green, title="Highest High")
plot(lowestLow, color=color.red, title="Lowest Low")

// Generate trades
if (high > highestHigh)
    strategy.entry("Enter Long", strategy.long)

if (low < lowestLow)
    strategy.entry("Enter Short", strategy.short)
```

接下来，继续以深证指数（399001）为例，将 Trend Following Strategy Example 脚本添加到图表上，如图 2-4 所示。

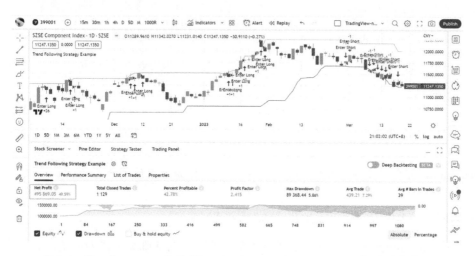

图 2-4　第一个 strategy 程序 "Trend Following Strategy Example" 的图表界面

　　如上图 2-4 所示，Trend Following Strategy Example 脚本在主图上添加了一个标题为"Trend Following Strategy Example"的策略，该策略根据"前高"和"前低"数据绘制了两条折线。绿色折线表示前高线，红色折线表示前低线，并在图表上标注了做多和做空的订单。该策略绩效概览页面位于图表下方，可以查看该策略的盈利能力。根据橙色框内的数据，该策略的净利润率（Net Profit Rate）为 49.59%，这证明该策略对于深证指数（399001）还是有效的。

2.2　Pine Script 的脚本结构

2.2.1　脚本结构简介

　　Pine Script 的脚本结构（Script Structure）可分为以下三部分。

　　（1）脚本头部：通常包括开源软件协议（Mozilla Public License）、作者和版本号。脚本头部可以缺省，但强烈建议保留版本号"//@version=5"（当前 Version 5 是最新版本），若未指定版本号，则系统默认为"//@version=1"。

　　（2）主调函数 indicator/strategy/library 的函数声明语句：在 Pine Script 中有三大主调函数，即 indicator、strategy 和 library。其中，indicator 和 strategy 是 Pine Script 的两大核心函数，而 library 是 Pine Script V5 新增函数，它既可以做主调函数也可以做被调函数，可用于封装、复用有特定功能的脚本，可以起到辅助作用。

　　（3）脚本主体：包含变量声明、函数声明、函数调用、用户自定义函数的定义与调用、逻辑处理、数学运算、输入与输出等。

- 对于主调函数 indicator，脚本主体必须至少包含一个图形/图表输出函数。

- 对于主调函数 strategy，脚本主体必须至少包含一句对函数 strategy.* 的调用。

- 对于主调函数 library，脚本主体必须至少包含一句 export 函数声明和一个图形/图表函数。

🌐 注

Pine Editor 可自动生成基础的脚本，用户可以此作为框架编写自己的脚本。

2.2.2　由 Pine Editor 自动生成的基础脚本框架

　　在使用 Pine Script 时，用户可以利用系统自动生成的基础脚本作为框架，然后编写自己的脚本。

在"Pine Editor"页面中，单击右上方的"Open"选项，在弹出的菜单中显示了相应选项，如图 2-5 所示，这样做可以使编写脚本更加简单和方便。

图 2-5 在 Pine Editor 页面上的 Open 菜单下的选项

1）指标函数 indicator

在"Pine Editor"页面中，单击"Open"选项，在弹出的菜单中选择"TEMPLATES→Indicator"选项，系统自动生成代码，如下所示。

```
// This source code is subject to the terms of the Mozilla Public License 2.0
at https://mozilla.org/MPL/2.0/
// © yc2018

//@version=5
indicator("My script")
plot(close)
```

2）策略函数 strategy

在"Pine Editor"页面中，单击"Open"选项，在弹出的菜单中选择"TEMPLATES→Strategy"选项，系统自动生成代码，如下所示。

```
// This source code is subject to the terms of the Mozilla Public License 2.0
at https://mozilla.org/MPL/2.0/
// © yc2018

//@version=5
strategy("My strategy", overlay=true, margin_long=100, margin_short=100)

longCondition = ta.crossover(ta.sma(close, 14), ta.sma(close, 28))
```

```
if (longCondition)
    strategy.entry("My Long Entry Id", strategy.long)

shortCondition = ta.crossunder(ta.sma(close, 14), ta.sma(close, 28))
if (shortCondition)
    strategy.entry("My Short Entry Id", strategy.short)
```

3）库函数 library

在"Pine Editor"页面中，单击"Open"选项，在弹出的菜单中选择"TEMPLATES→library"选项，系统自动生成代码，如下所示。

```
// This source code is subject to the terms of the Mozilla Public License 2.0
at https://mozilla.org/MPL/2.0/
// © yc2018

//@version=5

// @description TODO: add library description here
library("MyLibrary")

// @function TODO: add function description here
// @param x TODO: add parameter x description here
// @returns TODO: add what function returns
export fun(float x) =>
    //TODO : add function body and return value here
    x
```

2.2.3　脚本头部

在"Pine Editor"页面中，单击"Open"选项，在弹出的菜单中选择"TEMPLATES→Indicator"、"TEMPLATES→Strategy"或"TEMPLATES→Library"，新建 indicator、strategy 或 library 脚本。系统自动生成 Strategy 代码，其中前 4 行代码为标准的 Pine Script 头部语句，如图 2-6 所示。

```
1    // This source code is subject to the terms of the Mozilla Public License 2.0 at https://mozilla.org/MPL/2.0/
2    // © yc2018
3
4    //@version=5
```

图 2-6　标准的 Pine Script 头部语句

标准的 Pine Script 头部语句的注释包括以下内容。

- 第一行用于指定 Pine Script 代码所遵循的开源代码协议，通常为 Mozilla Public License Version 2.0。

- 第二行包含用户名，即脚本的创建者。

- 第三行为空白。

- 第四行"//@version=5"用于标识当前 Pine Script 的版本号，以便编译器能够正确识别。如果未指定版本号，则系统默认为"//@version=1"，强烈建议保留版本号为"//@version=5"。

这些注释语句的目的是提供有关 Pine Script 代码的重要信息，例如使用的协议、脚本创建者、版本等，它们还提供了编译器所需的信息，以确保代码能够正确编译并在运行时正常工作。

2.2.4　主调函数 indicator/strategy/library 的声明语句

在前文中，我们介绍过"在 Pine Script 中，有三大主调函数 indicator、strategy 和 library"，而每个 Pine Script 脚本都必须有函数 indicator、strategy 或 library 的声明语句。

2.2.5　脚本主体

脚本主体可以包含的语句有变量声明、函数声明、函数调用、用户自定义函数的定义、逻辑处理、数学运算、输入与输出等。

 注

当编写函数 indicator、strategy 和 library 的脚本时，需要遵守以下规则。

- indicator 脚本必须至少包含一个图形/图表输出函数，如 plot、plotshape、barcolor 和 line.new 等。

- strategy 脚本必须至少包含一句对函数 strategy.* 的调用，例如：strategy.entry、strategy.close 等。此外，函数 strategy 还兼有函数 indicator 的功能，可以用于计算和输出技术指标，并且生成图形或图表。因此，通过使用函数 strategy，可以实现全面的交易策略分析和可视化。

- library 脚本必须至少包含一个图形/图表输出函数（这一点类似于 indicator 脚本），而且还需要至少包含一句 export 函数声明。

2.3 执行模式

在 Pine Script 中，执行模式（Execution model）指的是 Pine Script 代码在图表上的执行方式。

2.3.1 执行模式简介

Pine Script 执行模式根据触发方式可以分为两种：由时间触发的脚本执行模式和由事件触发的脚本执行模式。

● **由时间触发的脚本执行模式**：在该模式下，Pine Script 对于实时行情与历史行情的处理方式有所不同。实时行情中最右侧的 K 线（即当前时间）的最高价（High）、最低价（Low）、收盘价（Close）和成交量（Volume）都是随着行情实时更新的，直到当前 K 线（图表上最右侧的 K 线）也成为历史数据，且有新的 K 线出现。

● **由事件触发的脚本执行模式**：在该模式下，脚本的执行不依赖于时间，而是在事件发生时被触发。在图表界面，若用户输入的参数值发生变动，则会触发脚本执行；此外，刷新浏览器也会触发脚本的执行。

2.3.2 由时间触发的脚本执行模式

Pine Script 提供了两种由时间触发的脚本执行模式：历史行情数据下的执行模式和实时行情数据下的执行模式

1）历史行情数据下的执行模式

在历史行情数据模式下，OHLCV（即 Open、High、Low、Close 和 Volume）的值是已知的。当查看或回测历史数据时，Pine Script 会按照时间顺序对每一根 K 线进行计算。在该模式下，对于每一根 K 线的 OHLCV 数据，脚本都只会执行一次，从而产生对历史数据的分析结果。

2）实时行情数据下的执行模式

在实时行情数据模式下，最右侧（即当前时间）的 K 线的 OHLCV 数据都是实时更新的，而最右侧的 K 线的收盘价也就是当前价格。

在实时行情数据模式中，对 K 线数据的处理方式取决于所使用的函数。

● 对于函数 indicator 而言，每当实时数据更新时，脚本就会执行一次。

● 对于函数 strategy 而言，系统默认仅在当前 K 线收盘时才会执行一次脚本。此外，函数 strategy 还提供了一些专用于回测和前测的参数，以满足用户不同的需求，例如参数 calc_on_every_tick 可用于确定每当价格发生最小幅变动时是否执行一次脚本。

注

在实时行情数据模式下，函数 strategy 的执行模式比较复杂，我们会在后面的第 14 章中进行更详细的讲解。

2.3.3 由事件触发的脚本执行模式

在 Pine Script 图表界面中，存在两种情况可以触发脚本执行并涉及所有历史行情数据。

● 第一种情况：用户输入的参数值发生变动。

① 更改图表界面的商品代码或时间周期。

② 在 Pine Editor 页面中保存脚本或将脚本添加到图表；在主图上方的菜单栏中单击 "Indicators，Metrics&Strategies" 选项，然后在弹出窗口的搜索栏中输入该指标/策略脚本名称并将其添加到图表。

③ 从 "Settings/Inputs" 窗口修改或输入参数值或者从 "Settings/Properties" 窗口修改或输入参数值。

● 第二种情况：刷新浏览器。

刷新浏览器也会触发脚本执行。

2.3.4 函数 indicator 与函数 strategy 在脚本执行模式中的差异

● 函数 indicator 的脚本执行模式：每当实时数据更新时，脚本就会执行一次。

● 函数 strategy 的脚本执行模式：系统默认仅在当前 K 线收盘时才会执行一次脚本。此外，函数 strategy 还提供了一些专用于回测和前测的参数，以满足用户不同的需求，例如参数 calc_on_every_tick 用于确定每当发生价格变动时是否执行一遍策略脚本；参数 calc_on_order_fills 用于确定每当订单成交后是否再执行一遍策略脚本。

2.4 小结

本章是 Pine Script 的入门章节，首先介绍了如何编写第一个 indicator/strategy 程序，然后讲解了脚本的基本结构，最后概述了脚本的执行模式。通过学习本章内容，读者可以初步掌握 Pine Script 的脚本结构和执行模式，为后续的深入学习奠定基础。

第 3 章 Pine Script 语法基础之书写格式

3.1 注释规则

Pine Script 的注释（Comments）语句以双斜线（//）开头，用于在脚本中添加注释文字和解释说明。注释可以出现在代码行的末尾，也可以写成单独的一行，有助于更好地描述代码的功能和用途。以下是一个示例脚本，其中包括注释语句。

```
//@version=5
indicator("Test")
//本行是注释
a = close //本行也是注释
plot(a)
```

添加注释/取消注释的快捷键：在 Pine Editor 页面，可以使用快捷键"Ctrl+/"（电脑为 Windows 操作系统）或"Command+/"（电脑为 Mac 操作系统）来添加注释或取消注释。

 注

在将一条语句进行多行续写的情况下，不能在行内插入注释。

3.2 代码缩进

在 Pine Script 中，代码缩进有以下两种情况。

（1）在将一条语句进行多行续写时，续行前面需要有缩进空格，但是空格数量不能是 4 的倍数。

例如下面一条语句：

```
a = open + high + low + close
```

可以将上面的语句多行续写为：

```
a = open +
```

```
high +
    low +
        close
```

（2）if 语句、for 语句或用户自定义函数的局部程序块（Local Block）内的语句需要缩进，且缩进的空格数必须是 4 的倍数。对于用户自定义函数，局部程序块在操作符 "=>" 的后面。

如图 3-1 所示，红框内的脚本使用了用户自定义函数、for 语句和 if 语句，在其所有局部程序块内都缩进了 4 的倍数的空格。

```
1   //@version=5
2   indicator('Zig Zag', overlay=true)
3   dev_threshold = input.float(title='Deviation (%)', defval=5, minval=1, maxval=100)
4   depth = input.int(title='Depth', defval=10, minval=1)
5
6   pivots(src, length, isHigh) =>
7       p = nz(src[length])
8
9       if length == 0
10          [bar_index, p]
11      else
12          isFound = true
13          for i = 0 to length - 1 by 1
14              if isHigh and src[i] > p
15                  isFound := false
16                  isFound
17              if not isHigh and src[i] < p
18                  isFound := false
19                  isFound
20
21          for i = length + 1 to 2 * length by 1
22              if isHigh and src[i] >= p
23                  isFound := false
24                  isFound
25              if not isHigh and src[i] <= p
26                  isFound := false
27                  isFound
28
29          if isFound and length * 2 <= bar_index
30              [bar_index[length], p]
31          else
32              [int(na), float(na)]
33
34  [iH, pH] = pivots(high, math.floor(depth / 2), true)
35  [iL, pL] = pivots(low, math.floor(depth / 2), false)
36
```

图 3-1　局部程序块内需要缩进 4 的倍数的空格脚本

3.3　多行续写

多行续写（Line wrapping）即一条语句写多行，它适用于当一条 Pine Script 语句过长时，为提高可读性而将该语句写在多行。

Pine Script 多行续写的书写格式为：首行需要顶格书写，续行前面要有空格。但是，续行前面的空格数量不能是 4 的倍数。

首行缩进 4 的倍数的空格脚本的书写格式，专用在条件语句（包括 if 和 switch）、循环语句（包括 for 和 while）或者用户自定义函数的局部程序块中。

Pine Editor 编辑器会自动将"Tab"（即按一次 Tab 键）替换为 4 个空格。

下面是一个较长的 plot 语句，可以多行续写为：

```
plot(series=ta.sma(close, 20),
    title='SMA',
    color = color.new(color=close > ta.sma(close, 20) ?
    color.green : color.red, transp=70),
    linewidth=3,
    show_last=200,
    trackprice=true)
```

用户自定义函数的多行续写

在 Pine Script 中，用户自定义函数的函数体（Function body）内的语句也可以多行续写。由于语法要求用户自定义函数的函数体内的语句必须以缩进（4 个空格）开头，因此在多行续写时，续写语句必须缩进更多空格，但空格数不能是 4 的倍数。

例如：

```
updown(s) =>
    isEqual = s == s[1]
    isGrowing = s > s[1]
    ud = isEqual ?
        0 :
        isGrowing ?
            (nz(ud[1]) <= 0 ?
                1 :
                nz(ud[1])+1) :
            (nz(ud[1]) >= 0 ?
```

```
            -1 :
            nz(ud[1])-1)
```

上述语句与下面语句（不使用多行书写的情况）等价：

```
updown(s) =>
    isEqual = s == s[1]
    isGrowing = s > s[1]
    ud = isEqual ? 0 : isGrowing ? (nz(ud[1]) <= 0 ? 1 : nz(ud[1])+1) : (nz(ud[1]) >=
0 ? -1 : nz(ud[1])-1)
```

3.4　一行写多条语句

Pine Script 允许将多条语句写在同一行，语句之间需要用逗号分隔，例如以下脚本：

```
1    //@version=5
2    indicator(title="Triple EMA", shorttitle="TEMA", overlay=true,
3     timeframe='')
4    len = input.int(9, minval=1)
5    e1 = ta.ema(close, len)
6    e2 = ta.ema(e1, len)
7    e3 = ta.ema(e2, len)
8    out = 3 * (e1 - e2) + e3
9    plot(out, 'TEMA', color=color.new(color.orange, 0))
```

可以将以上第 5～7 行语句合并写在同一行，如以下脚本的第 4 行所示：

```
1    //@version=5
2    indicator(title="Triple EMA",shorttitle="TEMA",overlay=true,timeframe='')
3    len = input.int(9, minval=1)
4    e1 = ta.ema(close, len), e2 = ta.ema(e1, len), e3 = ta.ema(e2, len)
5    out = 3 * (e1 - e2) + e3
6    plot(out, 'TEMA', color=color.new(color.orange, 0))
7
8
```

3.5　小结

本章介绍了 Pine Script 语法基础中的书写格式，包括注释规则、代码缩进、多行续写和一行写多条语句的语法格式。正确掌握语法基础和书写格式是学习任何计算机语言的前提条件。遵循计算机语言的语法基础和书写格式进行编程，不仅有助于保持代码的清晰度和易读性，还有助于提高程序质量和编写效率。

第 4 章 标识符、保留字、变量与常量

4.1 标识符的命名规则

本章所述的标识符（Identifiers）的命名规则适用于用户自定义变量和函数的名称。标识符由以下字符构成：

- 大写字母"A~Z"或小写字母"a~z"。
- 下画线"_"。
- 数字"0~9"。

 注

标识符不能以数字开头，只能以大写字母、小写字母或下画线开头，且标识符对字母大写和小写很敏感。

以下是一些标识符的例子，前面 7 个名称合法，最后 1 个名称非法：

```
myVar
_myVar
my123Var
functionName
MAX_LEN
max_len
maxLen
3barsDown  // NOT VALID!
```

 注

对于常量，Pine Script 推荐使用大写字母，并应用蛇形（SNAKE_CASE）命名法；而对于其他标识符则推荐使用驼峰式（camelCase）命名法，如图 4-1 所示。

图 4-1　驼峰式命名法与蛇形命名法

例如：

```
GREEN_COLOR = #4CAF50 //常量
MAX_LOOKBACK = 100 //常量
int fastLength = 7 //变量
// Returns 1 if the argument is `true`, 0 if it is `false` or `na`.
zeroOne(boolValue) => boolValue ? 1 : 0
// boolValue 是变量名，zeroOne 是用户自定义函数名
```

4.2　保留字

保留字（Reserved Words）是指在 Pine Script 中已经被定义过，并且已经被赋予了特定含义的一些单词。在编写脚本时，这些保留字不能用作变量或常量的名称。Pine Script 中的保留字包括：and、close、false、for、high、hl2、hlc3、hlcc4、if、low、na、not、ohlc4、open、or、switch、time、true、volume 和 while 等。.

4.3　变量

4.3.1　变量的定义

变量以有效的标识符为变量名，在内存中占据一定的存储单元以存储变量的值，而且变量的值是可以改变的。

4.3.2　内置变量

Pine Script 中有丰富的内置变量（Built-in Variables），如表 4-1 所示。

表 4-1　常用的内置变量列表

变量类别	变量名称（多个）	数据类型
价格（Price）和成交量（Volume）类	open、high、low、close、hl2、hlc3、ohlc4、hlcc4、volume	float series
K 线状态（Barstate）类	barstate.isconfirmed、barstate.isfirst、barstate.ishistory、barstate.islast、barstate.islastconfirmedhistory、barstate.isnew、barstate.isrealtime	series bool
时间类	time、time_close、last_bar_time、timenow、time_tradingday	series int
商品代码（Symbol）类	syminfo.basecurrency、syminfo.currency、syminfo.description、syminfo.mintick、syminfo.pointvalue、syminfo.prefix、syminfo.root、syminfo.session、syminfo.ticker、syminfo.tickerid、syminfo.timezone、syminfo.type	symbol string
时间间隔/时间周期类（Timeframe / Interval / Resolution）	timeframe.isseconds、timeframe.isminutes、timeframe.isintraday、timeframe.isdaily、timeframe.isweekly、timeframe.ismonthly、timeframe.isdwm、timeframe.multiplier、timeframe.period	symbol bool
策略相关信息类	strategy.equity、strategy.initial_capital、strategy.grossloss、strategy.grossprofit、strategy.wintrades、strategy.losstrades、strategy.position_size、strategy.position_avg_price、strategy.wintrades 等	series float

4.4　常量

4.4.1　常量的定义

常量以有效的标识符为常量名，在内存中占据一定的存储单元以存储常量的值，而且常量的值不变。

4.4.2　内置常量

Pine Script 中包含一些内置常量（Built-in Literals），例如 17 个表示颜色的具名常量（Named Constants），如表 4-2 所示。颜色的具名常量表示法的优点是简单易记、方便易用，用户无须记住 RGB/RGBA 模型的十六进制或十进制的颜色编码，缺点是仅支持 17 个颜色（在 Pine Script V5 版本中）。

表 4-2　表示颜色的具名常量

颜色式样	颜色名称	具名常量表示法	颜色式样
	水蓝色（aqua）	color.aqua	
	黑色（black）	color.black	
	蓝色（blue）	color.blue	
	紫红色（fuchsia）	color.fuchsia	
	灰色（gray）	color.gray	
	绿色（green）	color.green	
	黄绿色（lime）	color.lime	
	栗红色（maroon）	color.maroon	
	深蓝色（navy）	color.navy	
	橄榄色（olive）	color.olive	
	橙色（orange）	color.orange	
	紫色（purple）	color.purple	
	红色（red）	color.red	
	银色（silver）	color.silver	
	青绿色（teal）	color.teal	
	白色（white）	color.white	
	黄色（yellow）	color.yellow	

此外在 Pine Script 中，还有很多用于指定不同属性的具名常量：

● 用于显示绘图风格的具名常量，包括 plot.style_circles、plot.style_line、plot.style_linebr、plot.style_stepline、plot.style_stepline_diamond、plot.style_histogram、plot.style_cross、plot.style_area、plot.style_areabr 和 plot.style_columns。

● 用于显示绘图形状的具名常量，包括 shape.xcross、shape.cross、shape.triangleup、shape.triangledown、shape.flag、shape.circle、shape.arrowup、shape.arrowdown、shape.labelup、shape.labeldown、shape.square 和 shape.diamond。

4.5　小结

本章介绍了 Pine Script 语言中的标识符、保留字、变量和常量。

● 标识符用于标识变量、函数的名称，其命名规则和规范是编程语言的基础之一。

● 保留字是编程语言中具有特殊含义的单词，对于控制程序的结构和流程至关重要。

● 变量和常量都是编程中最基本的数据之一，可以在程序中被使用、修改和访问，对于实现程序的功能非常关键。

这些内容是构成任何一种计算机语言的基础，正确掌握这些内容可以帮助我们更快地学习。正确地使用标识符、保留字、变量和常量，能够使我们编写出可读性更高的程序，提高程序的质量和编写效率。

第5章 数据类型

在传统的计算机语言类的图书中，数据类型（Data Type）与数据结构（Data Structure）通常在不同的章节介绍。本书参考了 *Pine Script User Manual*，并结合 Pine Script 的特色，将这两部分内容合并在一章讲解。

数据形式（Form）是 Pine Script 特有的术语。Pine Script 中的数据形式是指基础数据类型的具体应用形式。

本章将要介绍 Pine Script V5 语言中的数据类型，包括 5 种基础数据类型（Fundamental Data Types）、6 种特殊数据类型（Special Data Types）、5 种数据形式（Data Form）和 6 种数据结构（Data Structure）。这些数据类型是编写脚本所必需的基础知识，需要熟练掌握。

5.1 基础数据类型

Pine Script V5 共有 5 种基础数据类型：int、float、bool、string 和 color，下面进行详细介绍。

5.1.1 整型（int）

例如：

```
1
-234
1000
```

5.1.2 浮点型（float）

例如：

```
3.1415926
-6.02e24    // -6.02 * 10^24
1.6e-18     // 1.6 * 10^-18
```

5.1.3 布尔型（bool）

布尔型变量只有两个值：

```
true    // true value
false   // false value
```

5.1.4　字符串型（string）

字符串型数据需要用单引号或双引号括起来，例如：

```
"This is a double quoted string literal"
"使用双引号的字符串"
'This is a single quoted string literal'
'使用单引号的字符串'
```

 注

上面句子使用单引号或双引号的功能是等效的。

双引号内的字符串可以包含单引号，同样，单引号内的字符串也可以包含双引号，如下所示：

```
"It's an example"
'The "Star" indicator'
```

若单引号内的字符串包含单引号，则需要在字符串中的单引号前加反斜线（\）标识。双引号同理，如下面两句：

```
'It\'s an example'
"The \"Star\" indicator"
```

5.1.5　颜色类型（color）

颜色类型是 Pine Script 语言的特色之一。Pine Script V5 提供了 4 种颜色类型的常数/常量/变量的表示方法，包括具名常量表示法、十六进制常数表示法、十进制函数表示法和通用的函数表示法。本节将介绍十六进制常数表示法和具名常量表示法。

颜色常数（Color Literal）的表示格式为："#" 后面跟着 6 个或 8 个十六进制数字，表示 RGB 值或 RGBA 值。前 6 位表示颜色通道（Channel）：第 1 位与第 2 位数字确定红色通道的值，第 3 位与第 4 位数字确定绿色通道的值，第 5 位与第 6 位数字确定蓝色通道的值。每个通道值必须是从 00 到 FF 的十六进制数字（十进制则是从 0 到 255）。最后两位，即第 7 位和第 8 位数字是可选的，可以指定 Alpha（透明度）通道，其值也是从 00（完全透明）到 FF（完全不透明）。

如图 5-1 所示为 10 个颜色类型的常量在 Pine Editor 编辑器中的显示。

```
1    #000000              // black color
2    #FF0000              // red color
3    #00FF00              // green color
4    #0000FF              // blue color
5    #FFFFFF              // white color
6    #808080              // gray color
7    #3ff7a0              // some custom color
8    #FF000080            // 50% transparent red color
9    #FF0000FF            // same as #FF0000, fully opaque red color
10   #FF000000            // completely transparent color
```

图 5-1   10 个颜色类型的常量在 Pine Editor 编辑器中的显示

 注

十六进制常数表示法不区分字母大写和小写。

Pine Script V5 提供了 17 种预定义的具名常量，可以用于替代十六进制颜色常数，这样更便于记忆和使用，如表 5-1 所示。

表 5-1   17 种预定义的具名常量

颜色式样	颜色名称	具名常量表示法	十六进制表示法	颜色式样
	水蓝色（aqua）	color.aqua	#00BCD4	
	黑色（black）	color.black	#363A45	
	蓝色（blue）	color.blue	#2196F3	
	紫红色（fuchsia）	color.fuchsia	#E040FB	
	灰色（gray）	color.gray	#787B86	
	绿色（green）	color.green	#4CAF50	
	黄绿色（lime）	color.lime	#00E676	
	栗红色（maroon）	color.maroon	#880E4F	
	深蓝色（navy）	color.navy	#311B92	
	橄榄色（olive）	color.olive	#808000	
	橙色（orange）	color.orange	#FF9800	
	紫色（purple）	color.purple	#9C27B0	
	红色（red）	color.red	#FF5252	
	银色（silver）	color.silver	#B2B5BE	
	青绿色（teal）	color.teal	#00897B	
	白色（white）	color.white	#FFFFFF	
	黄色（yellow）	color.yellow	#FFEB3B	

注

TradingView 平台提供了功能强大、灵活友好的绘图模块,同时 Pine Script 对于色彩的支持也颇具匠心与创新。在本书第 18 章图表的配色设计中,我们将对此进行详细讲解。

5.2　特殊数据类型

Pine Script V5 共有 6 种特殊数据类型,即 line、label、box、table、plot 和 hline。其中数据类型 line、label、box 和 table 的属性和用法类似,plot 和 hline 的属性和用法类似。

5.2.1　line、label、box 和 table 数据类型

line、label、box 和 table 数据类型是 Pine Script 特有的数据类型,它们的属性和用法类似。

Pine Script 从 V4 版本开始,引入了此项新功能,使用户可以通过脚本创建图形/图表对象。Pine Script 从 V5 版本又丰富了此项功能。用户可以分别使用函数 line.new()、label.new()、box.new()和 table.new()创建 line、label、box 和 table 对象,这些对象的数据形式分别为 series line、series label、series box 和 series table。

 注

基础数据类型 line、label、box 和 table 仅有 series 一种数据形式。

用户通过脚本创建 line 对象的用途。如前所述,函数 line.new()的返回值在图表上创建 line 类型的对象,由该函数创建的对象还可以再传递给函数 linefill.new(),用于在指定区域内填充颜色。函数 linefill.new()可以在两个 line 对象之间的区域填充颜色。

5.2.2　plot 和 hline 数据类型

关键字 plot 和 hline 既可以指数据类型也可以指函数,具体含义根据语法格式与上下文鉴别,但在本节中我们讨论的是数据类型。

plot 和 hline 数据类型也是 Pine Script 特有的数据类型,两者的属性和用法类似。

如前所述,函数 plot()和 hline()的返回值在图表上创建类型为 plot 和 hline 的对象。由这些函数创建的对象还可以再传递给函数 fill(),用于在指定区域内填充颜色。函数 fill()可以在两个 plot 对象或两个 hline 对象之间的区域填充颜色。

5.3　数据形式

数据形式是 Pine Script 语言中特有的术语，Pine Script 中的每种基础数据类型在具体使用的时候都可以被分为 5 种不同的数据形式，分别是 literal、const、input、symbol 和 series，这些不同的数据形式在实际编程中有着重要的作用。

5.3.1　常数（literal）

常数是指固定不变的数值。常数的值，在编译时就确定了。常数的类型如表 5-2 所示。

表 5-2　常数的类型

类 型	举 例
浮点型常数（literal float）	3.14、6.02E-23、3e8
整型常数（literal int）	42
布尔型常数（literal bool）	仅有 true 和 false 两个值
字符串型常数（literal string）	"A text literal"
颜色型常数（literal color）	#FF55C6

5.3.2　常量（const）

常量是指数值不变的量。在程序/脚本运行时，常量的值不变。

常数与常量的区别：

● 　常数的值：编译时就是确定的。

● 　常量的值：在程序运行初始化后是确定的。

常量的类型如表 5-3 所示。

表 5-3　常量的类型

类 型
浮点型常量（const float）
整型常量（const int）
布尔型常量（const bool）
字符串型常量（const string）
颜色型常量（const color）

在下面的例子中，c1 是 int 常量，c2 也是 int 常量，而 c3 是 series int 变量，c3 的值在脚本运行时会发生变化。

```
c1 = 0
c2 = c1 + 1
c3 = c1 + 1
if open > close
    c3 := 0
```

5.3.3 输入型（input）

input 类型的变量的特点：

● 在脚本运行期间，此种变量的值不变。
● 在编译时此种变量的值未知。
● 此种变量的值从函数 input 的返回值得到。

如下所示，变量 p 是 input 类型。

```
p = input(10, title="Period")
```

5.3.4 商品代码（symbol）

商品代码可以是任意金融产品（包括股票、债券、大宗商品、货币、ETF 等）的代码。打开 TradingView 图表，商品代码信息就显示在图表界面的左上方。

symbol 类型变量的特点：

● 在脚本运行期间此种变量的值不变。
● 在编译时此种变量的值未知。

例如内置变量 syminfo.mintick 是 symbol float 类型。

🌐 注

在使用这种数据形式时，通常只使用关键字 float，而不使用 symbol float。

5.3.5 时间序列（series）

1. 时间序列的定义

Pine Script 中的 series 就是时间序列，是一组按照时间发生的先后顺序进行排列的数据序列。通常一组时间序列的时间间隔值为恒定值（如 1 秒、5 分钟、12 小时、7 天、1 个月和 1 年等）。

时间序列是 Pine Script 中的主要数据类型，是一组连续的序列值，从当前时间的 K 线数据向过去时间的 K 线数据延伸，每根 K 线存储的都是市场行情数据。

注

虽然时间序列很类似数组，但两者却有很大不同，最显著的区别是时间序列带有动态索引。

2. 时间序列变量的特性

时间序列变量有如下特性：

● 时间序列变量的值可以在脚本运行时修改。
● 可以存储市场行情数据。
● 可以使用"[ ]"操作符访问。

注

历史行情数据仅可以读取，实时行情中的当前时点（图表上最右侧的 K 线）的行情数据可以同时进行读取和写入。

3. 常用的内置时间序列变量

常用的内置时间序列变量包括：open、high、low、close、hl2、hlc3、ohlc4、hlcc4、volume 和 time。在 Pine Script 中，它们也都是保留字。

这里：

▫ hl2 =(high + low)/2
▫ hlc3 =(high + low + close)/3
▫ ohlc4=(open + high + low + close)/4
▫ hlcc4=(high + low + close + close)/4

值得一提的是，时间序列变量还可以存储数字或特殊值 na。有关 na 的更多内容可参考第 5.4.1 节。

例如：

```
a = open + close // Addition of two series
b = high / 2     // Division of a series variable by
                 // an integer literal constant
c = close[1]     // Referring to the previous "close" value
```

5.4　数据结构

Pine Script 中的数据结构可以分为：特殊的内置变量 na、特殊类型 void、多元组、数组、用户自定义类型和矩阵。

5.4.1　特殊的内置变量 na

在 Pine Script 中有一个特殊的内置变量 na，它是 "not available" 的缩写，意思是表达式或变量不可用。na 类似 Java 中的 null 或者 Python 中的 None。

有关内置变量 na 的 3 个要点如下：

（1）内置变量 na 可以用于任何数据类型，换句话说，任何数据类型都可以有 na 值。

（2）在某些情况下，Pine Script 编译器无法自动转换 na 的数据类型，需要定义数据类型。

（3）若测试某变量的值是否为 na，则需要使用特殊的函数 na()。需要注意的是，不可以使用运算符 "=="来测试 na 值。

示例 1：下面的脚本是 na 的错误用法示例。

```
//@version=5
indicator('na Variable Type', overlay=true)
//na 是内置变量
myVar = na // 编译出错！

if close > open
    myVar := color.new(color.green,90)
    myVar
bgcolor(myVar, title='Plot na variable')
```

单击 "Add to chart" 选项，编译系统会提示错误，如图 5-2 所示。

```
16:31:42  Compiling...
16:31:44  ⊗ Error at 4:1 Value with NA type cannot be assigned to a variable that was defined without type keyword
```

图 5-2　编译系统提示的错误

这段错误提示信息的含义在第 4 行代码运行中体现（发生错误），"na 类型不能赋值给没有类型关键字定义的变量"，这是因为编译器不能确定 myVar 的数据类型。

上述问题可以用以下两种方法解决。

示例 2：下面的脚本是改正示例 1 错误的方法 1。

```
//@version=5
indicator('na Variable Type', overlay=true)
//na 是内置变量
color myVar = na

if close > open
    myVar := color.new(color.green,90)
    myVar
bgcolor(myVar, title='Plot na variable')
```

示例 3：下面的脚本是改正示例 1 错误的方法 2。

```
//@version=5
indicator('na Variable Type', overlay=true)
//na 是内置变量
myVar = color(na)

if close > open
    myVar := color.new(color.green,90)
    myVar
bgcolor(myVar, title='Plot na variable')
```

在 Pine Editor 页面中，单击"Add to chart"选项，把脚本添加到图表中。以微软股票（MSFT）为例，会发现图表背景发生变化，即当 K 线为阳线时，主图上的背景为浅绿色，如图 5-3 所示。

图 5-3　内置变量 na 的示例

示例 4：下面一条语句使用了特殊函数 na()，来测试某变量的值是否为 na。

```
myClose = na(myVar) ? 0 : close
```

5.4.2　特殊类型 void

void 类型是 Pine Script 中一个特殊的数据结构。很多有副作用（Side effects）的函数返回 void 结果，例如函数 strategy.entry 和 plotshape 等。

 注

函数返回的 void 结果不能应用于任何数学表达式，也不能赋值给变量。

5.4.3　多元组（Tuples）

多元组（或 n 元组）泛指有限个元素所组成的序列。在数学上，多元组是指对象个数有限的序列。

多元组由 3 部分组成，即边界符、分隔符和元素。通常采用的边界符是括号"( )"或"[ ]"，以逗号为分隔符。多元组在数学及计算机科学中都有特殊的意义。

Pine Script 中的多元组由一系列按特定顺序排列的元素组成，且为次序不可变序列。在形式上，多元组的所有元素都放在一对括号"[ ]"中，两个相邻元素间使用逗号","分隔。

多元组的元素可以是任何类型，也可以将整数、浮点数和字符串等任何类型的内容放入多元组中，并且在同一个多元组中，元素的类型可以不同，因为它们之间没有任何关系。

在 Pine Script 中，对多元组的应用仅限于函数调用且函数返回结果包含多个特定序列变量时。

在下面所示语句中，calcSumAndMul 函数的最后一行语句就是一个二元组，即该函数的返回变量。

```
calcSumAndMul(a, b) =>
    sum = a + b
    mul = a * b
    [sum, mul]
```

函数调用的返回值也必须是特定的元组表达式，例如在下面语句中是对函数calcSumAndMul 的调用。

```
[s, m] = calcSumAndMul(high, low)
```

5.4.4 数组（Array）

数组的定义：数组又称数组数据结构（Array data structure），是由相同类型元素的集合所组成的数据结构，分配一块连续的内存来存储。

数组的特点：Pine Script 中的数组是一维的，其数据类型可以是 int、float、bool、color、string、line、label、box 或 table，且 Pine Script 中的数组一定是时间序列的数据形式。

数组的引用：可以使用数组下标（ID）引用数组，类似引用 line 或 label。数组的下标从 0 开始，最大长度是 100 000。

Pine Script 中的大部分数据是以时间序列的方式存储的，这与使用数组的方式存储有很大区别。

- 在 Pine Script 中，数组是一维的。一个数组中的所有元素都是相同类型的，可以是 int、float、bool 或 color 等类型，且数据形式总是时间序列数据形式。
- 可以使用数组下标引用数组，类似通过 ID 引用 label 和 line 数据。
- 在 Pine Script 中，不能使用索引操作符来引用单个数组元素，而是使用 array.get()函数和 array.set()函数等来读取和写入数组元素的值。

● 数组的值可应用于所有允许时间序列数据形式的表达式和函数中。

5.4.5　用户自定义类型（User-Defined Types）

用户自定义类型是 Pine Script V5 的新增功能，需要使用关键字 type 来定义该类型。用户自定义类型的变量可用于存储对象数据。

以下语句定义了用户自定义类型 pivotPoint。

```
// Define the `pivotPoint` UDTs.
type pivotPoint,
    int x
    float y
    string xloc = xloc.bar_time
```

用户自定义类型的使用方法可以参考下面的脚本示例。下面的脚本定义了一个对象 pivotPoint，该对象包含了高点的坐标和时间等信息，并使用该对象来存储 ta.pivothigh 函数的返回值。最后在图表上使用标签表示指定周期内出现的高点。脚本如下。

```
//@version=5
indicator("Pivot labels", overlay = true)
int legsInput = input(10)

// 定义用户自定义类型 pivotPoint（这里 pivotPoint 表示枢轴点）
type pivotPoint
    int x
    float y
    string xloc = xloc.bar_time

// 检测最高的 pivots
pivotHighPrice = ta.pivothigh(legsInput, legsInput)
if not na(pivotHighPrice)
    // 发现新的 pivot 高点，并通过标签显示周期内出现的高点的值
    foundPoint = pivotPoint.new(time[legsInput], pivotHighPrice)
    label.new(
      foundPoint.x,
      foundPoint.y,
      str.tostring(foundPoint.y, format.mintick),
      foundPoint.xloc,
      textcolor = color.white)
```

把该脚本添加到图表中，如图 5-4 所示。

图 5-4　使用用户自定义类型，提示指定周期内的价格高点

> **注**
>
> 用户自定义类型通常用于创建新的数据类型，以便更好地组织和管理程序中的数据。但用户自定义类型对于初学者来说可能会比较困难和复杂，因此，初学者可以先忽略这个概念，在熟练掌握基础知识后再深入研究它。

5.4.6　矩阵（Matrix）

在 Pine Script V5 中，新增了矩阵作为一种数据类型/数据结构。相对于数组，矩阵是多维的，通常用于处理更复杂的数据结构和算法。在之前的版本中，Pine Script 只有一维数组，矩阵的引入为开发者提供了更多的数据处理选项。

举个例子来说明矩阵的用法。下面的脚本通过使用 matrix.new 函数和 matrix.get 函数来实现绘制当前 K 线收盘价与前面第 10 根 K 线收盘价之间的对比图。

```
//@version=5
indicator("matrix.new<float> example")
m = matrix.new<float>(1, 1, close)
float x = na
if bar_index > 10
    x := matrix.get(m[10], 0, 0)
plot(x)
plot(close)
```

把该脚本添加到图表中，如图 5-5 所示。

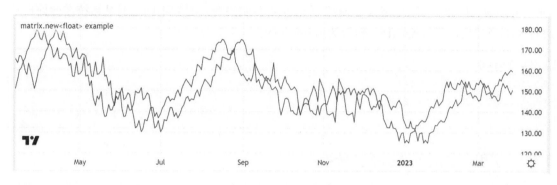

图 5-5 矩阵应用的例子

5.5 数据类型的转换

5.5.1 数据类型的自动转换

Pine Script 具备数据类型的自动转换（Type Casting）功能，在图 5-6 中，箭头表示数据类型的自动转换方向和关系。

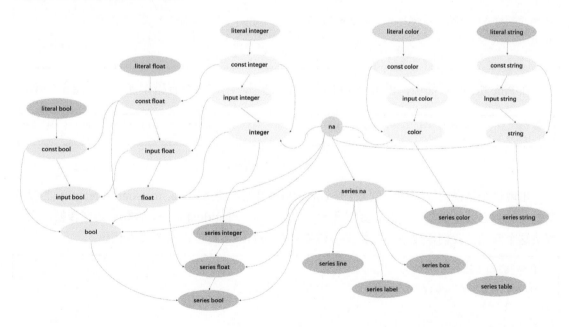

图 5-6 数据类型的自动转换

在下面的脚本中，函数 plotshape 的参数 series 是 series bool 类型，而内置变量 close 是 series float 类型。表达式 "series=close" 等号左右两侧的变量类型不同，但是系统在此处自动进行了类型转换，即 series float 转换为 series bool。

```
//@version=5
indicator('My Script')
plotshape(series=close)
```

5.5.2　使用函数进行数据类型转换

在有些情况下，系统不能进行数据类型的自动转换，这时需要使用函数进行数据类型转换。Pine Script V5 版本中的数据类型的转换函数有 int()、float()、string()、bool()、color()、line() 和 label()。

示例 1：数据类型转换失败的脚本。

```
//@version=5
indicator("My Script")
len = 15.0
s = ta.sma(close, len) // 此处编译出错
plot(s)
```

在 Pine Editor 页面中，单击 "Add to chart" 选项，编译器会有错误提示，如图 5-7 所示。

> Error at 4:19 Cannot call 'ta.sma' with argument 'length'='len'. An argument of 'const float' type was used but a 'series int' is expected.

图 5-7　编译器提示有错误

出现这个错误的原因是变量 len 是 const float 类型，而函数 ta.sma(source, length) 的参数变量 length 必须是整型。因此，系统不会自动进行从 const float 到 int 的数据类型转换。为了解决这个问题，我们需要使用数据类型转换函数 int()。下面是正确的脚本代码。

```
//@version=5
indicator("My Script")
len = 15.0
s = ta.sma(close, int(len))
plot(s)
```

5.6　小结

本章详细讲解了 Pine Script 语言中的数据类型，包括 5 种基础数据类型、6 种特殊数据类型、5 种数据形式和 6 种数据结构。需要注意的是：

- 特殊数据类型和数据形式是 Pine Script 的特色，需要特别注意。
- 不同数据类型之间的转换也是写脚本的重要技巧之一，需要不断实践和练习。
- 数据结构中的用户自定义类型和矩阵有助于编写更高效的脚本，但是因其比较复杂，初学者可以先重点掌握基础知识，在熟练掌握后再深入研究它。

在编写 Pine Script 代码时，选择合适的数据类型可以帮助我们更好地管理各类数据，提高编程的效率，并使脚本更加易于维护和扩展。因此，学习 Pine Script 必须熟练掌握数据类型的概念和用法。

第6章 运算符、表达式和语句

6.1 运算符/操作符

在 Pine Script 中有以下 7 类运算符/操作符（Operators）：

- 数学运算符（Arithmetic Operators）。
- 比较运算符（Comparison Operators）。
- 逻辑运算符（Logical Operators）。
- 条件运算符（Conditional Operator）。
- 历史数据引用操作符（History Reference Operator）。
- 赋值运算符（Assignment Operator）。
- 再赋值运算符（Reassignment Operator）。

6.1.1 数学运算符

在 Pine Script 中有 5 个数学运算符，如表 6-1 所示。

表 6-1　数学运算符列表

数学运算符	含义
+	加（Addition）
−	减（Subtraction）
×	乘（Multiplication）
/	除（Division）
%	求余（Modulo / Remainder After Division）

数学运算符表达式结果的类型取决于操作数的类型。

- 如果操作数中至少有一个是 series 类型，那么结果也是 series 类型。
- 如果两个操作数都是数值类型，且其中至少有一个是 float 类型，那么结果也是 float 类型。
- 如果两个操作数都是 int 型，那么结果也是 int 型。
- 如果至少有一个操作数是 na，那么结果也是 na。

注

当"+""–"分别表示正号与负号时,是一元运算符,只有一个操作数。这里用"unary +""unary –"区分。

6.1.2　比较运算符

在 Pine Script 中有 6 个比较运算符,如表 6-2 所示。

表 6-2　比较运算符列表

比较运算符	含义
<	小于(Less Than)
<=	小于或等于(Less Than or Equal To)
!=	不等于(Not Equal)
==	等于(Equal)
>	大于(Greater Than)
>=	大于或等于(Greater Than or Equal To)

比较运算表达式结果的类型由操作数的类型决定。

- 如果比较运算符两侧的操作数中至少有一个是 series 类型的,那么结果是 series bool 类型的。
- 如果两个操作数都是 numeric(数值)类型的,则结果为 bool 类型的。

6.1.3　逻辑运算符

在 Pine Script 中有 3 个逻辑运算符,如表 6-3 所示。

表 6-3　逻辑运算符列表

逻辑运算符	含义
not	非(Negation)
and	与(Logical Conjunction)
or	或(Logical Disjunction)

所有逻辑运算符都可以使用 bool 类型、numeric 类型或者 series 类型的操作数进行运算。类似数学运算符和比较运算符,如果逻辑运算符两侧的操作数至少有一个是 series 类型的,那么结果也是 series 类型的。在其他所有情况下,结果都是 bool 类型的。

注

not 是一元运算符，其只有一个操作数，且操作数只能是 true 或 false。not true 的结果是 false，反之亦然。

6.1.4　条件运算符

条件运算符 "? :" 是三元运算符，通常用于条件表达式。条件表达式中包含 3 个操作数。

条件表达式：condition ? result1 : result2。在这里，如果 condition 为 true，则条件表达式返回 result1，否则返回 result2。

条件运算符的组合可以构建类似其他编程语言中的 switch 语句的结构。例如，下面 "=" 右侧的多层条件表达式：

```
c1 = timeframe.isintraday ? color.red:timeframe.isdaily ?
    color.green : timeframe.ismonthly ? color.blue : na
```

为了增加可读性和使逻辑更清晰，上面的表达式也可以改写为：

```
c1 = timeframe.isintraday ? color.red : (timeframe.isdaily ?
    color.green : (timeframe.ismonthly ? color.blue : na))
```

上面例子的运算逻辑为：若时间周期为日内（timeframe.isintraday=true），则 c1= color.red；若时间周期为每日（timeframe.isdaily=true），则 c1=color.green；若时间周期为每月（timeframe.ismonthly=true），则 c1=color.blue；若前面条件都不满足，则 c1=na。

6.1.5　历史行情数据引用操作符

Pine Script 中的历史行情数据即 series 数据，可以使用 "[ ]" 操作符引用历史行情数据。"[ ]" 内的数字表示时间序号，为非负整数。例如，在日线图上，close[0]指当日收盘价；close[1]指昨日的收盘价；close[10]指时间往前数第 10 日的收盘价。

Pine Script 中的大多数数据是 series 类型的。series 类型有点像数组，不同之处是 series 类型有动态索引。在 Pine Script 语句中，close 与 close[0]表示同等含义，即表示当前时点的收盘价。

在 Pine Script 中，几乎所有的内置函数都返回一个 series 类型的结果。有个便捷方法可以直接将 "[ ]" 操作符应用于函数调用，如下面的语句所示。

```
Ta.sma(close, 10)[1]
```

使用"[ ]"操作符，也可能得到返回值 na，这时需要在脚本中做特殊处理。有以下 3 种处理方法：

（1）使用包含内置变量 na 的表达式。

（2）使用内置函数 na()。

（3）使用内置函数 nz()。

下面分别举例说明。

示例 1：使用包含内置变量 na 的表达式。

```
c1 = timeframe.isintraday ? color.red:timeframe.isdaily ?
  color.green : timeframe.ismonthly ? color.blue : na
```

示例 2：使用内置函数 na()。

```
//@version=5
indicator("na() example")
// 使用函数 na()测试 close[1]的值是否为 na
// 若 close[1]的值为 na，则用 close 赋值给 close[1]
plot(na(close[1]) ? close : close[1])
```

示例 3：使用内置函数 nz()。

```
//@version=5
indicator("nz() example")
// 使用函数 nz()测试 close[1]的值是否为 na
// 若 close[1]的值为 na，则用 close 赋值给 close[1]
plot(nz(close[1], close))
```

"[ ]"运算符仅可以对 series 类型变量进行一维操作，如下所示的用法是错误的。

```
close[1][2] // 错误
```

6.1.6　赋值运算符

赋值运算符"="用于变量声明或变量初始化。合法的变量声明/初始化语句如下所示。

```
i = 10
MS_IN_ONE_MINUTE = 1000 * 60
showPlotInput = input.bool(true, "Show plots")
```

```
pHi = ta.pivothigh(5, 5)
plotColor = color.yellow
var float pHi2 = na
```

6.1.7 再赋值运算符

再赋值运算符 ":=" 用于对前面进行过变量声明或者初始化过的变量进行再赋值。如以下脚本所示，先使用关键字 var 对变量 pHi 进行初始化/变量声明，再使用 ":=" 对变量 pHi 进行再赋值。

```
//@version=5
indicator(title="Reassignment example", overlay=true)
var float pHi = na //对 pHi 进行变量声明，并初始化其值为 na
pHi := nz(ta.pivothigh(5, 5), pHi)  //对 pHi 再次赋值
plot(pHi,color=color.orange)
```

将该脚本添加到图表中，以 SPDR 标普 500 指数 ETF（SPY）为例，如图 6-1 所示。

图 6-1　使用再赋值运算符的示例

6.1.8 运算符的优先级

在 Pine Script 的表达式中，经常用到多个运算符，这些运算符的计算顺序由其优先级决定。运算符的优先级列表（按优先级由高到低排序）如表 6-4 所示。

表 6-4 运算符的优先级列表

优先级 （数字由大到小表示优先级由高到低）	运算符
10	[ ]
9	unary +、unary -、not
8	*、%
7	+、-
6	>、<、>=、<=
5	==、!=
4	and
3	or
2	? :
1	=、:=

注

- 如果在一个表达式中出现了多个具有相同优先级的运算符，则按从左到右的顺序计算。
- 如果表达式必须以不同于优先级的顺序计算，则需要使用括号。

6.2 表达式

1. 表达式的定义

Pine Script 中的表达式（Expressions）是指由运算符与操作数（变量或常数）构成的有序组合或函数调用，用于定义脚本所需的计算或操作。

2. 表达式的分类

Pine Script 中的表达式分为以下几类：

- 数学表达式。
- 赋值表达式。
- 条件表达式。
- 函数调用表达式。

其中，条件表达式在 Pine Script 中应用的频率很高，它可以将复杂的逻辑精简为一条语句，也经常应用于图表的颜色渐变、颜色渲染处理。

6.3　语句

1. 语句的定义

语句（Statements）是 Pine Script 中的基本组成单位。Pine Script 中的脚本是多条语句组成的有序组合，用于向计算机系统发出一系列操作指令。一条语句本身也可能具有内部结构，例如表达式。

2. 语句分类

Pine Script 中的语句分为以下几类：

- 控制语句（包括条件语句和循环语句）。
- 表达式语句。
- 变量声明语句。
- 变量赋值语句。
- 函数声明语句。
- 函数调用语句。

6.4　小结

本章介绍了 Pine Script 中的运算符、表达式和语句，这些内容是编写脚本的基础知识，掌握它们能够让我们更加高效地编写脚本，并实现更加复杂的逻辑处理和功能的实现。同时，这些知识也为我们深入学习和应用其他高级技术，如指标编写、策略开发和图表自定义等，奠定了基础。

此外，包含历史数据引用操作符和条件表达式是 Pine Script 语言的特色之一，对于编写复杂指标和实现图表的自定义非常重要，可以帮助我们在计算当前 K 线的指标时引用历史 K 线的数据。条件表达式在 Pine Script 中也有丰富的运用，它可以将复杂的逻辑处理为一条语句，也经常应用于图表的颜色渐变、颜色渲染处理和其他逻辑运算处理，是"熟手"需要掌握的技巧之一。

第7章 变量声明与变量再赋值

7.1 变量声明

7.1.1 变量声明语句的格式

在 Pine Script 中，存在两种不同的变量声明（Variable Declaration）：一般变量声明和多元组变量声明，这两者的格式有所不同，具体如下。

一般变量声明语句格式如下所示。

```
[declaration_mode] [type] <identifier> = <expression> | <structure>
```

- [ ]：表示其内的部分为可选项，可以选择性地省略。
- < >：表示其内的部分为必选项，必须提供相应的值或信息。
- =：表示赋值运算符。
- |：表示 "或"。
- declaration_mode：指变量声明的模式，可以是 var 或 varip ，也可以缺省。
- type：指定变量的类型。
- identifier：指所声明的变量名/标识符名。
- expression：可以是常量名、变量名、表达式或函数调用。
- structure：可以是 if、for、while 或 switch 结构。

合法的一般变量声明语句如下所示。

```
BULL_COLOR = color.lime
i = 1
len = input(20, "Length")
float f = 10.5
closeRoundedToTick = math.round_to_mintick(close)
st = ta.supertrend(4, 14)
var barRange = float(na)
var firstBarOpen = open
varip float lastClose = na


plotColor = if close > open
```

```
    color.green
else
    color.red
```

多元组变量声明语句格式如下所示。

```
<tuple_declaration> = <function_call> | <structure>
```

- <>：表示其内的部分为必选项，必须提供相应的值或信息。
- =：表示赋值运算符。
- |：表示"或"。
- tuple_declaration：表示多元组声明，指包含在方括号内的由逗号分隔的变量名列表，如 [bbMiddle, bbUpper, bbLower]。
- function_call：函数调用；
- structure：可以是 if、for、while 或 switch 结构。

合法的多元组变量声明语句如下所示。

```
[macdLine, signalLine, histLine] = ta.macd(close, 12, 26, 9)

[v1, v2] = if close > open
    [high, close]
else
    [close, low]
```

7.1.2 显式类型声明与隐式类型声明

显式类型声明（Explicit type declaration）是指当变量声明时，使用 int、float、bool、color、string、label、line、box 和 table 等关键字定义变量的数据类型。一些显式类型声明语句如下所示。

```
float f = 10.5
var firstBarOpen = open
varip float lastClose = na
```

隐式类型声明（Implicit type declaration）是指并未使用 int、float、bool、color、string、label、line、box 和 table 等关键字定义数据类型，而根据等号右侧的数据类型或表达式类型推导出等号左侧的变量类型。一些隐式类型声明语句如下所示。

```
BULL_COLOR = color.lime
i = 1
len = input(20, "Length")
closeRoundedToTick = math.round_to_mintick(close)
st = ta.supertrend(4, 14)

[macdLine, signalLine, histLine] = ta.macd(close, 12, 26, 9)
```

7.1.3　使用特殊值 na 进行变量初始化

在 Pine Script 中，na 是一种特殊值，即表示数据缺失或未定义。在 Pine Script 中，变量初始化经常以 na 为初值。使用 na 初始化变量，如下所示。

```
float baseLine1 = na      // OK
baseLine2 = float(na)     // OK
baseLine0 = na            // 编译出错
```

在上述代码中，第一行和第二行对变量 baseLine1 和 baseLine2 的声明方式都是正确的，且这两种变量声明方式是等价的。但是在代码的最后一行，变量 baseLine0 的声明方式是错误的，因为编译器无法确定变量 baseLine0 的类型，而 na 没有特定的数据类型（任何类型的变量都可以有 na 值）。

在 Pine Script 中，na 值可以应用于任何数据类型的变量中。需要注意的是，如果未指定变量类型，编译器就无法识别该变量的数据类型，从而导致编译错误。

7.2　变量再赋值

在 Pine Script 中，可以使用运算符 ":=" 为变量再赋值（Variable Reassignment）。但是在为变量赋值之前，必须先对变量进行声明，有时需要在局部程序块中修改全局变量的值。在下面的脚本中，需要给全局变量 maColor 再赋值。

```
//@version=5
indicator("Variable reassignment example", "VRE", true)
sensitivityInput = input.int(2, "Sensitivity", minval = 1,
 tooltip = "Higher values make color changes less sensitive.")
ma = ta.sma(close, 20)
maUp = ta.rising(ma, sensitivityInput)
maDn = ta.falling(ma, sensitivityInput)
```

```
// On first bar only, initialize color to gray
var maColor = color.gray

if maUp
    // 若 MA 连续上涨（默认 2 bar），则将其设置为绿色
    maColor := color.lime
else if maDn
    // 若 MA 连续下跌（默认 2 bar），则将其设置为红色
    maColor := color.fuchsia

plot(ma, "MA", maColor, 2)
```

在本例中使用了常见的颜色渲染绘图方法，根据趋势的方向不同，将均线 MA 的颜色设置为绿色或紫色。当趋势向上时，均线 MA 为绿色；当趋势向下时，均线 MA 为紫色。在初始化时，全局变量 maColor 被设置为灰色。在后续的局部程序块中，根据条件判断，再次为 maColor 赋新值。将以上脚本添加到图表中，以宁德时代（300750）为例，如图 7-1 所示。

图 7-1　变量再赋值的示例

📡 注

在 Pine Script 中，所有的用户自定义变量都可以使用运算符 ":=" 进行再赋值操作。需要注意的是，当变量进行再赋值操作后，可能会改变该变量的数据类型。

7.3　变量声明模式

变量声明模式（Declaration Mode）决定了给变量再赋值的存储方式。本节内容与第 2.3 节的执行模式和第 4.3.2 节中关于 K 线状态的内置变量内容相关。

变量声明模式有以下 3 种：

- 未指定变量声明模式（即未使用关键字 var 或 varip）。
- var 模式。
- varip 模式。

7.3.1　未指定变量声明模式

若未指定变量声明模式（即没有使用关键字 var 或 varip），则每条 K 线都会进行初始化。

在前面的章节中给出了一些合法的变量声明示例，其中包括未指定变量声明模式的变量声明语句，如下所示。

```
BULL_COLOR = color.lime
i = 1
len = input(20, "Length")
float f = 10.5
closeRoundedToTick = math.round_to_mintick(close)
st = ta.supertrend(4, 14)

plotColor = if close > open
    color.green
else
    color.red

[macdLine, signalLine, histLine] = ta.macd(close, 12, 26, 9)
```

7.3.2　var 模式

使用 var 模式的变量声明仅对变量初始化一次。

示例 1：以下语句说明了 var 关键字的作用。

```
// 在每根 K 线上都创建一个标签对象
label lb = label.new(bar_index, close, text="Hello, World!")

// 仅在历史行情数据的第一根 K 线上创建一个标签对象
var label lb = label.new(bar_index, close, text="Hello, World!")
```

下面比较示例 2 和示例 3 两个例子，示例 2 在变量声明语句中使用了关键字 var，而示例 3 未使用。

示例 2：如果我们想要计算图表上有多少条绿色 K 线，则可以通过下面的代码实现。

说明：在这里使用到关键字 var，用来指示编译器只创建和初始化该变量一次。这种做法在变量的值必须通过对连续的 K 线进行迭代计算来得到结果的情况下非常有用。

```
//@version=5
indicator('Green Bars Count 1')
var count = 0
isGreen = close >= open
if isGreen
    count += 1
    count
plot(count)
```

示例 3：将示例 2 脚本中关键字 var 删掉。如果没有关键字 var，则每次 K 线更新触发脚本重新计算时，变量 count 都会被重置为零。

```
//@version=5
indicator('Green Bars Count 2')
count = 0
isGreen = close >= open
if isGreen
    count += 1
    count
plot(count)
```

我们先后将示例 2（Green Bars Count 1）与示例 3（Green Bars Count 2）的脚本添加到图表中，对两者进行比较，如图 7-2 所示。

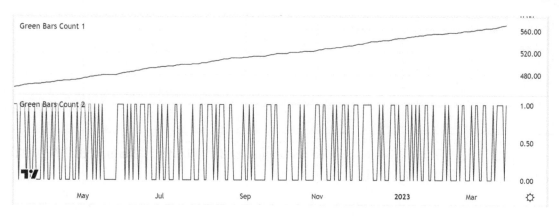

图 7-2　使用关键字 var 和不使用关键字 var 的指标显示结果对比

通过比较图 7-2 中的指标 Green Bars Count 1 和 Green Bars Count 2，可以看出两者所绘图表不同的主要原因在于变量声明语句"count = 0"中有没有使用关键字 var。若没有使用关键字 var，则意味着每当 K 线更新时，脚本都会重新计算，并将变量 count 重置为零。

7.3.3　varip 模式

下面比较示例 1 和示例 2 两个例子，在示例 1 中未指定变量 updateNo 的声明模式，在示例 2 中使用 varip 模式声明变量 updateNo。

示例 1：未指定变量 updateNo 的声明模式。

```
//@version=5
indicator("None specified declaration mode")
int updateNo = na
if barstate.isnew
    updateNo := 1
else
    updateNo := updateNo + 1

plot(updateNo, style = plot.style_circles)
```

示例 2：使用 varip 模式声明变量 updateNo。

```
//@version=5
indicator("Varip mode")
varip int updateNo = na
if barstate.isnew
```

```
    updateNo := 1
else
    updateNo := updateNo + 1

plot(updateNo, style = plot.style_circles)
```

依次把上面的示例 1"None specified declaration mode"和示例 2"Varip mode"添加到图表中，两者的差异在红框内标注，如图 7-3 所示。

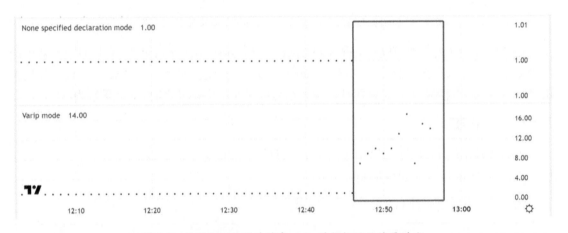

图 7-3   使用和不使用关键字 varip 的指标显示结果对比

在图 7-3 中，示例 1 的脚本"None specified declaration mode"仅将历史数据绘制成了一条纵坐标为 1 的水平虚线，示例 2 的脚本"Varip mode"不仅将历史数据绘制成了一条纵坐标为 1 的水平虚线，而且将当前行情数据绘制成一些零散的圆点，随着时间的流逝，这些圆点的分布是不规则的。

这是因为在实时行情下，两者对当前 K 线（图表上最右侧的 K 线）的处理不同。

● 对于历史行情数据，barstate.isnew 的值总为 true。
● 在实时行情中，仅当系统首次生成当前 K 线数据时，barstate.isnew 的值才为 true。

7.4 小结

本章介绍了 Pine Script 中的变量声明、变量声明模式和变量再赋值，但需要注意对特殊值 na 的使用，同时注意变量声明模式 var 和 varip，以及未指定变量声明模式之间的差异。

　　变量声明和变量再赋值是 Pine Script 中的基础要素。我们需要了解变量类型、作用域和生命周期等基本概念，以及遵循最佳实践和规范，以确保程序的正确性和可维护性。

第8章 条件结构

条件结构语句通常用来判断给定的条件是否满足，并根据判断的结果（true 或 false）执行不同的操作。在 Pine Script 中，条件结构语句包括 if 和 switch 两种。

8.1　if 语句

if 语句根据其所包含的局部程序块是否有返回值和副作用而分为两种类型：一种是无返回值，但是有副作用；另一种是有返回值。

8.1.1　if 语句：局部程序块无返回值，但是有副作用

局部程序块无返回值，但是有副作用的 if 语句格式，如下所示。

```
if <expression_0>
    <local_block_0>
[else if <expression_1>
    <local_block_1>]
[else
<local_block_2>]
```

- [ ]：表示其内的部分为可选项，可以选择性地省略。
- < >：表示其内的部分为必选项，必须提供相应的值或信息。
- expression_0, expression_1：条件表达式。
- local_block_0, local_block_1, local_block_2：无返回值但具有副作用的局部程序块。

 注

局部程序块内部的语句需要进行缩进，并且缩进的空格数必须是 4 的倍数。

if 语句经常被用于策略脚本中，以控制程序的执行流程。以下是先前举过的最简单的策略函数示例，其中包含两个无返回值但具有副作用的 if 语句。

```
//@version=5
strategy("My strategy", overlay=true, margin_long=100, margin_short=100)
```

```
longCondition = ta.crossover(ta.sma(close, 14), ta.sma(close, 28))
if (longCondition)
    strategy.entry("My Long Entry Id", strategy.long)

shortCondition = ta.crossunder(ta.sma(close, 14), ta.sma(close, 28))
if (shortCondition)
    strategy.entry("My Short Entry Id", strategy.short)
```

8.1.2 if 语句：局部程序块有返回值

局部程序块有返回值的 if 语句格式如下所示。

```
[declaration_mode] [type] <identifier> = if <expression_0>
    <local_block_0>
[else if <expression_1>
    <local_block_1> ]
[else
    <local_block_2>]
```

- [ ]：表示其内的部分为可选项，可以选择性地省略。
- < >：表示其内的部分为必选项，必须提供相应的值或信息。
- declaration_mode：变量声明模式，可取值为 var、varip 或缺省（若未指定，则执行模式为 on each bar）。
- type：变量的数据类型。
- identifier：变量名。
- expression_0, expression_1：条件表达式。
- local_block_0, local_block_1, local_block_2：包含返回值的局部程序块。

在此提供一个简单的有返回值的 if 语句示例，如下所示。

```
//@version=5
indicator("if example 1")
// This code compiles
x = if close > open
    close
else
    open
plot(x)
```

将以上脚本添加到图表中，如图 8-1 所示。

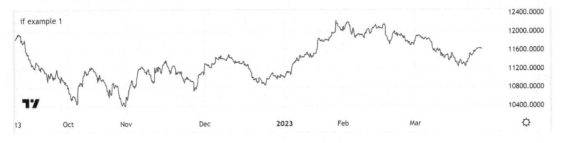

图 8-1　if 语句有返回值的示例

8.2　switch 语句

8.2.1　switch 语句：右侧有表达式

右侧有表达式的 switch 语句格式，如下所示。

```
[variable_declaration =] switch <expression_0>
[<expression_1> => <local_block_1>]
[<expression_n> => <local_block_n>]
  => <local_block_0>
```

- [ ]：表示其内的部分为可选项，可以选择性地省略。
- < >：表示其内的部分为必选项，必须提供相应的值或信息。
- variable_declaration：变量声明。
- expression_0：条件表达式。
- expression_1···expression_n：条件表达式 1···n。
- local_block_1···local_block_n：当表达式 1···n 的条件满足时，分别执行局部程序块 1···n。
- local_block_0：当表达式 1···n 的条件都不满足时，执行局部程序块。

举一个简单的右侧有表达式的 switch 语句示例，如下所示。

```
//@version=5
indicator("switch example: using an expression")

string i_maType = input.string("EMA", "MA type", options = ["EMA", "SMA", "RMA",
"WMA"])
```

```
float ma = switch i_maType
    "EMA" => ta.ema(close, 10)
    "SMA" => ta.sma(close, 10)
    "RMA" => ta.rma(close, 10)
    //
    => ta.wma(close, 10)

plot(ma)
```

将以上脚本添加到图表中，如图 8-2 所示。

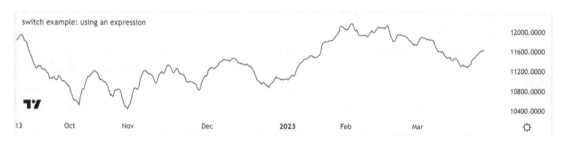

图 8-2　switch 语句右侧有表达式的示例

8.2.2　switch 语句：右侧无表达式

右侧无表达式的 switch 语句格式如下所示。

```
[variable_declaration =] switch
[<expression_1> => <local_block_1>]
[<expression_n> => <local_block_n>]
```

- [ ]：表示其内的部分为可选项，可以选择性地省略。
- < >：表示其内的部分为必选项，必须提供相应的值或信息。
- expression_1, expression_n：表达式 1…n。
- local_block_1, local_block_n：当表达式 1…n 的条件满足时，分别执行局部程序块 1…n。

举一个简单的右侧没有表达式的 switch 语句示例，如下所示。

```
//@version=5
strategy("Switch example: without an expression", overlay = true)

bool longCondition  = ta.crossover( ta.sma(close, 14), ta.sma(close, 28))
bool shortCondition = ta.crossunder(ta.sma(close, 14), ta.sma(close, 28))
```

```
switch
    longCondition  => strategy.entry("Long ID", strategy.long)
    shortCondition => strategy.entry("Short ID", strategy.short)
```

以深证指数（399001）为例，将该脚本添加到图表中，如图 8-3 所示。

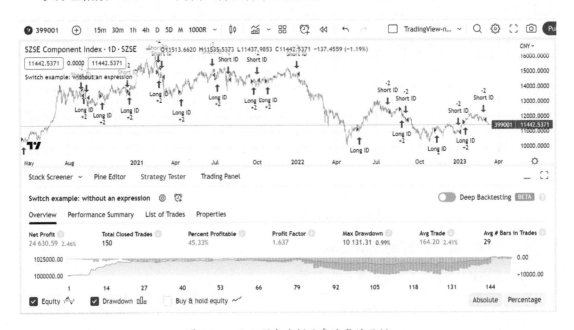

图 8-3　switch 语句右侧无表达式的示例

8.3　小结

本章介绍了两种条件语句，即 if 语句和 switch 语句。条件语句在程序中起着非常重要的作用，可以根据不同的条件来执行不同的代码逻辑。在实际编程中，需要根据具体的情况选择合适的条件语句，并遵循良好的编程规范，以保证代码的可读性和可维护性。

第9章 循环结构

循环结构是在一定条件下反复执行某个程序块的流程结构，被反复执行的程序块叫作循环体，循环语句由循环体和循环的终止条件两部分组成。

在 Pine Script 中有两类循环语句，即 for 语句和 while 语句。两者的区别：①for 语句是重复一定次数的计次循环语句；②while 语句是一直重复执行循环，直到条件不满足时才结束循环。

9.1 for 语句

for 语句包含 for 和 for ... in 两种，前者适用于一般变量，后者专用于数组变量。

for 语句格式如下所示。

```
[var_declaration =] for <counter_identifier> = <from_num> to <to_num> [by
<step_num>]
    <local_block_loop>
[return_expression]
```

- [ ]：表示其内的部分为可选项，可以选择性地省略。
- < >：表示其内的部分为必选项，必须提供相应的值或信息。
- var_declaration：变量定义。
- counter_identifier：循环计数器。
- from_num：计数器的起始值。
- to_num：计数器的结束值。
- step_num：计算器的步长。
- return_expression：返回值的表达式。
- local_block_loop：有循环的局部程序块。

下面举两个 for 语句的示例：示例 1 是一个简单的 for 循环，示例 2 结合了 if 语句的 for 语句。

示例 1：使用 for 语句对过去 14 天的收盘价进行逐一比较，首先统计有多少天的收盘价高于当前的收盘价，并将结果保存到一个计数器变量中。然后将统计结果绘制为图表，并将其添加到副图中。

```
//@version=5
indicator("for example 1")
// Here, we count the quantity of bars in a given 'lookback' length which closed
// above the current bar's close
qtyOfHigherCloses(lookback) =>
    int result = 0
    for i = 1 to lookback
        if close[i] > close
            result += 1
    result
plot(qtyOfHigherCloses(14))
```

将以上脚本添加到图表中，如图 9-1 所示。

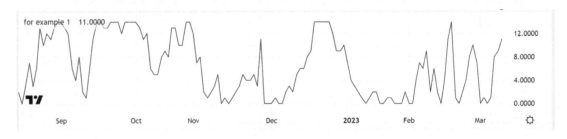

图 9-1   for 语句的示例 1

示例 2：使用 for 语句对过去 lookbackInput（默认 50 天）的收盘价进行逐一比较。在每一次循环中，将历史数据的最高价与当前 K 线的最高价进行比较，如果历史数据最高价高于当前 K 线的最高价，则 higherBars 计数器累加 1。反之，如果历史数据最高价低于当前 K 线的最高价，则 lowerBars 计数器累加 1。最后在图表上用标签显示统计结果。

```
//@version=5
indicator("for example 2", overlay = true)
lookbackInput = input.int(50, "Lookback in bars", minval = 1, maxval = 4999)
higherBars = 0
lowerBars = 0
if barstate.islast
    var label lbl = label.new(na, na, "", style = label.style_label_left)
    for i = 1 to lookbackInput
        if high[i] > high
            higherBars += 1
```

```
    else if high[i] < high
        lowerBars += 1
    label.set_xy(lbl, bar_index, high)
    label.set_text(lbl, str.tostring(higherBars, "# higher bars\n") +
str.tostring(lowerBars, "# lower bars"))
```

将以上脚本添加到图表中，以深证指数（399001）为例，如图 9-2 所示。

图 9-2　for 语句的示例 2

9.2　for...in 语句

for...in 语句适用于数组变量。for...in 语句格式如下所示。

```
[var_declaration =] for <array_element> in <array_id>
<local_block_loop>
[return_expression]
```

- [ ]：表示其内的部分为可选项，可以选择性地省略。
- < >：表示其内的部分为必选项，必须提供相应的值或信息。
- var_declaration：变量声明。
- array_element：数组元素。
- array_id：数组 id。

- local_block_loop：有循环的局部程序块。
- return_expression：返回值的表达式。

下面举一个示例，使用 for...in 语句统计指定时点的 OHLC 的值有多少个高于 ta.sma(close, 20)。若 OHLC 中的任何一个值都高于 ta.sma(close, 20)，则返回值 result 累加 1。最后根据返回值在副图上绘制图表。

```
//@version=5
indicator("for...in example")
// Here we determine on each bar how many of the bar's OHLC values are greater
// than the SMA of 'close' values
float[] ohlcValues = array.from(open, high, low, close)
qtyGreaterThan(value, array) =>
    int result = 0
    for currentElement in array
        if currentElement > value
            result += 1
        result
plot(qtyGreaterThan(ta.sma(close, 20), ohlcValues))
```

将以上脚本添加到图表中，如图 9-3 所示。

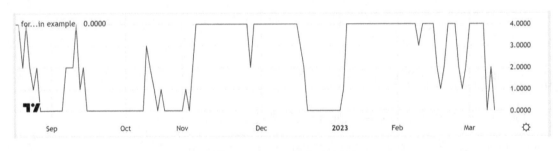

图 9-3　for... in 语句的示例

9.3　while 语句

while 语句是一种基于条件控制的迭代结构，其循环体内的局部程序块会不断重复执行，直到条件表达式的值为假（false）时才终止循环。

while 语句格式如下所示。

```
[var_declaration =] while <expression>
    <local_block_loop>
```

- [ ]：表示其内的部分为可选项，可以选择性地省略。
- < >：表示其内的部分为必选项，必须提供相应的值或信息。
- var_declaration：变量定义。
- expression：表达式。
- local_block_loop：循环的局部程序块。
- return_expression：返回值的表达式。

示例 1：用 while 语句改写前面的 for 语句的例子 "for example 2"。

```
//@version=5
indicator("while example 1",overlay = true)
lookbackInput = input.int(50, "Lookback in bars", minval = 1, maxval = 4999)
higherBars = 0
lowerBars = 0
if barstate.islast
    var label lbl = label.new(na, na, "", style = label.style_label_left)
    // 初始化循环计数器
    i = 1
    // 当 i <= lookbackInput 时，执行循环，直至该条件不满足为止
    while i <= lookbackInput
        if high[i] > high
            higherBars += 1
        else if high[i] < high
            lowerBars += 1
        // Counter must be managed "manually".
        i += 1
    label.set_xy(lbl, bar_index, high)
    label.set_text(lbl, str.tostring(higherBars, "# higher bars\n") +
str.tostring(lowerBars, "# lower bars"))
```

示例 2：使用 while 语句计算 10 的阶乘，并将结果输出到屏幕。这里的 10!=1×2×3×4×5×6×7×8×9×10=3628800。

```
//@version=5
indicator("while example 2")
// 使用 while 循环语句计算 10 的阶乘
int i_n = input.int(10, "Factorial Size", minval=0)
```

```
int counter = i_n
int factorial = 1
while counter > 0
    factorial := factorial * counter
    counter   := counter - 1
//
if barstate.islast
    var label1 = label.new(bar_index, high, text="Factorial of 10",
style=label.style_flag)
    label.set_x(label1, 0)
    label.set_xloc(label1, time, xloc.bar_time)
    label.set_color(label1, color.red)
    label.set_size(label1, size.large)
label.set_text(label1, "10!=" + str.tostring(factorial, " \n"))
```

将以上脚本添加到图表中，如图 9-4 所示。

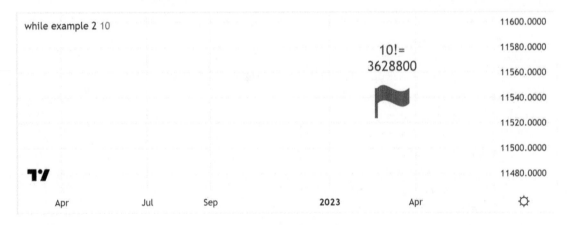

图 9-4   while 语句示例 2

9.4   小结

本章介绍了三种循环语句：for 语句、for...in 语句和 while 语句。这些循环语句在计算机编程中起着重要的作用，可以用于复杂的循环逻辑计算和控制程序的执行流程等。熟悉循环语句的使用方法，能够帮助我们更加高效地编写程序。

函 数 篇

第10章 函 数 概 述

10.1 函数简介

在 Pine Script 中有丰富多样、功能强大的内置函数（Built-in Functions）。其中，指标函数 indicator 和策略函数 strategy 作为 Pine Script 的两大主调函数，处于核心地位，其他内置函数则处于辅助地位。

在 Pine Script V5 中，共有 3 个内置函数为主调函数，即 indicator、strategy 和 library。library 为 Pine Script V5 新添函数，既可以做主调函数，也可以做被调函数，处于辅助地位，服务于 indicator 和 strategy。library 可用于封装那些功能相对独立、运算相对复杂的数学计算或业务逻辑，以满足代码的可复用性、可维护性和可读性，也提高了代码质量。

此外，用户还可以根据特定需求定制用户自定义函数（User-Defined Functions，UDF）。按照调用关系，在 Pine Script 中的函数可以分为主调函数、被调函数。按照在系统内是否预先定义，又可以分为内置函数和用户自定义函数。这些函数可以帮助用户开发各种技术指标和交易策略，从而提升交易策略的绩效及降低风险。

10.2 函数的分类

10.2.1 函数按照调用关系分类

函数按照调用关系分为主调函数与被调函数。主调函数是指在程序中调用其他函数的函数，而被调函数是被其他函数调用的函数，如图 10-1 所示。

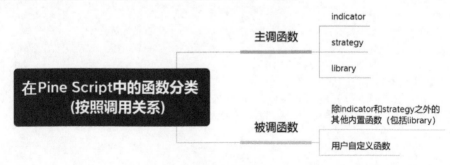

图 10-1　函数按照调用关系分类

10.2.2　函数按照在系统内是否预先定义分类

在 Pine Script 中，函数可以根据其是否已在系统内预定义来划分为内置函数和用户自定义函数，如图 10-2 所示。

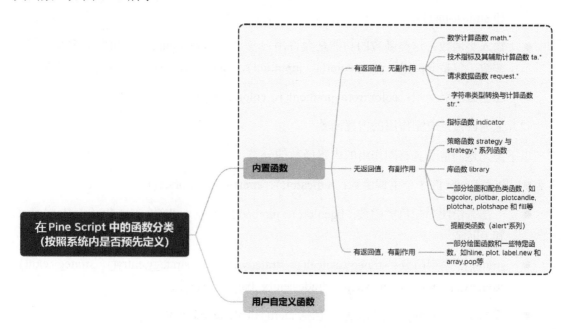

图 10-2　函数按照在系统内是否预先定义分类

1. 内置函数

在 Pine Script 中，内置函数可以按照是否有返回值和副作用划分为 3 类，第一类是有返回值且无副作用的函数；第二类是无返回值且有副作用的函数；第三类是既有返回值也有副作用的函数。函数的副作用是指在调用函数时除了可能返回函数值外，还对主调函数产生附加的影响，例如修改全局变量、参数、输入和输出等。在 Pine Script 中，使用具有副作用的函数可能会对程序的整体运行产生特定的影响。

（1）有返回值且无副作用的内置函数

以下是有返回值且无副作用的内置函数的分类。

- 数学计算函数：math.*系列函数，包括 math.abs()、math.log()、math.max()、math.random()、math.round_to_mintick()等。

- 技术指标及辅助计算函数：ta.*系列函数，包括 ta.sma()、ta.ema()、ta.macd()、ta.rsi()、ta.supertrend()、ta.barssince()、ta.crossover()和 ta.highest()等。

- 请求数据函数：request.*系列函数，包括 request.dividends()、request.earnings()、request.financial()、request.quandl()、request.security()和 request.splits()等。

- 字符串类型转换与计算函数：str. *系列函数，包括 str.format()、str.length()、str.tonumber()和 str.tostring()等。

- 输入类函数：这类函数的功能是允许用户在"Settings/Inputs"页面上自定义和修改参数，包括 input()、input.color()、input.int()、input.session()和 input.symbol()等。

- 配色处理类函数：color.from_gradient()、color.new()和 color.rgb()等。

（2）无返回值且有副作用的内置函数

以下是无返回值且具有副作用的内置函数的分类。

- Pine Script 的 3 个主调函数：indicator()、strategy()和 library()。

- 一部分绘图和配色类函数：bgcolor()、plotbar()、plotcandle()、plotchar()、plotshape()和 fill()。

- strategy.*系列函数：strategy.cancel()、strategy.close()、strategy.entry()、strategy.exit()、strategy.order()和 strategy.closedtrades.entry_bar_index()等。

- 提醒类函数：alert*系列函数，包括 alert()和 alertcondition()。

（3）有返回值且有副作用的内置函数

有返回值且有副作用的内置函数包括一部分绘图函数与某些特定函数，即 hline()、plot()、label.new()和 array.pop()等。

2. 用户自定义函数简介

用户自定义函数是一种由用户自主编写的用于满足特定功能需求的函数。通常，用户编写自定义函数出于两个目的，一是将复杂的数学运算或逻辑处理代码独立出来。二是提高代码的可复用性、可维护性、可读性以及代码质量。

然而在 Pine Script 中，用户自定义函数存在一些应用限制，其内部不支持再嵌套其他的用户自定义函数。

- UDF 不支持递归调用，即不能在函数内部调用自身。

- UDF 的函数体内不能使用以下内置函数：indicator()、strategy()、library()、barcolor()、fill()、hline()、plot()、plotbar()、plotcandle()、plotchar()和 plotshape()。

第 11 章　指标函数 indicator

指标函数 indicator 是 Pine Script 语言的两大核心函数之一，其主要作用是绘制技术指标。在 Pine Script V5 中，该函数共包含 13 个参数。如图 11-1 所示为指标函数 indicator 的参数。

图 11-1　指标函数 indicator 的参数

11.1　函数 indicator 声明语句格式与参数

函数 indicator 声明语句格式，如下所示，其中参数 series 为唯一必输项。

```
indicator(title, shorttitle, overlay, format, precision, scale, max_bars_back,
timeframe, timeframe_gaps, explicit_plot_zorder, max_lines_count,
max_labels_count, max_boxes_count) → void
```

函数 indicator 的参数列表，如表 11-1 所示。

表 11-1　indicator 函数的参数列表

参数	含义	类型	默认值	必输项/选输项
title	标题	const string	—	唯一必输项
shorttitle	短标题	const string	参数 title 的值	选输项
overlay	是否将指标叠加在主图上	const bool	false	选输项
format	坐标轴的刻度格式	const string	format.inherit	选输项
precision	精度值	const int	与主图相同	选输项
scale	刻度尺的显示属性	const int	与主图相同	选输项
timeframe	时间周期	const string	与主图相同	选输项
timeframe_gaps	请求数据的合并策略（Merge strategy）	const bool	true	选输项
explicit_plot_zorder	所绘制的图形/图表是否按 Z-index 顺序堆叠	const bool	false	选输项
max_bars_back	用于限制脚本所引用的历史行情 K 线数据的最大数量	const int	0	选输项
max_lines_count	画线的总数计数	const string	50	选输项
max_labels_count	标签的总数计数	const string	50	选输项
max_boxes_count	方框的总数计数	const int	50	选输项

11.2　函数 indicator 的参数解析与示例

11.2.1　参数 title 和参数 shorttitle

参数 title（类型：**const string**），是函数 indicator 的唯一必输项，也指脚本的标题。如果未指定参数 shorttitle，则参数 title 将被用作默认的短标题和指标名。此外在发布脚本时，该参数也将作为默认的标题。

参数 shorttitle（类型：**const string**），是指脚本的短标题，即呈现在图表上的指标名称。如果未指定短标题，则默认使用参数 title 的值。

示例：根据收盘价绘制一条折线，指定该指标的标题和短标题，并添加到图表中。首先在"Pine Editor"中编写脚本，如下所示。

```
//@version=5
indicator(title = "标题", shorttitle = "短标题")
plot(close)
```

然后单击"Add to chart"选项，将指标添加到副图中，如图 11-2 所示。

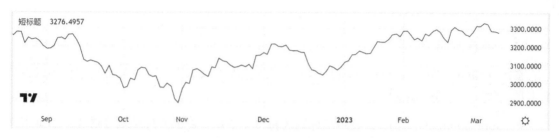

图 11-2　参数 title 和参数 shorttitle 的示例

11.2.2　参数 overlay

参数 **overlay**（类型：**const bool**），用于指示是否将指标叠加在主图上，默认值是 false。如果设置为 true，则指标将叠加在主图上。如果设置为 false，则指标将叠加在副图上。

示例：修改前面的例子，将参数 overlay 的值修改为 overlay = true，如下所示。

```
//@version=5
indicator(title = "标题", shorttitle = "短标题", overlay = true)
plot(close)
```

单击"Add to chart"选项，将指标叠加到主图上。以上证指数（000001）为例，叠加到图中的蓝色折线就是本例脚本绘制的名为"短标题"的指标，如图 11-3 所示。

图 11-3　参数 overlay 的示例

11.2.3　参数 format

参数 format（类型：**const string**），是指图表坐标轴的刻度格式。该参数可取值为以下具名常量，默认值为 format.inherit。

● format.inherit（继承）：表示指标图表将自动继承主图的坐标轴刻度格式。如果用户指定了精度值，则系统将覆盖默认值。

● format.percent（百分比）：用于显示百分数格式。

● format.price（价格）：系统默认精度值为 2，但当它与参数 precision 结合使用时，由参数 precision 指定的精度值将覆盖默认值。

● format.volume（成交量）：实际精度值为 0，但显示格式以 K（千）、M（百万）和 B（十亿）等为单位。例如，"5283" 会显示为 "5.283K"。

示例 1：设置参数 format=format.volume。

```
//@version=5
indicator(title="Volume Average [format.volume]", format=format.volume)

// 以 histogram 图表的形式显示交易量
plot(volume, color=color.teal, style=plot.style_columns, title="Volume")

// 使用交易量数据，绘制一根周期为 20 的均线
plot(ta.sma(volume, 20), color=color.orange, title="Volume SMA")
```

示例 2：设置参数 format= format.price。

```
//@version=5
indicator(title="Volume Average [format.price]", format=format.price)

// 以 histogram 图表的形式显示交易量
plot(volume, color=color.teal, style=plot.style_columns, title="Volume")

// 使用交易量数据，绘制一根周期为 20 的均线
plot(ta.sma(volume, 20), color=color.orange, title="Volume SMA")
```

示例 3：设置参数 format= format.percent。

```
//@version=5
indicator(title="Volume Average [format.percent]", format=format.percent)

// 以 histogram 图表的形式显示交易量
plot(volume, color=color.teal, style=plot.style_columns, title="Volume")

// 使用交易量数据，绘制一根周期为 20 的均线
plot(ta.sma(volume, 20), color=color.orange, title="Volume SMA")
```

示例 4：设置参数 format= format.inherit。

```
//@version=5
indicator(title="Volume Average [format.inherit]", format= format.inherit)

// 以 histogram 图表的形式显示交易量
plot(volume, color=color.teal, style=plot.style_columns, title="Volume")

// 使用交易量数据，绘制一根周期为 20 的均线
plot(ta.sma(volume, 20), color=color.orange, title="Volume SMA")
```

单击"Add to chart"选项，将以上 4 个示例脚本依次添加到副图中并进行比较，如图 11-4 所示，每个窗格的左上角显示了相应的指标名。需要注意的是，在图中右侧红框内的坐标轴的刻度格式也有所不同。

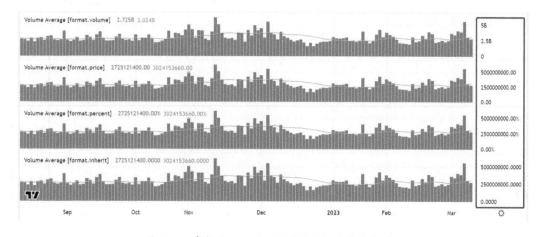

图 11-4　参数 format 的不同示例的取值结果的对比

11.2.4 参数 precision

参数 precision（类型：**const int**），表示精度值，用于确定显示的小数位数。该参数为非负整数，精度值最高为小数点后 16 位，默认值与主图相同。如果未指定精度值，那么系统会自动继承主图的数据精度值。如果指定了精度值，则系统将会覆盖默认值。

示例 1：使用默认的精度值。

```
//@version=5
indicator(title="Double RSI")

// 分别使用橙色和绿色绘制两个不同周期的 RSI 指标
plot(ta.rsi(close, 3), color=color.orange, title="Fast RSI")
plot(ta.rsi(close, 12), color=color.teal, title="Slow RSI")
```

示例 2：设置精度值 precision=2。

```
//@version=5
indicator(title="Double RSI: precision=2", precision=2)

// 分别使用橙色和绿色绘制两个不同周期的 RSI 指标
plot(ta.rsi(close, 3), color=color.orange, title="Fast RSI")
plot(ta.rsi(close, 12), color=color.teal, title="Slow RSI")
```

单击"Add to chart"选项，将以上两个示例脚本依次添加到副图中并进行比较，如图 11-5 所示，每个窗格的左上角显示了相应的指标名。需要注意的是，在图中右侧红框内的坐标轴显示的精度值也有所不同。

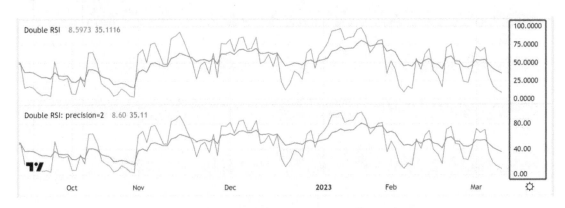

图 11-5 参数 precision 的不同示例的取值结果的比较

通过图 11-5 可以看到，在示例 1 中指标"Double RSI"显示精度值为小数点后 4 位，而在示例 2 中指标"Double RSI: precision=2"显示精度值为小数点后 2 位。

11.2.5　参数 scale

参数 scale（类型：**const int**），是指刻度尺的显示属性。参数 scale 用于指定刻度尺在副图中显示的位置，可以将其显示在图表的左侧、右侧，或者叠加在主图上，该参数可以使用如下具名常量进行设置。

● scale.right：指定刻度尺显示在图表的右侧。

● scale.left：指定刻度尺显示在图表的左侧。

● scale.none：指定图表没有刻度尺显示。该设置仅在 overlay=true （指标叠加在主图上）时使用。

示例：将上例中的参数值修改为"scale =scale.left"，如下所示。

```
//@version=5
indicator(title="Double RSI", precision=2, scale =scale.left)

// 分别使用橙色和绿色绘制两个不同周期的 RSI 指标
plot(ta.rsi(close, 3), color=color.orange, title="Fast RSI")
plot(ta.rsi(close, 12), color=color.teal, title="Slow RSI")
```

将该脚本添加到副图中，如图 11-6 所示，窗格的左上角显示了该指标的名称。需要注意的是，刻度尺显示在该指标的左侧，如红框内所示。

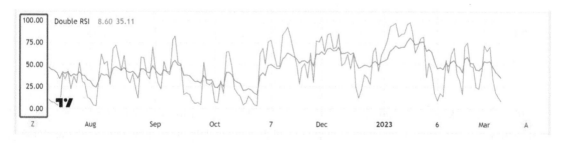

图 11-6　参数 scale 的示例

11.2.6　参数 timeframe

参数 timeframe（类型：**const string**），用于定制时间周期，默认的时间周期与主图相同。

示例：指定 timeframe='D'，该指标在图表上绘制 5 日均线。无论用户在界面上如何修改 Time Interval，MA5 都始终显示 5 日均线，如下所示。

```
//@version=5
indicator(title='MAs-日线', shorttitle='MAs-日线', overlay=true, timeframe='D')

len5 = input.int(5, minval=1, title='Length5')
src5 = input(close, title='Source5')
offset5 = input.int(title='Offset5', defval=0, minval=-500, maxval=500)
out5 = ta.sma(src5, len5)
plot(out5, color=color.new(color.orange, 0), title='MA5', offset=offset5)
```

单击"Add to chart"选项，将指标叠加到主图中，如图 11-7 所示。

图 11-7　参数 timeframe 的示例（时间周期为每日）

接下来在图表中修改时间间隔/周期，例如将其修改为"30m"，如图 11-8 所示。因为参数 timeframe='D'的设定，所以无论用户如何在界面上修改时间间隔/周期，MA5 都会始终显示 5 日均线。

图 11-8　参数 timeframe 的示例（时间周期为 30 分钟）

11.2.7　参数 timeframe_gaps

参数 timeframe_gaps（类型：const bool），是指请求数据的合并策略。参考 timeframe_gaps 用来控制指标如何处理由更长时间周期的数据所引起的数据缺口。简单来说，它用于定义指标如何处理这些数据缺口。例如，在 A 股交易中，每个交易日的交易时间为 4 小时，当时间周期小于 1 天时，就会出现数据缺口。

该参数可以使用具名常量进行设置。如果 timeframe_gaps=false，则系统将绘制阶梯状折线，并用前一个时间段的数据填充当前缺口。如果 timeframe_gaps=true，则系统将绘制平滑曲线，并自动连接初值与终值的之间的两点，而无须填充缺口。

示例 1：设置参数 timeframe_gaps=true。

```
//@version=5
indicator(title="example: timeframe_gaps=true", timeframe="D",
timeframe_gaps=true)
plot(ta.sma(close,5))
```

示例 2：设置参数 timeframe_gaps=false。

```
//@version=5
indicator(title="example: timeframe_gaps=false", timeframe="D",
timeframe_gaps=false)
plot(ta.sma(close,5))
```

单击"Add to chart"选项，将以上两个示例脚本依次添加到副图中并进行比较。以上证指数（000001）为例，并选择 30 分钟为时间周期，如图 11-9 所示。

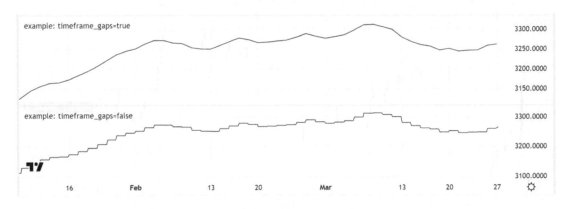

图 11-9　参数 timeframe_gaps 的示例

对比在示例 1 中的"example: timeframe_gaps=true"和在示例 2 中的"example: timeframe_gaps=false"，可以发现在示例 1 中绘制的是光滑曲线，而在示例 2 中绘制的是阶梯状折线，这是由于布尔型参数 timeframe_gaps 的取值不同所导致的。

11.2.8　参数 explicit_plot_zorder

参数 **explicit_plot_zorder**（类型：**const bool**），用于指定绘图函数（fill、hline、plot*和 label*等）所绘制的图形/图表是否按 Z-index 顺序堆叠。该参数的默认值为 false，如果设置为 true，则这些图形将按照 indicator 脚本中绘图函数的执行顺序进行堆叠，每个新图形都会堆叠在之前的图形之上。如果设置为 false，则系统会自动按照 Z-index 顺序堆叠图形。需要注意的是，Z-index 的概念在图形/图表的堆叠顺序中具有重要意义。有关 Z-index 更多的讲解，可参考第 18.3 节内容。

示例 1：设置参数 explicit_plot_zorder=false。

```
//@version=5
indicator("RSI: explicit_plot_zorder=false")
// 参数 explicit_plot_zorder 的默认值为 false

// 分别使用橙色和绿色绘制两个不同周期的 RSI 指标
plot(ta.rsi(close, 3), color=color.orange, title="Fast RSI")
plot(ta.rsi(close, 12), color=color.teal, title="Slow RSI")
//绘制三条横线

h1=hline(30, "RSI Lower Band", color=color.new(color.black, 50))
```

```
h2=hline(50, "RSI Middle Band", color=color.new(color.black, 50))
h3=hline(70, "RSI Upper Band", color=color.new(color.black, 50))
//在横线间填充黄色
fill(h1,h3,color=color.new(color.yellow, 0))
```

示例 2：设置参数 explicit_plot_zorder=true。

```
//@version=5
indicator("RSI: explicit_plot_zorder=true", explicit_plot_zorder=true)

// 分别作用橙色和绿色绘制两个不同周期的 RSI 指标
plot(ta.rsi(close, 3), color=color.orange, title="Fast RSI")
plot(ta.rsi(close, 12), color=color.teal, title="Slow RSI")
//绘制三条横线
h1=hline(30, "RSI Lower Band", color=color.new(color.black, 50))
h2=hline(50, "RSI Middle Band", color=color.new(color.black, 50))
h3=hline(70, "RSI Upper Band", color=color.new(color.black, 50))
//在最上和最下两条横线间填充黄色
fill(h1,h3,color=color.new(color.yellow, 0))
```

单击"Add to chart"选项，将以上两个示例脚本添加到副图中并进行比较，主要关注参数 explicit_plot_zorder 的作用，如图 11-10 所示。

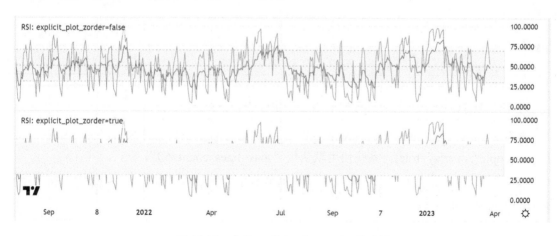

图 11-10　参数 explicit_plot_zorder 的示例

通过比较可以发现，示例 2 中的"RSI: explicit_plot_zorder=true"指标的两条 RSI 线被黄色背景带遮挡一部分，而示例 1 中的"RSI: explicit_plot_zorder=false"指标则正常显示。这是由于所绘制的图形或图表的堆叠顺序不同所导致的。

11.2.9　参数 max_lines_count

参数 max_lines_count（类型：**const string**），表示所绘制线条中的最后一条线的序号，即画线的总数计数。默认值为 50，最大值为 500。

示例：指定 max_lines_count=500。

```
//@version=5
indicator(title="Max lines example", overlay=true, max_lines_count=500)

// 计算并绘制周期为 30 的 SMA 均线
smaValue = ta.sma(close, 30)

plot(smaValue, color=color.gray, title="SMA")

// 在 SMA 均线和对应的 K 线收盘价之间画一条竖线 barLine
barLine = line.new(x1=bar_index, y1=smaValue,
    x2=bar_index, y2=close, width=2)

// 若 K 线是阳线，则竖线 barLine 为绿色，否则为红色
if close > open
    line.set_color(barLine, color.green)
else
    line.set_color(barLine, color.red)
```

单击"Add to chart"选项，将脚本添加到主图中，如图 11-11 所示。

删除上述示例的"max_lines_count=500"，并将第 2 行的语句修改为 indicator(title="Max lines example", overlay=true)，系统使用默认值"max_lines_count=50"。

单击"Add to chart"选项，将修改后的脚本添加到主图中，如图 11-12 所示，可以看到图表中的线条减少到 350 条。

图 11-11　参数 max_lines_count=500 的示例

图 11-12　参数 max_lines_count=50 的示例

11.2.10　参数 max_labels_count

参数 **max_labels_count**（类型：**const string**），表示所绘制标签中的最后一个标签的序号，即标签的总数计数。默认值为 50，最大值为 500。

示例：指定 max_labels_count=500。

```
//@version=5
indicator(title="Max labels example", overlay=true, max_labels_count=500)

// 若是阳线，则使用绿色标签显示 "up"
if close > open
    label.new(x=bar_index, y=high, color=color.green,
        textcolor=color.black, text="Up!")
// 若是阴线，则使用红色红色标签显示 "Down"
else
    label.new(x=bar_index, y=low, style=label.style_label_up,
        color=color.red, textcolor=color.black, text="Down!")
```

单击"Add to chart"选项，将示例脚本添加到主图上，如图 11-13 所示。

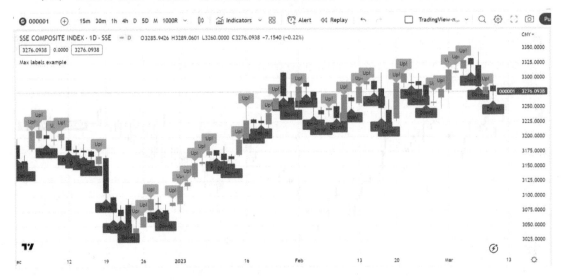

图 11-13　参数 max_labels_count=500 的示例

删除上述示例的"max_labels_count=500"，并将第 2 行语句修改为 indicator(title="Max labels example", overlay=true)，此时系统使用默认值"max_labels_count=50"。

单击"Add to chart"选项，将修改后的脚本添加到主图中，如图 11-14 所示，可以看到图表的标签减少到 350 个。

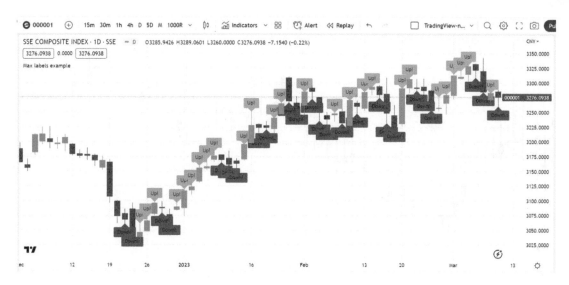

图 11-14　参数 max_labels_count=50 的示例

11.2.11　参数 max_boxes_count

参数 **max_boxes_count**（类型：**const string**），表示所绘制方框中的最后一个方框的序号，即方框的总数计数。默认值为 50，最大值为 500。

示例：指定 max_boxes_count=500。

```
//@version=5
indicator(title="Max boxes example", overlay=true, max_boxes_count=500)

// 计算周期为 14 的 ATR 值
atrValue = ta.atr(14)

// 对于 K 线创建 box
barBox = box.new(left=bar_index, top=high + atrValue,
    right=bar_index, bottom=low - atrValue, border_width=2)

// 若是阳线，则 box 边界为绿色，否则为红色
if close > open
    box.set_border_color(barBox, color.green)
else
    box.set_border_color(barBox, color.red)
```

单击"Add to chert"选项，将示例脚本添加到主图中，如图 11-15 所示。

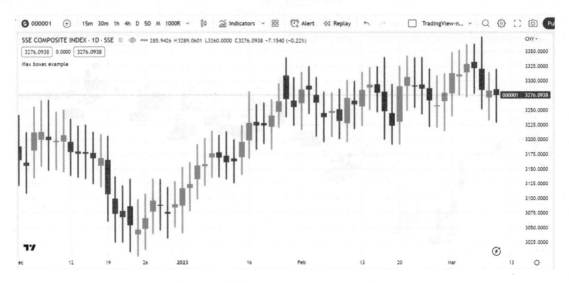

图 11-15　参数 max_boxes_count=500 的示例

将上述示例删除"max_boxes_count=500"，并将第 2 行的语句修改为 indicator(title="Max boxes example", overlay=true)，则系统使用默认值"max_lines_count=50"。

单击"Add to chert"选项，将修改后的脚本添加到主图中，如图 11-16 所示。可以看到图表中的方框减少到了 50 个。

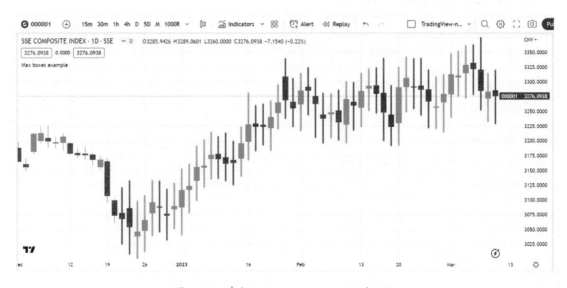

图 11-16　参数 max_boxes_count=50 的示例

11.2.12　参数 max_bars_back

参数 max_bars_back（类型：**const string**），是指用于限制脚本所引用的历史行情 K 线数据的最大数量，其意义在于限制指标回溯的周期数，以提高代码效率，示例如下。

```
//@version=5
indicator("Requires max_bars_back", max_bars_back = 20)
test = 0.0
if bar_index > 1000
    test := ta.roc(close, 20)
plot(test)
```

单击"Add to chart"选项，将示例脚本添加到图表中，如图 11-17 所示。

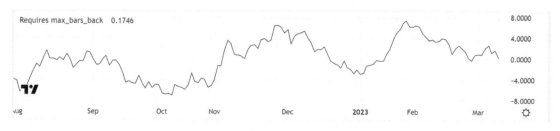

图 11-17　参数 max_bars_back 的示例

11.3　小结

本章详细讲解了指标函数 indicator，包括其函数声明的语句格式、参数详细解析与示例。指标函数 indicator 是 Pine Script 的两大核心函数之一，熟练掌握其应用是初学者从入门到精通的必经之路。指标函数 indicator 的参数划分为如下几类。

- title 和 shorttitile：分别用于定义脚本的标题和短标题。

- timeframe 和 timeframe_gaps：有关时间周期的参数。timeframe 用于指定时间周期，如"W"、"D"和"4H"；timeframe_gaps 用来控制指标如何处理由更长时间周期的数据所引起的数据缺口。

- format、precision 和 scale：分别用于定义指标的格式、精度和刻度尺。

- overlay 和 explicit_plot_zorder：用于指定所绘制的图形如何添加到图表上。overlay 用于确定指标是否叠加到主图上；explicit_plot_zorder 用于指定绘图函数（plot*、fill*、hline 和 label 等）所绘制的图形/图表是否按照 Z-index 顺序堆叠。

- max_lines_count、max_labels_count、max_boxes_count：分别用于指定指标的画线、标签和方框的总数计数。

- max_bars_back：用于限制脚本所引用的历史行情 K 线数据的最大数量，其意义在于限制指标回溯的周期数，以提高代码效率。

第 12 章 绘 图 函 数

12.1 绘图函数简介

TradingView 平台的特色之一是其具有强大的图表绘制功能，它提供了灵活的绘图工具，并在 Pine Script 中内置了丰富的绘图函数，如表 12-1 所示为绘图类函数列表。

表 12-1 绘图类函数列表

函数名称		描述
plot 系列	plot	用于绘制多种形态的线形图
	plotarrow	用于绘制箭头
	plotchar	用于在图表上显示字符
	plotshape	用于在图表上绘制某些特定图形符号
	plotbar	用于绘制美式 K 线
	plotcandle	用于绘制蜡烛线
bgcolor		用于绘制图表的背景
fill		用于在两个 plot 或 hline 对象之间填充颜色
hline		用于在图表上画一条水平线
box.*		用于在图表上画方框
line.*		用于在图表上绘制多种风格的线
linefill.*		用于在两条线之间填充颜色
table.*		用于在图表上绘制表格

12.2 函数 plot

在 Pine Script V5 中，plot 系列函数包括：plot、plotarrow、plotbar、plotcandle、plotchar 和 plotshape。其中以函数 plot 最为常用且最为通用，而其他 plot 系列函数则用于绘制特定的图形。

函数 plot 的功能有两个：一是根据参数值绘制多种形态的图形/图表；二是该函数的返回值为 plot 类型的对象。如果在 Pine Script 中使用了 plot 函数，则可以在后续的语句中将 plot 函数的返回值（plot 类型的对象）作为参数传递给函数 fill，以在指定区域内填充颜色。

函数 plot 声明语句格式如下所示。其中，参数 series 为唯一必输项。

```
plot(series, title, color, linewidth, style, trackprice, histbase, offset, join,
editable, show_last, display) → plot
```

函数 plot 的参数列表如表 12-2 所示。

表 12-2　函数 plot 的参数列表

参数	含义	类型	默认值	必输项/选输项
series	时间序列/市场行情数据	series int/float		必输项
title	标题	const string		选输项
color	颜色	series color		选输项
linewidth	线宽	input int	1	选输项
trackprice	是否在当前值的位置画一条虚线横线	input bool	false	选输项
style	绘图风格或类型	const int	plot.style_line	选输项
histbase	图形/图表所使用的纵坐标的基准值	input int/float	0.0	选输项
offset	偏移量	series int	0	选输项
join	是否连接虚线的点	input bool	false	选输项
editable	图形/图表的风格是否可编辑	const bool	true	选输项
show_last	所显示的 K 线数或对应数据的数量	input int		选输项
display	图形/图表是否显示为可见	Const int	display.all	选输项

1. 参数 series 和参数 title

参数 series（类型：series int/float），是函数 plot 的唯一必输项。可以使用 series 类型的变量、常量或表达式对该参数赋值。

参数 title（类型：const string），用于指定所绘制的图形/图表的标题。

示例：在主图上画一条 20 日的 SMA 均线，该均线的标题为 "SMA20"，如下所示。

```
//@version=5
indicator(title="plot example 1", overlay=true)

plot(series=ta.sma(close, 20), title='SMA20' )
```

单击 "Add to chart" 选项，将示例脚本添加到图表中。以标普 500 指数 ETF（SPY）为例，如图 12-1 所示。

图 12-1　参数 series 和参数 title 的示例

2. 参数 color

参数 color（类型：series color），用于指定绘图所使用的颜色。对该参数赋值，有如下 4 种方法：

- 使用颜色的具名常量，例如"color=color.red"和"color=color.green"等。

- 使用十六进制颜色常量，以#开头，后面跟 6 位或 8 位十六进制常数，例如 "color=#ff001a"。

- 使用函数 color.new 或 color.rgb，例如"color=color.new(color.red, 50)"或 "color=color.rgb(255, 0, 0, 50)"。

- 使用更为复杂的表达式，例如"color = close >= open ? color.green : color.red"。

示例：在前面示例的基础上加入参数 color，若收盘价>SMA20，则 SMA20 线为绿色。反之，若收盘价≤SMA20，则 SMA20 线为红色，如下所示。

```
//@version=5
indicator(title="plot example: color", overlay=true)

plot(series=ta.sma(close, 20), title='SMA',
    color=close > ta.sma(close, 20) ? color.green : color.red)
```

单击"Add to chart"选项，将示例脚本添加到图表中。继续以标普 500 指数 ETF（SPY）为例，如图 12-2 所示。

图 12-2　参数 color 的示例

3. 参数 linewidth

参数 linewidth（类型：input int），用于指定所绘制的线条的宽度。该参数仅适用于绘制线形图，并不适用于所有风格的图形/图表，默认值为 1。

示例：在上面示例中的 plot 函数中添加参数 linewidth=3。

```
//@version=5
indicator(title="plot example: linewidth", overlay=true)

plot(series=ta.sma(close, 20), title='SMA',
    color=close > ta.sma(close, 20) ? color.green : color.red, linewidth=3)
```

单击"Add to chart"选项，将示例脚本添加到图表中，如图 12-3 所示。

4. 参数 trackprice

参数 trackprice（类型：input bool），用于确定是否在当前值的位置画一条虚线横线。若其值为 true，则在所绘图形的当前值的位置画一条虚线横线。参数 trackprice 的默认值为 false，不画线。

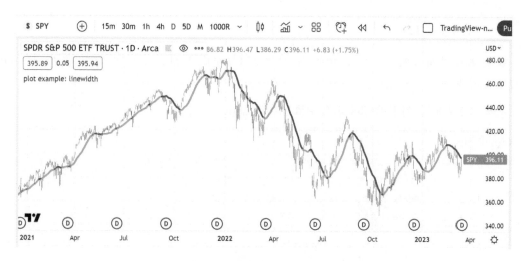

图 12-3　参数 linewidth 的示例

示例：在上面示例中的 plot 函数中添加参数 trackprice。

```
//@version=5
indicator(title="plot example: trackprice", overlay=true)

plot(series=ta.sma(close, 20), title='SMA',
     color=close > ta.sma(close, 20) ? color.green : color.red, trackprice=true)
```

单击"Add to chart"选项，将示例脚本添加到图表中，如图 12-4 所示。

图 12-4　参数 trackprice 的示例

5. 参数 show_last

参数 show_last（类型：input int），用于设定所显示的 K 线数或对应数据的数量。时间顺序为从近到远。

示例：在上面示例中的 plot 函数中添加参数 show_last。

```
//@version=5
indicator(title="plot example:show_last", overlay=true)

plot(series=ta.sma(close, 20), title='SMA',
    color=close > ta.sma(close, 20) ? color.green : color.red, trackprice=true,
show_last=100)
```

单击"Add to chart"选项，将示例脚本添加到主图中，如图 12-5 所示。

图 12-5   参数 show_last 的示例

6. 参数 display

参数 display（类型：const int），用于控制所绘制的图形/图表是否可见，可以设置为以下具名常量。

● display.all：表示所绘制的图形/图表都可见，此为默认值。

● display.none：表示所绘制的图形/图表都不可见。

- display.data_window：表示仅在数据窗口中显示所绘制的图形/图表的当前值。数据窗口位于图表右侧边栏的面板上，如图 12-6 所示。

- display.status_line：表示仅在指标左上方的状态行上显示当前值，如图 12-7 所示。

- display.pane：表示仅在当前窗格中显示所绘制的图形/图表，但无法在状态行或数据窗口中显示，如图 12-8 所示。

- display.price_scale：用于控制绘图的价格和标签在 Price Scale 中的显示方式。

图 12-6　设置参数 display=display.data_window

图 12-7　设置参数 display= display.status_line

图 12-8　设置参数 display= display.pane

 注

上述提到的命名常量也可以使用加减法进行组合，用法如下。

● display.all - display.status_line：表示除了不显示状态行，其余的都显示。
● display.price_scale + display.status_line：表示只显示 Price Scale 和状态行。

需要注意的是，display.none 具有特殊用途。例如，有时不需要显示函数 plot 所绘制的图形，但是函数 plot 的返回值（plot 类型的对象）需要供后面的函数 fill 使用，或者函数 plot 需要与后面的函数 alertcondition 结合使用。在这些情况下，可以将参数设置为 display=display.none。

示例 1：参数 display=display.none 的示例之一。在本例中，不需要显示函数 plot 所绘制的图形，但是函数 plot 的返回值（plot 类型的对象）需要供后面的函数 fill 使用。在下面的示例中，使用函数 fill 为两个 plot 对象之间的区域填充颜色。

```
//@version=5
indicator(title='Volume Level', overlay=false, timeframe='')

length = input.int(30, minval=1)
mult = input.float(2.5, minval=0.001, maxval=50, title='StdDev')
offset = input.int(0, 'Offset', minval=-500, maxval=500)

src = ta.sma(volume, 2)
basis = ta.sma(src, length)
dev = mult * ta.stdev(src, length)
upper = basis + dev
lower = basis - dev

p0 = plot(0, color=na, display=display.none, editable=false)
```

```
p1 = plot(basis, color=na, display=display.none, editable=false)
p2 = plot(upper, color=na, display=display.none, editable=false)
p3 = plot(upper * 1.2, color=na, display=display.none, editable=false)
tpf = 85
c1 = color.new(color=#a0d6dc,transp=tpf)
c2 = color.new(color=#ff7800,transp=tpf)
c3 = color.new(color=#ff0000,transp=tpf)
fill(p0, p1, c1, title='Low Volume Zone')
fill(p1, p2, c2, title='Normal Volume Zone')
fill(p2, p3, c3, title='High Volume Zone')

color_vol = src > upper ? #ff0000 : src > basis ? #a0d6dc : #1f9cac
plot(src, style=plot.style_columns, color=color_vol)

alertcondition(src > upper, title='Volume Breakout', message='Detected Volume
Breakout at Price : {{close}}')
```

单击"Add to chart"选项,将示例脚本添加到图表中,如图 12-9 所示。

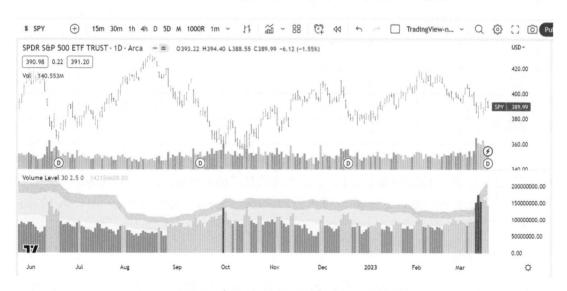

图 12-9　参数 display = display.none 的示例 1

在图 12-9 中保留了传统的成交量指标"Vol",以便与副图上的"Volume Level"指标进行比较。在"Volume Level"指标中,用红色柱来标识成交量激增的情况。

示例 2：参数 display=display.none 的示例之二。在本例中，不显示函数 plot 所绘制的图形，但是需要函数 plot 与后面的函数 alertcondition 结合使用。在下面的示例中，函数 plot 的参数值 title = "RSI" 为函数 alertcondition 提醒信息 message 的组成部分。

```
//@version=5
indicator("plot example: display.none")
r = ta.rsi(close, 14)

xUp = ta.crossover(r, 50)
plot(r, "RSI", display = display.none)

alertcondition(xUp, "xUp alert", message = 'RSI is bullish at: {{plot("RSI")}}')
```

单击"Add to chart"选项，将示例脚本添加到副图中。副图显示为空指标，仅显示出标题，如图 12-10 所示。

图 12-10　参数 display = display.none 的示例 2

在图 12-10 中，指标"plot example: display.none"显示为空，因为设置了参数"display = display.none"。而函数 plot 的参数值 title = "RSI" 却可应用于后面的函数 alertcondition，并作为提醒信息 message 的组成部分。

添加提醒的方法如图 12-11 所示。在主图上方菜单栏中点击"Alert"，系统弹出"Create Alert on SPY"窗口，在"Condition"的下拉列表框中选择"plot example: display.none"选项，即可配置该指标的提醒功能。在 TradingView 平台中还有几种添加提醒的方法，将在第 19 章进行详细讲解。

7. 参数 style

参数 style（类型：const int），指所绘图形/图表的风格或类型。在通常情况下，该参数可以在用户界面定制，如图 12-12 中红色箭头所示的位置。

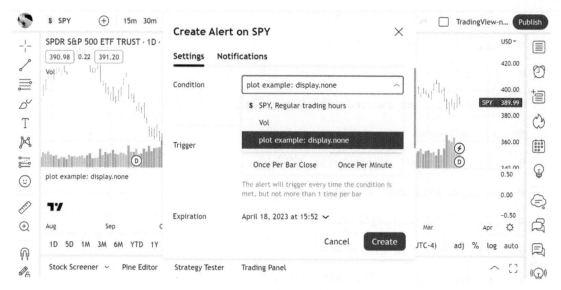

图 12-11 提醒的用户界面

图 12-12 设置参数 style

可以将参数 style 设置为以下 11 个具名常量，这些具名常量及其界面选项的映射关系，如图 12-13 所示。

- plot.style_line：实线。

- plot.style_linebr：可带有中断的线。
- plot.style_stepline：阶梯状折线。
- plot.style_steplinebr：可带有中断的阶梯状折线。
- plot.style_stepline_diamond：带有钻石（或菱形）节点的阶梯状折线。
- plot.style_cross：由十字连接而成的虚线。
- plot.style_circles：由圆点连接而成的虚线。
- plot.style_histogram：直方图。
- plot.style_columns：柱状图。
- plot.style_area：面积图。
- plot.style_areabr：可带有中断的面积图。

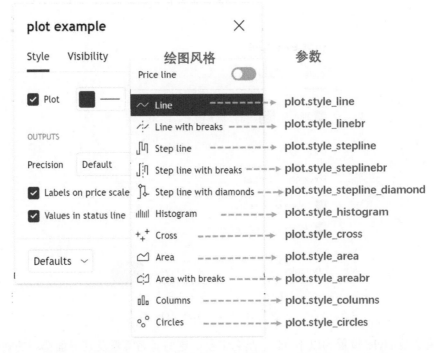

图 12-13　参数 style 的可选值（均为具名常量）及其界面选项的映射关系

有 3 对名称很接近的具名常量，要注意进行区分，即 plot.style_line 与 plot.style_linebr，plot.style_stepline 与 plot.style_steplinebr，以及 plot.style_area 与 plot.style_ areabr。简单来说，

每对具名常量的主要区别在于，当遇到 na 值时的处理方式不同。前者会绘制连续的图形，而后者则会绘制不连续的图形。

下面举例说明这 3 对具名常量的区别。

示例 1：对比具名常量 plot.style_line 与 plot.style_linebr。

- plot.style_line：绘制连续实线，遇到 na 值会在其前后用直线做连接。
- plot.style_linebr：绘制不连续线，遇到 na 值不会在其前后做连接。

使用下面的脚本可以在图表中绘制两条线，这两条线根据当前时间是星期几来进行条件判断：如果是星期四到星期六，就使用橙色实线（风格为 plot.style_line）绘制 EMA10，并且使用青绿色虚线（风格为 plot.style_linebr）绘制 EMA20；如果当前时间是星期日到星期三，则不进行绘制（使用 na）。

```
//@version=5
indicator(title="plot example")

plot(series=(dayofweek > 3) ? ta.ema(close, 10) : na, color=color.orange,
style=plot.style_line, linewidth=2)
plot(series=(dayofweek > 3) ? ta.ema(close, 20) : na, color=color.teal,
style=plot.style_linebr, linewidth=2)
```

单击"Add to chart"选项，将示例脚本添加到副图中，如图 12-14 所示。

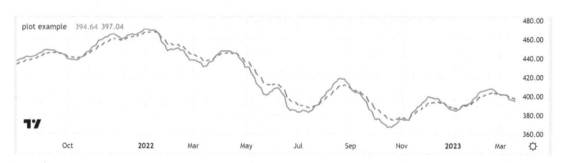

图 12-14　具名常量 plot.style_line 与 plot.style_linebr 的区别

示例 2：对比具名常量 plot.style_stepline 与 plot.style_steplinebr。

- plot.style_stepline：绘制连续折线，遇到 na 值会在其前后用直线做连接。
- plot.style_steplinebr：绘制不连续折线，遇到 na 值不会在其前后做连接。

使用下面的脚本可以在图表中绘制两条折线，这两条线根据当前时间是星期几来进行条件判断：如果是星期四到星期六，就使用紫色线（风格为 plot.style_line）绘制 EMA10，并且使用深蓝色线（风格为 plot.style_linebr）绘制 EMA20；如果当前时间是星期日到星期三，则不进行绘制（使用 na）。

```
//@version=5
indicator(title="plot example: plot.style_stepline & plot.style_steplinebr")

plot(series=(dayofweek > 3) ? ta.ema(close, 10) : na, color=color.fuchsia,
style=plot.style_stepline, linewidth=2)
plot(series=(dayofweek > 3) ? ta.ema(close, 20) : na, color=color.navy,
style=plot.style_steplinebr, linewidth=2)
```

单击"Add to chart"选项，将示例脚本添加到副图中，如图 12-15 所示。

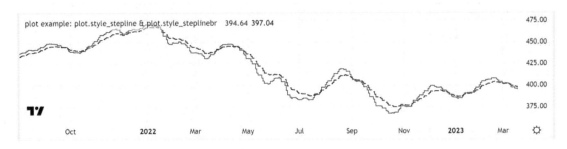

图 12-15　具名常量 plot.style_stepline 与 plot.style_steplinebr 的区别

示例 3：对比具名常量 plot.style_area 与 plot.style_areabr。

- plot.style_area：绘制连续的面积图，遇到 na 值会在其前后做连接。
- plot.style_areabr：绘制不连续的面积图，遇到 na 值不会在其前后做连接。

在下面的脚本中，仅显示星期一和星期五的成交量，且绘图风格为"style=plot.style_area"。

```
//@version=5
indicator(title="plot example: plot.style_area")

// 仅显示星期一和星期五的成交量
newWeek = dayofweek == dayofweek.friday or dayofweek == dayofweek.monday

plot(series=newWeek ? volume : na, style=plot.style_area)
```

单击"Add to chart"选项，首先将示例脚本添加到副图中，然后修改参数 style 的值为

plot.style_areabr，再次将示例脚本添加到副图中，并将两者结果进行对比，如图 12-16 所示。可以看出指标"plot example: plot.style_areabr"能正确地显示星期一和星期五的成交量，而指标"plot example: plot.style_area"却显示错误。

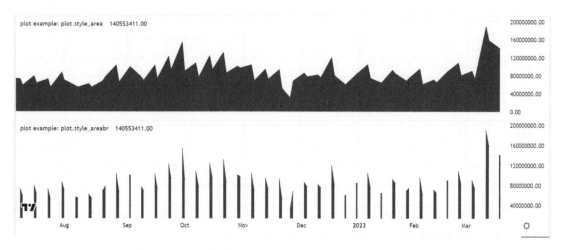

图 12-16　具名常量 plot.style_area 与 plot.style_areabr 的区别

8. 参数 join

参数 join（类型：input bool），用于确定是否连接虚线的点。仅当线的类型为 plot.style_circles 或 plot.style_cross 时，join 的值可以为 true。若参数 join 的值为 true，则连接类型为 plot.style_cross 或 plot.style_circles 的虚线的点。参数 join 的默认值为 false，不连接。

示例如下。

```
//@version=5
indicator(title="plot example: join=true", overlay=false)

plot(series=ta.sma(close, 20), title='SMA20', style= plot.style_circles,
join=true)
```

单击"Add to chart"选项，首先将示例脚本添加到副图中，然后修改参数 join 的值为 false，再将示例脚本添加到副图中，最后对比参数 join 的值为 true 与 false 时的区别，如图 12-17 所示。可以发现当设置参数 join=true 时，会连接所有虚线上的点。

9. 参数 histbase

参数 histbase（类型：input int/float），用于指定绘制图形/图表所使用的纵坐标的基准值，即纵坐标轴的起始位置。仅当参数 style 的值为 plot.style_histogram、plot.style_columns 或

plot.style_area 时，可以使用该参数。参数 style 的默认值为 0，也可以设置为其他数值。

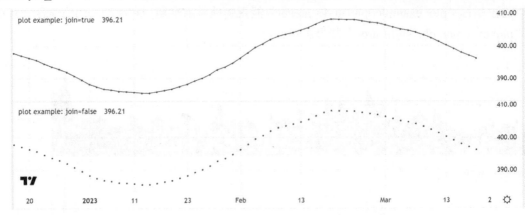

图 12-17　对比参数 join 的值为 true 与 false 的区别

示例：绘制一个 **plot.style_columns** 风格的成交量指标，并设置 histbase=20000000，且在纵坐标为 0 和 20000000 的位置画两条银色的虚线水平线。

```
//@version=5
indicator(title="plot example: histbase & style")

plot(volume, style=plot.style_histogram, histbase=20000000)
plot(0, color=color.silver, style=plot.style_circles)
plot(20000000, color=color.silver, style=plot.style_circles)
```

单击 "Add to chart" 选项，将示例脚本添加到副图中，如图 12-18 所示，可以注意到，该成交量指标的纵坐标起始位置为 20000000。

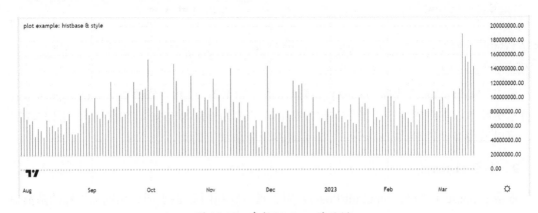

图 12-18　参数 histbase 的示例

10. 参数 editable

参数 editable（类型：const bool），用于确定图形/图表的风格是否可编辑。若参数 editable 的值为 false，则不可编辑。参数 editable 默认值为 true，可编辑。

示例：连接各个时点的收盘价，在副图绘制一条折线，脚本如下所示。

```
//@version=5
indicator(title="plot example: editable")


plot(close, editable=true)
```

单击"Add to chart"选项，将示例脚本添加到副图中，如图 12-19 所示。

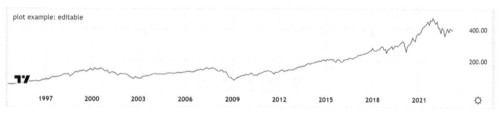

图 12-19　参数 editable 的示例

单击左上方的齿轮按钮"Settings"，在弹出的窗口中选择"Style"选项，定制图形/图表风格和颜色，如图 12-20 所示。

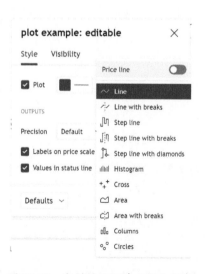

图 12-20　定制图形/图表风格和颜色

11. 参数 offset

参数 offset（类型：series int），表示偏移量，指图形/图表向左或向右偏移的 K 线数。若参数 offset 的值为正数，则 K 线向右偏移。若参数 offset 的值为负数，则 K 线向左偏移。参数 offset 的默认值为 0，不偏移。

示例 1：连接各个时点的收盘价，在主图上绘制一条折线，而且将其向右偏移 5 个单位，脚本如下所示。

```
//@version=5
indicator(title="plot example", overlay=true)

plot(close, offset=5, color=color.orange)
```

单击"Add to chart"选项，将示例脚本添加到图表中，如图 12-21 所示。

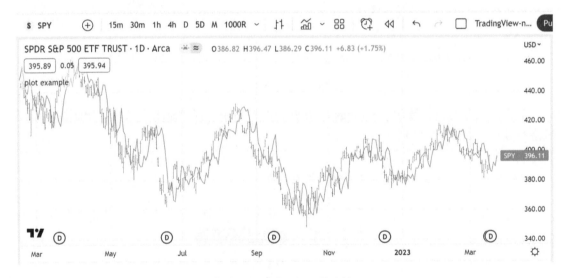

图 12-21　参数 offset 的示例 1

示例 2：Ichimoku（一目均衡表）指标是参数 offset 的经典应用实例，脚本如下所示。

```
//@version=5
indicator(title="Ichimoku Cloud", shorttitle="Ichimoku", overlay=true)
conversionPeriods = input.int(9, minval=1, title="Conversion Line Length")
basePeriods = input.int(26, minval=1, title="Base Line Length")
laggingSpan2Periods = input.int(52, minval=1, title="Leading Span B Length")
displacement = input.int(26, minval=1, title="Lagging Span")
```

```
donchian(len) => math.avg(ta.lowest(len), ta.highest(len))
conversionLine = donchian(conversionPeriods)
baseLine = donchian(basePeriods)
leadLine1 = math.avg(conversionLine, baseLine)
leadLine2 = donchian(laggingSpan2Periods)
plot(conversionLine, color=#2962FF, title="Conversion Line")
plot(baseLine, color=#B71C1C, title="Base Line")
plot(close, offset = -displacement + 1, color=#43A047, title="Lagging Span")
p1 = plot(leadLine1, offset = displacement - 1, color=#A5D6A7,
    title="Leading Span A")
p2 = plot(leadLine2, offset = displacement - 1, color=#EF9A9A,
    title="Leading Span B")
fill(p1, p2, color = leadLine1 > leadLine2 ? color.rgb(67, 160, 71, 90) :
color.rgb(244, 67, 54, 90))
```

单击"Add to chart"选项,将示例脚本叠加到主图中,如图 12-22 所示。

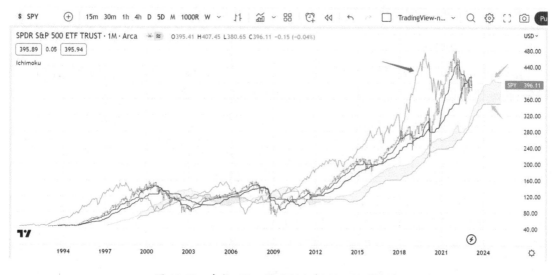

图 12-22　参数 offset 的示例 2(Ichimoku 指标)

在图 12-22 中,蓝色箭头所指的是"Lagging Span"线,它由收盘价连成的折线向左移动 26 个交易日而得。而两个橙色箭头所指的是绿色云带的上下两条边界线"Leading Span A"和"Leading Span B",两者都是各自将计算结果向右移动 26 个交易日而得的。关于上述功能的具体实现方式,可以参考该脚本的第 14～18 行内容,如图 12-23 所示。

```
14    plot(close, offset = -displacement + 1, color=■#43A047, title="Lagging Span")
15    p1 = plot(leadLine1, offset = displacement - 1, color=■#A5D6A7,
16        title="Leading Span A")
17    p2 = plot(leadLine2, offset = displacement - 1, color=■#EF9A9A,
18        title="Leading Span B")
```

图 12-23   参数 offset 脚本的第 14~18 行内容

12.3   plot 系列的其他函数

在 plot 系列函数中，以函数 plot 最为常用，而 plot 系列的其他函数则用于绘制特定的图形，如下所示。

- plotarrow：用于绘制箭头。
- plotchar：用于根据给出的 Unicode 字符在图表上绘图。
- plotshape：用于在图表上绘制某些特定图形符号。
- plotbar：用于绘制美式 K 线。
- plotcandle：用于绘制蜡烛线。

1. 函数 plotarrow

函数 plotarrow 在图表上绘制向上/向下箭头。若参数 series 值为正，则绘制向上箭头；若参数 series 值为负，则绘制向下箭头；若参数 series 值为 na，则不绘制箭头。

函数 plotarrow 声明语句格式如下所示。其中，参数 series 为唯一必输项。

```
plotarrow(series, title, colorup, colordown, transp, offset, minheight,
maxheight, editable, show_last, display) → void
```

举一个示例，脚本如下所示。执行后的效果是，若当前 K 线为阳线，则绘制青绿色向上箭头；若当前 K 线为阴线，则绘制橙色向下箭头。

```
//@version=5
indicator("plotarrow example", overlay=true)
codiff = close - open
plotarrow(codiff, colorup=color.new(color.teal,50),
colordown=color.new(color.orange, 50))
```

单击"Add to chart"选项，将示例脚本添加到图表中，如图 12-24 所示。

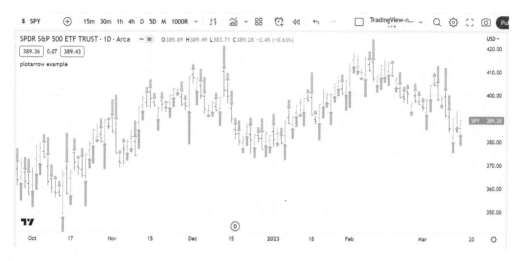

图 12-24 函数 plotarrow 的示例

2. 函数 plotbar

函数 plotbar 在图表上绘制美式 K 线，且包含 OHLC 价格。函数 plotbar 声明语句格式如下所示。其中，参数 series 为唯一必输项。

```
plotbar(open, high, low, close, title, color, editable, show_last, display) →
void
```

举一个示例，脚本如下所示。

```
//@version=5
indicator("plotbar example", overlay=false)
plotbar(open, high, low, close, title='Title', color = open < close ? color.blue :
color.purple)
```

单击"Add to chart"选项，将示例脚本添加到副图中，如图 12-25 所示。

图 12-25 函数 plotbar 的示例

3. 函数 plotcandle

函数 plotcandle 用于在图表上绘制蜡烛线。函数 plotcandle 声明语句格式如下所示。其中，参数 series 为唯一必输项。

```
plotcandle(open, high, low, close, title, color, transp, wickcolor, editable,
show_last, bordercolor, display) → void
```

举一个示例，脚本如下所示。

```
//@version=5
indicator("plotcandle example", overlay=false)
plotcandle(open, high, low, close, title='Title',
    color = open < close ? color.lime : color.maroon, wickcolor=color.black)
```

单击"Add to chart"选项，将示例脚本添加到副图中，如图 12-26 所示。

图 12-26　函数 plotcandle 的示例

4. 函数 plotchar

函数 plotchar 用于根据给出的 Unicode 字符在图表上绘图。函数 plotchar 声明语句格式如下所示。其中，参数 series 为唯一必输项。

```
plotchar(series, title, char, location, color, transp, offset, text, textcolor,
editable, size, show_last, display) → void
```

举一个示例，脚本如下所示。执行后的效果是在收盘价大于或等于开盘价的 K 线上显示一个雪花符号"❅"。

```
//@version=5
indicator('plotchar example', overlay=true)
data = close >= open
plotchar(data, char='❅')
```

单击"Add to chart"选项，将示例脚本添加到图表中，如图 12-27 所示。

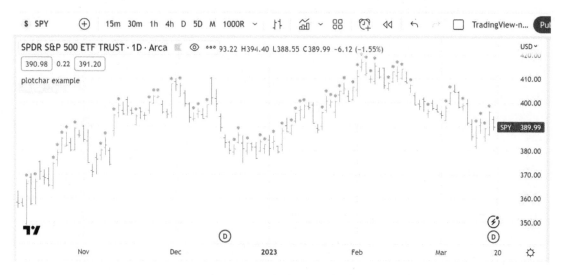

图 12-27　函数 plotchar 的示例

5．函数 plotshape

函数 plotshape 用于在图表上绘制某些特定图形符号。函数 plotshape 声明语句格式如下所示。其中，参数 series 为唯一必输项。

```
plotshape(series, title, style, location, color, transp, offset, text,
textcolor, editable, size, show_last, display) → void
```

举一个示例，脚本如下所示。执行后的效果是在收盘价大于或等于开盘价的 K 线上显示一个叉形符号"×"。

```
//@version=5
indicator('plotshape example', overlay=true)
data = close >= open
plotshape(data, style=shape.xcross)
```

单击"Add to chart"选项，将示例脚本添加到图表中，如图 12-28 所示。

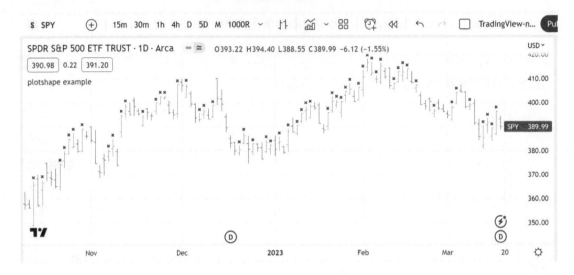

图 12-28　函数 plotshape 的示例

12.4　非 plot 系列的绘图函数

非 plot 系列的绘图函数包括：

- bgcolor：用于绘制图表的背景。
- fill：用于在两个 plot 或 hline 对象之间填充颜色。
- hline：用于在图表上画一条水平线。
- box.*：用于在图表上画方框。
- line.*：用于在图表上绘制多种风格的线。
- linefill.*：用于在两条线之间填充颜色。
- table.*：用于在图表上绘制表格。

1.　函数 bgcolor

函数 bgcolor 用于绘制图表的背景。函数 bgcolor 声明语句格式如下所示。其中，参数 color 为唯一必输项。

```
bgcolor(color, offset, editable, show_last, title, display) → void
```

举一个示例，脚本如下所示。执行后的效果是，根据收盘价与开盘价的比较结果设置背景颜色。若收盘价小于开盘价则背景显示为红色，否则背景显示为绿色。

```
//@version=5
indicator("bgcolor example", overlay=true)
bgcolor(close < open ? color.new(color.red,70) : color.new(color.green, 70))
```

单击 "Add to chart" 选项，将示例脚本添加到图表中，如图 12-29 所示。

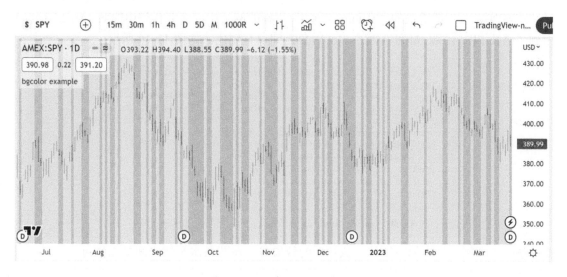

图 12-29　函数 bgcolor 的示例

2. 函数 fill

函数 fill 用于在两个 plot 或 hline 对象之间填充颜色。函数 fill 声明语句格式如下所示。在以下 4 种函数 fill 声明语句格式中，前两个参数均为必输项。

格式 1：

```
fill(plot1, plot2, color, title, editable, show_last, fillgaps, display) → void
```

格式 2：

```
fill(plot1, plot2, top_value, bottom_value, top_color, bottom_color, title,
display, fillgaps) → void
```

格式 3：

```
fill(hline1, hline2, color, title, editable, fillgaps, display) → void
```

格式 4：

```
fill(hline1, hline2, top_value, bottom_value, top_color, bottom_color, title,
display, fillgaps) → void
```

在前面第 12.2 节讲过的"Volume Level"指标的例子中，在其代码中的第 14～24 行，就用到了函数 fill，函数 fill 可在两个 plot 对象之间填充颜色，如图 12-30 所示。

```
14    p0 = plot(0, color=na, display=display.none, editable=false)
15    p1 = plot(basis, color=na, display=display.none, editable=false)
16    p2 = plot(upper, color=na, display=display.none, editable=false)
17    p3 = plot(upper * 1.2, color=na, display=display.none, editable=false)
18    tpf = 85
19    c1 = color.new(color=#a0d6dc,transp=tpf)
20    c2 = color.new(color=#ff7800,transp=tpf)
21    c3 = color.new(color=#ff0000,transp=tpf)
22    fill(p0, p1, c1, title='Low Volume Zone')
23    fill(p1, p2, c2, title='Normal Volume Zone')
24    fill(p2, p3, c3, title='High Volume Zone')
```

图 12-30   在"Volume Level"指标中使用函数 fill 的代码

举一个示例，脚本如下所示。执行后的效果是，在两条水平线之间填充颜色。

```
//@version=5
indicator("Fill between hlines", overlay = false)
h1 = hline(20)
h2 = hline(10)
fill(h1, h2, color = color.new(color.blue, 90))
```

单击"Add to chart"选项，将脚本添加到副图上，如图 12-31 所示。

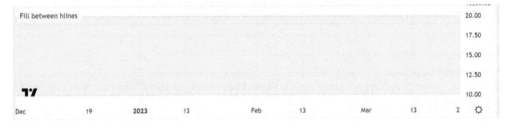

图 12-31   函数 fill 的示例：在两条水平线之间填充颜色

3. 函数 hline

函数 hline 用于在图表上画一条水平线。

函数 hline 声明语句格式，如下所示。其中，参数 pirce 为唯一必输项。

```
hline(price, title, color, linestyle, linewidth, editable, display) → hline
```

举一个示例，如下所示。执行后的效果是，绘制红色与蓝色两条水平线，并使用函数 fill 在两条水平线之间填充渐变色。

```
//@version=5
indicator("Gradient Fill between hlines", overlay = false)
topVal = input.int(100)
botVal = input.int(0)
topCol = input.color(color.red)
botCol = input.color(color.blue)
topLine = hline(100, color = topCol, linestyle = hline.style_solid)
botLine = hline(0,   color = botCol, linestyle = hline.style_solid)
fill(topLine, botLine, topVal, botVal, topCol, botCol)
```

单击"Add to chart"选项，将示例脚本添加到副图中，如图 12-32 所示。

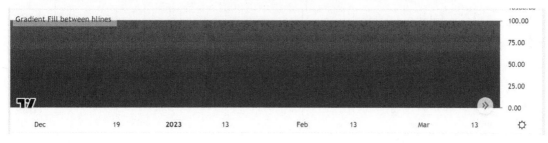

图 12-32 函数 hline 的示例

4. box.*系列函数

在 Pine Script V5 中，共有 20 多个 box.*系列的函数，用于在图表上绘制方框。

举一个示例，脚本如下所示。执行后的效果是，显示最近的 100 根 K 线的价格范围。使用两个方框，每个方框圈围 50 根 K 线，用于表示区间内的最高价和最低价之间的范围，并且右侧的方框使用绿色半透明的背景色进行填充，左侧的方框则使用红色半透明的背景色进行填充。

```
//@version=5
indicator('Last 50 bars price ranges', overlay = true)
LOOKBACK = 50
highest = ta.highest(LOOKBACK)
lowest = ta.lowest(LOOKBACK)
if barstate.islastconfirmedhistory
    var BoxLast = box.new(bar_index[LOOKBACK], highest, bar_index, lowest,
bgcolor = color.new(color.green, 80))
    var BoxPrev = box.copy(BoxLast)
    box.set_lefttop(BoxPrev, bar_index[LOOKBACK * 2], highest[50])
    box.set_rightbottom(BoxPrev, bar_index[LOOKBACK], lowest[50])
    box.set_bgcolor(BoxPrev, color.new(color.red, 80))
```

单击"Add to chart"选项，将示例脚本添加到主图中，如图 12-33 所示。

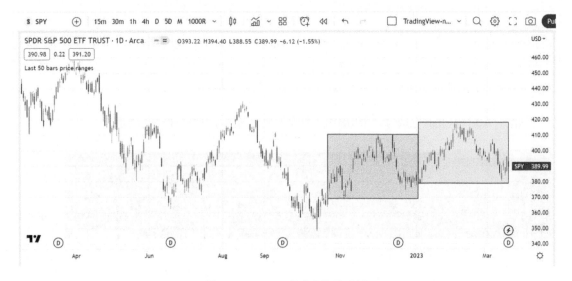

图 12-33　box.* 系列函数的示例

5. line.* 系列函数

在 Pine Script V5 中，共有 20 多个 line.* 系列函数，用于在图表上绘制各种风格的线。

举一个示例，脚本如下所示。执行后的效果是，显示最近的 100 根 K 线的价格范围。使用两根水平直线，用于表示该区间内的最高价和最低价之间的范围界限。

```
//@version=5
indicator('Last 100 bars price range', overlay = true)
```

```
LOOKBACK = 100
highest = ta.highest(LOOKBACK)
lowest = ta.lowest(LOOKBACK)
if barstate.islastconfirmedhistory
    var lineTop = line.new(bar_index[LOOKBACK], highest, bar_index, highest,
color = color.green)
    var lineBottom = line.copy(lineTop)
    line.set_y1(lineBottom, lowest)
    line.set_y2(lineBottom, lowest)
    line.set_color(lineBottom, color.red)
```

单击"Add to chart"选项，将示例脚本添加到主图中，如图 12-34 所示。

图 12-34　line.*系列函数的示例

6. linefill.*系列函数

在 Pine Script V5 中，有几个 linefill.*系列函数，用于在两条线之间填充颜色。

举一个示例，脚本如下所示。执行后的效果是，在图表上绘制两条水平线，并使用绿色填充该区域，以突出当前价格相对于过去的走势。具体说来，当内置参数 barstate.islastconfirmedhistory 为 true 时，根据当前价格的最高价和最低价在图表上绘制两条水平线，并使用绿色填充它们之间的区域。

```
//@version=5
```

```
indicator("linefill", overlay=true)
//
var linefill linefill1 = na
// 函数 linefill.new() 的返回值为 linefill 类型
var linefill2 = linefill.new(na, na, na)

if barstate.islastconfirmedhistory
    line1 = line.new(bar_index - 10, high+1, bar_index, high+1, extend =
extend.right)
    line2 = line.new(bar_index - 10, low+1, bar_index, low+1, extend =
extend.right)
    linefill3 = linefill.new(line1, line2, color = color.new(color.green, 80))
```

单击"Add to chart"选项，将示例脚本添加到主图中，如图 12-35 所示。

图 12-35　linefill.* 系列函数的示例

7. table.* 系列函数

在 Pine Script V5 中，共有 20 多个 table.* 系列函数，用于绘制表格。

举一个示例，脚本如下所示。执行后的效果是，在副图上创建表格，并在表格的两个单元格中显示当前最近一根 K 线的开盘价和收盘价。

```
//@version=5
indicator("table.new example")
```

```
var testTable = table.new(position = position.top_right, columns = 2,
 rows = 1, bgcolor = color.yellow, border_width = 1)
if barstate.islast
    table.cell(table_id = testTable, column = 0, row = 0, text = "Open is "
     + str.tostring(open))
    table.cell(table_id = testTable, column = 1, row = 0, text = "Close is "
     + str.tostring(close), bgcolor=color.teal)
```

单击"Add to chart"选项，将示例脚本添加到副图中，如图 12-36 所示。

图 12-36　table.*系列函数的示例

第 13 章 输入函数 input/input.*系列

13.1 输入函数 input/input.*系列简介

在使用 TradingView 时，用户时常需要定制/修改图表的参数。通常可以通过两种方法实现这个目的，一是直接在图表界面上定制/修改图表属性；二是通过 Pine Script 中的 input/input.*系列函数输入。

注

1. 通过脚本中的 input/input.*系列函数输入的参数，还可以在用户界面再修改其参数值（图表属性），即在 Settings/Inputs 对话框中进行查看和编辑，而不用修改脚本代码。TradingView 非常友好，可以让用户充分享受到它的舒适性与便利性。

2. 对于一些参数，系统默认通过图表界面的 Settings/Inputs 对话框进行查看和编辑，而无须在脚本中添加 input/input.*系列函数。

在 Pine Script V5 中支持 13 个 input/input.*系列函数，包括：input、input.bool、input.color、input.float、input.int、input.price、input.session、input.source、input.string、input.symbol、input.text_area、input.time 和 input.timeframe。

1. input/input.*系列函数声明语句格式

input/input.*系列函数声明语句格式汇总表，如表 13-1 所示。

表 13-1 input/input.*系列函数声明语句格式汇总表

函数	描述	函数声明语句格式	返回值类型
input	一个通用的输入函数支持基本的数据类型输入，包括 int、float、bool、color 和 string。此外，它还支持与价格相关的"source"输入，例如 close、hl2、hlc3 和 hlcc4 等	input(defval, title, tooltip, inline, group) →input int	input int
		input(defval, title, tooltip, inline, group) →input float	input float
		input(defval, title, tooltip, inline, group) →input string	input string
		input(defval, title, tooltip, inline, group) →input bool	input bool
		input(defval, title, tooltip, inline, group) →input color	input color
		input(defval, title, tooltip, inline, group) →series float	series float
input.bool	布尔型输入	input.bool(defval, title, tooltip, inline, group, confirm) → input bool	input bool
input.color	颜色输入	input.color(defval, title, tooltip, inline, group, confirm) → input color	input color

续表

函数	描述	函数声明语句格式	返回值类型
input.float	数值型输入	input.float(defval, title, minval, maxval, step, tooltip, inline, group, confirm) → input float input.int(defval, title, options, tooltip, inline, group, confirm) →input float	input float
input.int	整型输入	input.int(defval, title, minval, maxval, step, tooltip, inline, group, confirm) → input int input.int(defval, title, options, tooltip, inline, group, confirm) → input int	input int
input.price	价格输入	input.price(defval, title, tooltip, inline, group, confirm) → input float	input float
input.session	会话输入	input.session(defval, title, options, tooltip, inline, group, confirm) → input string	input string
input.source	市场行情数据（source）输入	input.source(defval, title, tooltip, inline, group) → series float	series float
input.string	字符串输入	input.string(defval, title, options, tooltip, inline, group, confirm) → input string	input string
input.symbol	商品代码输入	input.symbol(defval, title, tooltip, inline, group, confirm) → input string	input string
input.text_area	字符域输入	input.text_area(defval, title, tooltip, group, confirm) → input string	input string
input.time	时间输入	input.time(defval, title, tooltip, inline, group, confirm) → input int	input int
input.timeframe	时间间隔输入	input.timeframe(defval, title, options, tooltip, inline, group, confirm) → input string	input string

2. input/input.*系列函数的参数列表

因为 input/input.*系列函数的参数有很多是重合的，所以我们将所有 input/input.*系列函数的参数合并讲解，如表 13-2 所示。

表 13-2　input/input.*系列函数的参数列表

参数	含义	类型	描述	默认值	必输项/选输项
defval	参数的默认值	const int/float/bool/string/color/source-type built-ins	参数 defval 是 default value 的意思，用于指定用户界面中"Settings/Inputs"页面上的输入变量的默认值	—	必输项
title	输入项的标题	const string	输入项的标题，即对输入项的描述。若没有指定该参数值，则将使用的变量名作为标题。若指定了空标题，则变量名为空字符串	变量名	选输项

续表

参数	含义	类型	描述	默认值	必输项/ 选输项
tooltip	提示信息	const string	当光标移到图形/图表上时，系统所给出的提示信息	—	选输项
inline	参数的行号	const string	该参数并不在界面上显示，仅用于标识界面上参数的行号。行号相同的参数排列在同一行	—	选输项
group	组名	const string	参数的组名，显示在用户界面的一组参数的头部。可以使用组别将参数划分为不同的组	—	选输项
minval	最小值	const int, float	可以输入参数的最小值。该参数仅适用于 input int 和 input.float	—	选输项
maxval	最大值	const int, float	可以输入参数的最大值。该参数仅适用于 input int 和 input.float	—	选输项
step	参数值的增/减幅度	const int, float	参数值的增/减幅度。该参数仅适用于函数 input int 和 input.float，其默认值为 1	1	选输项
options	选项列表	tuple of const string values: [val1, val2, ...]	常量选项列表。该参数仅适用于函数 input.int、input.float、input.string 和 input.session	—	选输项
confirm	在指标添加到图表之前，是否需要用户确认输入值	const bool	在指标添加到图表之前，是否需要用户确认输入值。若参数为 true，则需要用户确认输入值。默认值为 false，不需要用户确认	false	选输项

13.2　输入函数 input/input.*系列的示例

13.2.1　函数 input 的示例

函数 input 的脚本如下所示。执行后的效果是，用户可以在界面上修改/输入 6 个不同类型的参数变量值。该脚本不在图表界面上绘制任何图形。

```
//@version=5
indicator("input example", "", true)
a = input(1, "input int")
b = input(1.5, "input float")
c = input(true, "input bool")
d = input(color.teal, "input color")
e = input("1", "input string")
f = input(close, "series float")
plot(na)
```

把该脚本添加到主图上，单击"Settings"选项，在弹出的"input example"窗口中，修改由函数 input 输入的 6 个初始参数值，如图 13-1 所示。

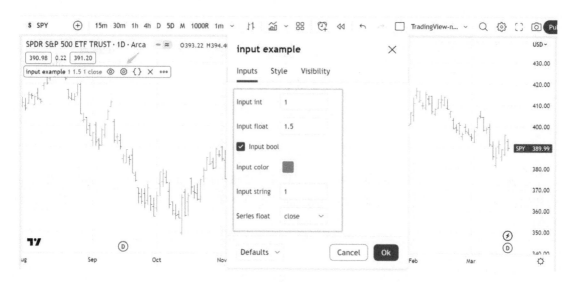

图 13-1　函数 input 的示例

13.2.2　函数 input.int 的示例

示例 1：函数 input.int 的脚本如下所示。执行后的效果是，用户可以在下拉列表中选择整型参数变量 maLengthInput 的值，且 maLengthInput 的初始值为 10。该脚本以 maLengthInput 为周期，在图表上绘制 SMA 均线。

```
//@version=5
indicator("MA", "", true)
maLengthInput = input.int(10, options = [3, 5, 7, 10, 14, 20, 50, 100, 200])
ma = ta.sma(close, maLengthInput)
plot(ma)
```

将该脚本添加到主图上，单击"Settings"选项，在弹出的"MA"对话框中，设置相关参数，如图 13-2 所示。从图 13-2 中可以看出"MaLengthInput"下拉列表中的选项就是脚本中通过函数 input 所输入的数列。

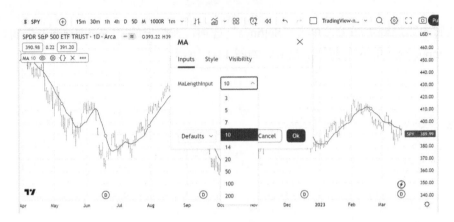

图 13-2　函数 input.int 的示例 1

示例 2：用户在可编辑的选项框内修改整型参数变量 maLengthInput 的值，MaLengthInput 的初始值为 10，最小值为 2。该脚本以 maLengthInput 为周期，在图表上绘制 SMA 均线。脚本如下所示。

```
//@version=5
indicator("MA", "", true)
maLengthInput = input.int(10, minval = 2)
ma = ta.sma(close, maLengthInput)
plot(ma)
```

将脚本添加到主图上，单击"Settings"选项，在弹出的"MA"对话框中，设置相关参数，如图 13-3 所示。

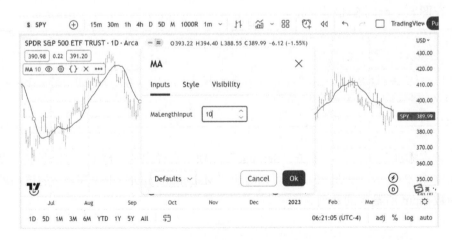

图 13-3　函数 input.int 的示例 2

通过比较示例 1 和示例 2 可以发现，中可以从示例 1 界面中的"MaLengthInput"下拉列表中选择参数值；可以从示例 2 界面中的"MaLengthInput"下拉列表中进行编辑，且最小值为 2。

13.2.3　函数 input.float 的示例

使用函数 input.float 和 input.int 输入参数值，并绘制 SMA 均线和布林带，脚本如下所示。

```
//@version=5
indicator("MA", "", true)
maLengthInput = input.int(10, minval = 1)
bbFactorInput = input.float(1.5, minval = 0, step = 0.5)
ma       = ta.sma(close, maLengthInput)
bbWidth = ta.stdev(ma, maLengthInput) * bbFactorInput
bbHi     = ma + bbWidth
bbLo     = ma - bbWidth
plot(ma)
plot(bbHi, "BB Hi", color.gray)
plot(bbLo, "BB Lo", color.gray)
```

将该脚本添加到图表中，如图 13-4 所示。

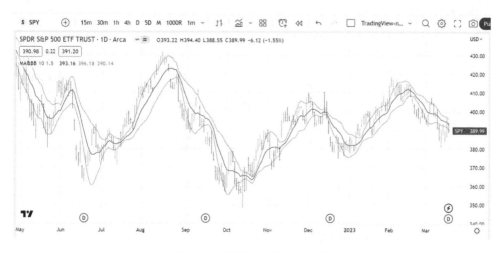

图 13-4　函数 input.float 的示例

13.2.4　函数 input.bool 的示例

在第 13.2.3 节例子的基础上，使用函数 input.bool 输入布尔型参数 showBBInput 的值，展现在用户界面上为"Show BB"复选框，用于指定是否显示布林带，脚本如下所示。

```
//@version=5
indicator("MA&BB", "", true)
maLengthInput = input.int(10,    "MA length", minval = 1)
bbFactorInput = input.float(1.5, "BB factor", inline = "01", minval = 0, step
= 0.5)
showBBInput   = input.bool(true, "Show BB",   inline = "01")
ma      = ta.sma(close, maLengthInput)
bbWidth = ta.stdev(ma, maLengthInput) * bbFactorInput
bbHi    = ma + bbWidth
bbLo    = ma - bbWidth
plot(ma, "MA", color.aqua)
plot(showBBInput ? bbHi : na, "BB Hi", color.gray)
plot(showBBInput ? bbLo : na, "BB Lo", color.gray)
```

将该脚本添加到图表中，单击"Settings"选项，弹出"MA&BB"对话框，如图 13-5 所示。在本例中，"Show BB"单选框的左侧为复选框，它对应布尔型参数 showBBInput 的值，用于指定是否显示布林带。

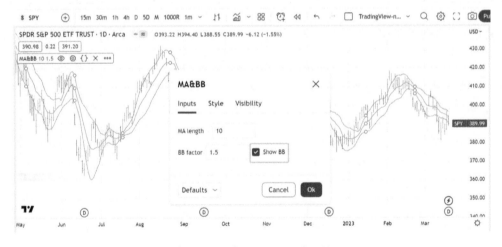

图 13-5　函数 input.bool 的示例

13.2.5　函数 input.color 的示例

在第 13.2.4 节例子的基础上，使用函数 input.color 修改绘图的颜色，脚本如下所示。

```
//@version=5
```

```
indicator("MA&BB", "", true)
maLengthInput = input.int(10,              "MA length", inline = "01", minval = 1)
maColorInput  = input.color(color.aqua, "",            inline = "01")
bbFactorInput = input.float(1.5,          "BB factor", inline = "02", minval = 0,
step = 0.5)
bbColorInput  = input.color(color.gray, "",            inline = "02")
showBBInput   = input.bool(true,          "Show BB",   inline = "02")
ma        = ta.sma(close, maLengthInput)
bbWidth = ta.stdev(ma, maLengthInput) * bbFactorInput
bbHi      = ma + bbWidth
bbLo      = ma - bbWidth
bbHiColor = color.new(bbColorInput, high > bbHi ? 60 : 0)
bbLoColor = color.new(bbColorInput, low  < bbLo ? 60 : 0)
plot(ma, "MA", maColorInput)
plot(showBBInput ? bbHi : na, "BB Hi", bbHiColor, 2)
plot(showBBInput ? bbLo : na, "BB Lo", bbLoColor, 2)
```

将该脚本添加到图表中，单击"Settings"选项，弹出"MA&BB"对话框，如图 13-6 所示。在本例中，"MA&BB"对话框中的"MA length"和"BB factor"复选框的右侧多了颜色编辑器，用于修改绘图的颜色。

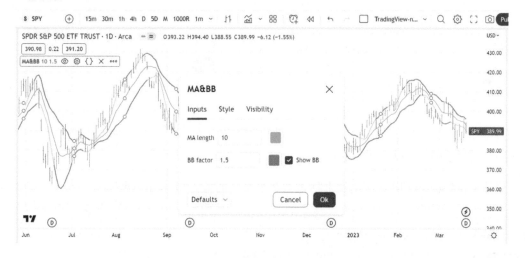

图 13-6　函数 input.color 的示例

13.2.6　函数 input.price 的示例

使用函数 input.price 在图表上画出两条水平线，用于标识不同的价格，脚本如下所示。

```
//@version=5
indicator("input.price", overlay=true)
price1 = input.price(title="Price", defval=372)
plot(price1)

price2 = input.price(411, title="Price")
plot(price2)
```

将该脚本添加到主图中，单击"Settings"选项，弹出"input.price"对话框，如图 13-7
所示。

图 13-7　函数 input.price 的示例

13.2.7　函数 input.session 的示例

函数 input.session 用于在图表上标记指定的交易时段，脚本如下所示。

```
//@version=5
indicator("Session input", "", true)
string sessionInput = input.session("0600-1700", "Session")
string daysInput = input.string("1234567", tooltip = "1 = Sunday, 7 = Saturday")
sessionString = sessionInput + ":" + daysInput
inSession = not na(time(timeframe.period, sessionString))
bgcolor(inSession ? color.silver : na)
```

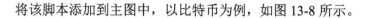

将该脚本添加到主图中，以比特币为例，如图 13-8 所示。

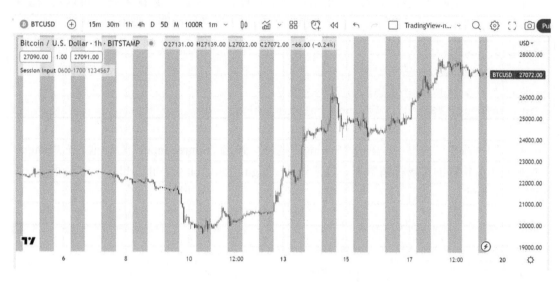

图 13-8　函数 input.session 的示例

单击"Settings"选项，弹出"Session input"对话框，可以在此对话框中设置相关参数，如图 13-9 所示。

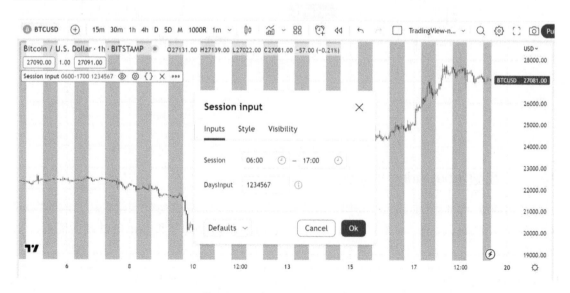

图 13-9　函数 input.session 的示例

13.2.8 函数 input.source 的示例

在 Pine Script 中，数据源通常指市场行情数据，是 series 数据类型。可以使用函数 input.source 来指定使用哪类市场行情数据作为数据源数据进行绘图，脚本如下所示。

```
//@version=5
indicator("Source input", "", true)
srcInput = input.source(high, "Source")
plot(srcInput, "Src", color.new(color.purple, 70), 6)
```

将该脚本添加到主图中，单击"Settings"选项，弹出"Source input"对话框，在"Source"下拉列表中有待选的市场行情数据，包括 open、high、low、close、hl2、hlc3、ohlc4 和 hlcc4，如图 13-10 所示。

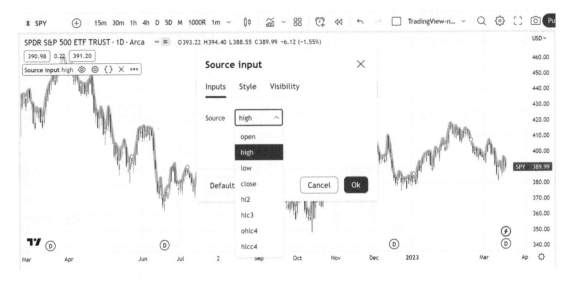

图 13-10 函数 input.source 的示例

13.2.9 函数 input.string 的示例

使用函数 input.string 输入字符串"On"和"Off"，并通过第 3 行的数学表达式，将"On"对应于布尔值 true，将"Off"对应于布尔值 false，从而控制是否显示所绘制的图形，脚本如下所示。

```
//@version=5
indicator("Input in an expression", "", true)
bool plotDisplayInput = input.string("On", "Plot Display", options = ["On",
"Off"]) == "On"
```

```
plot(plotDisplayInput ? close : na)
```

　　将该脚本添加到图表中，单击"Settings"选项，弹出"Input in an expression"对话框，如图 13-11 所示。

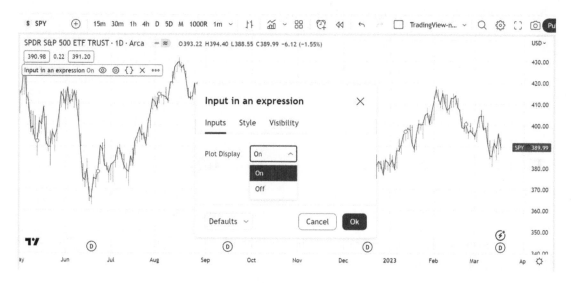

图 13-11　函数 input.string 的示例

13.2.10　函数 input.symbol 的示例

　　函数 input.symbol 用于在用户界面修改商品代码参数，脚本如下所示。

```
//@version=5
indicator("MA", "", true)
tfInput = input.timeframe("D", "Timeframe")
symbolInput = input.symbol("", "Symbol")
ma = ta.sma(close, 20)
securityNoRepaint(sym, tf, src) =>
    request.security(sym, tf, src[barstate.isrealtime ? 1 :
0])[barstate.isrealtime ? 0 : 1]
maHTF = securityNoRepaint(symbolInput, tfInput, ma)
plot(maHTF, "MA", color.aqua)
```

将该脚本添加到图表中，单击"Settings"选项，弹出"MA"对话框，如图 13-12 所示。

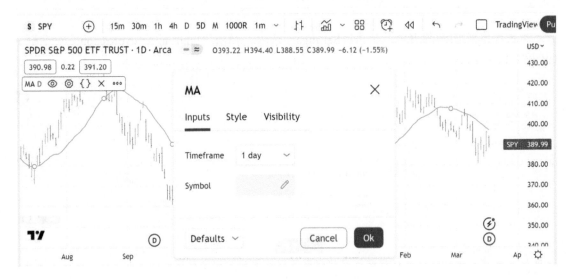

图 13-12　函数 input.symbol 示例的"MA"对话框

单击"Symbol"输入框，系统弹出"Change symbol"窗口，可以在搜索栏中搜索和选择商品代码，如图 13-13 所示。

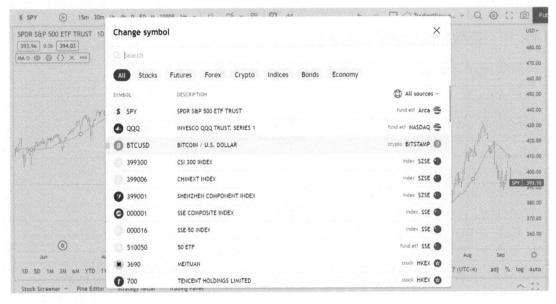

图 13-13　函数 input.symbol 示例的"Change symbol"窗口

13.2.11　函数 input.text_area 的示例

函数 input.symbol 用于在用户界面修改商品代码的参数值，脚本如下所示。

```
//@version=5
indicator("input.text_area")
i_text = input.text_area(defval = "Hello \nWorld!", title = "Message")
plot(close)
```

将该脚本添加到副图中，单击"Settings"选项，弹出"input.text_area"对话框，如图 13-14 所示。

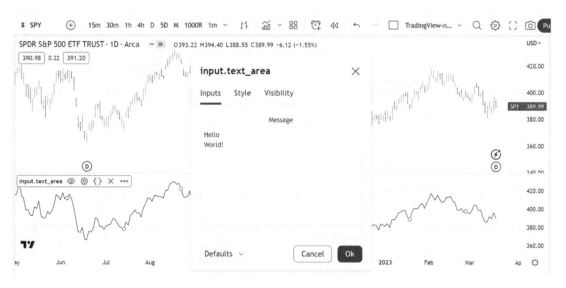

图 13-14　函数 input.text_area 的示例

13.2.12　函数 input.time 的示例

函数 input.time 用于在界面修改输入时间，并根据所输入时间控制所绘制图形的时间范围，脚本如下所示。

```
//@version=5
indicator("Time input", "T", true)
timeAndDateInput = input.time(timestamp("1 Nov 2022 00:00 +0900"), "Date and time")
barIsLater = time > timeAndDateInput
plotchar(barIsLater, "barIsLater", "□", location.top, size = size.tiny)
```

将该脚本添加到图表中，单击"Settings"选项，弹出"T"对话框，如图 13-15 所示。

图 13-15　函数 input.time 的示例

13.2.13　函数 input.timeframe 的示例

函数 input.timeframe 用于在用户界面修改时间间隔/周期，脚本如下所示。

```
//@version=5
indicator("MA", "", true)
tfInput = input.timeframe("D", "Timeframe")
ma = ta.sma(close, 20)
securityNoRepaint(sym, tf, src) =>
    request.security(sym, tf, src[barstate.isrealtime ? 1 :
0])[barstate.isrealtime ? 0 : 1]
maHTF = securityNoRepaint(syminfo.tickerid, tfInput, ma)
plot(maHTF, "MA", color.aqua)
```

将该脚本添加到图表中，单击"Settings"选项，弹出"MA"对话框，如图 13-16 所示。

图 13-16　函数 input.timeframe 示例的 "MA" 对话框

单击 "Timeframe" 下拉列表，弹出可供选择的时间间隔/周期选项列表，如图 13-17 所示。

图 13-17　函数 input.timeframe 示例的 "Timeframe" 下拉列表

第 14 章　策略函数 strategy 及 strategy.*系列

在 Pine Script V5 中提供了策略函数 strategy 和约 40 个 strategy.*系列函数。其中 strategy.* 系列函数作为辅助函数或被调函数，全部服务于主调函数 strategy。在详细讲解 Pine Script 中 的策略函数 strategy 之前，先了解一下交易策略（Trading Strategy）、回测（Backtesting）和 前测（Forwardtesting）的概念。

14.1　交易策略、回测和前测

1. 交易策略的定义

交易策略是指在金融市场上交易金融产品的系统方法，也是投资者进行交易决策时所依 据的一系列规则和标准的集合，包括对交易品种或者标的的选择，进场和出场的条件，资金 管理和风险控制等。

2. 交易策略的优点

交易策略的优点包括：

● 可验证性（Verifiability）。

● 可量化性（Quantifiability）。

● 一致性（Consistency）。

● 客观性（Objectivity）。

3. 制定交易策略的要点

制定交易策略需要基于基本面分析或技术分析，但通常是两者兼而有之。交易策略的准 确率一般是通过量化程序回测进行验证的，并通过前测在模拟交易环境（Simulated Trading Environment）中进行测试。这里通过对 strategy 及 strategy.*系列函数进行回测与前测，实现 对交易策略的评估与测试。

4. 回测与前测的定义

在制定了交易策略之后，可以通过回测和前测来验证和测试交易策略的有效性和可行性。

回测是将交易策略应用于历史数据，以评估该策略的盈利能力和可行性的常用方法，使投资者可以在不承担实际资金风险的情况下测试和评估交易策略。

前测又称为纸面交易（Paper Trading），是通过在实时市场行情中做模拟交易来测试策略的一种方法。

14.2　策略函数 strategy 的用户界面介绍

与指标函数 indicator 的用户界面相比，策略函数 strategy 的用户界面有所不同。当用户在"Pine Editor"页面编写完 strategy 脚本时，单击"Add to chart"按钮，系统除了会将绘制的图形/图表添加到界面中，还会生成该策略的盈亏分析与交易列表，并展示在"Strategy Tester"界面中。

1. 策略函数 strategy 的用户界面

策略函数 strategy 的用户界面如图 14-1 所示，图表显示在上方，策略的回测结果显示在下方。

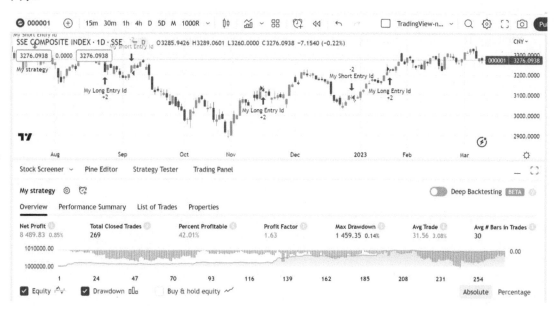

图 14-1　策略函数 strategy 的用户界面

2. 概览页面

Strategy Tester 界面上的概览页面（Overview）如图 14-2 所示。

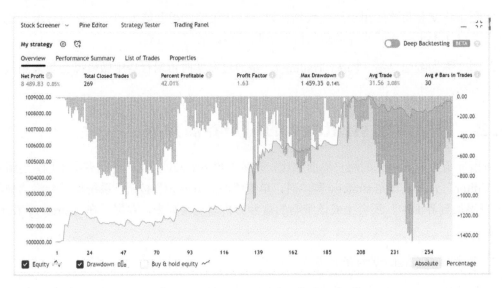

图 14-2   Strategy Tester 界面上的概览页面

3. 绩效总结页面

Strategy Tester 界面上的绩效总结页面（Performance Summary）如图 14-3 所示。

Title	All	Long	Short
Net Profit	8 489.83 0.85%	5 794.76 0.58%	2 695.07 0.27%
Gross Profit	21 965.08 2.2%	13 020.57 1.3%	8 944.51 0.89%
Gross Loss	13 475.25 1.35%	7 225.80 0.72%	6 249.44 0.62%
Max Run-up	9 089.54 0.9%		
Max Drawdown	1 459.35 0.14%		
Buy & Hold Return	24 248 948.74 2 424.89%		
Sharpe Ratio	−8.203		
Sortino Ratio	−0.993		
Profit Factor	1.63	1.802	1.431
Max Contracts Held	1	1	1

图 14-3   Strategy Tester 界面上的绩效总结页面

4. 交易清单页面

Strategy Tester 界面上的交易清单页面（List of Trades）如图 14-4 所示。

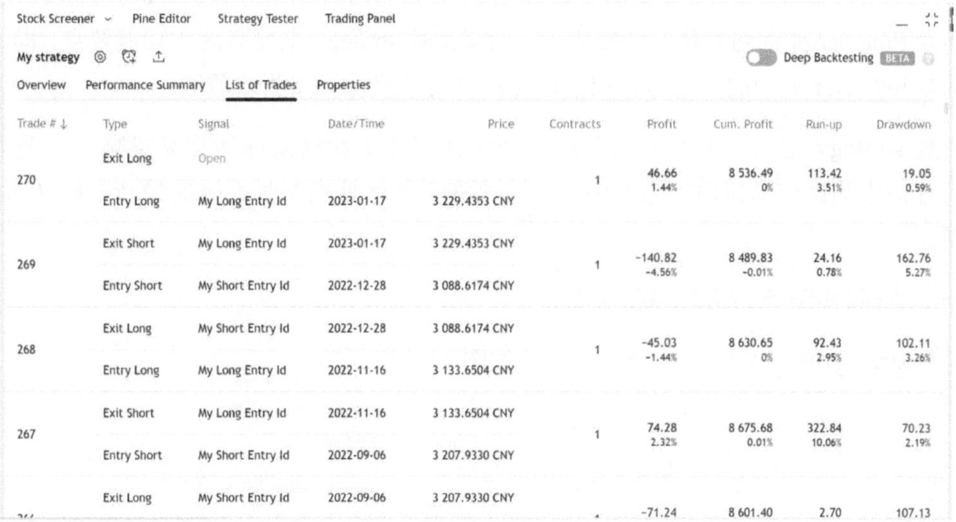

Stock Screener　Pine Editor　Strategy Tester　Trading Panel

My strategy　　Deep Backtesting BETA

Overview　Performance Summary　List of Trades　Properties

Trade # ↓	Type	Signal	Date/Time	Price	Contracts	Profit	Cum. Profit	Run-up	Drawdown
270	Exit Long	Open			1	46.66 1.44%	8 536.49 0%	113.42 3.51%	19.05 0.59%
	Entry Long	My Long Entry Id	2023-01-17	3 229.4353 CNY					
269	Exit Short	My Long Entry Id	2023-01-17	3 229.4353 CNY	1	-140.82 -4.56%	8 489.83 -0.01%	24.16 0.78%	162.76 5.27%
	Entry Short	My Short Entry Id	2022-12-28	3 088.6174 CNY					
268	Exit Long	My Short Entry Id	2022-12-28	3 088.6174 CNY	1	-45.03 -1.44%	8 630.65 0%	92.43 2.95%	102.11 3.26%
	Entry Long	My Long Entry Id	2022-11-16	3 133.6504 CNY					
267	Exit Short	My Long Entry Id	2022-11-16	3 133.6504 CNY	1	74.28 2.32%	8 675.68 0.01%	322.84 10.06%	70.23 2.19%
	Entry Short	My Short Entry Id	2022-09-06	3 207.9330 CNY					
	Exit Long	My Short Entry Id	2022-09-06	3 207.9330 CNY		-71.24	8 601.40	2.70	107.13

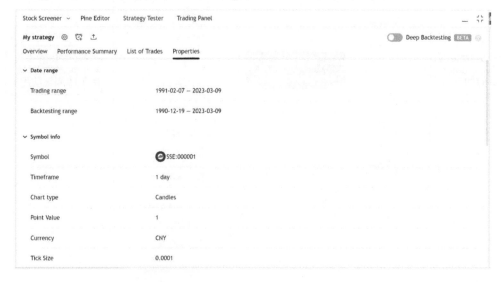

图 14-4　Strategy Tester 界面上的交易清单页面

5. 属性页面

Strategy Tester 界面上的属性页面（Properties）如图 14-5 所示。

Stock Screener　Pine Editor　Strategy Tester　Trading Panel

My strategy　　Deep Backtesting BETA

Overview　Performance Summary　List of Trades　Properties

Date range

Trading range	1991-02-07 – 2023-03-09
Backtesting range	1990-12-19 – 2023-03-09

Symbol info

Symbol	SSE:000001
Timeframe	1 day
Chart type	Candles
Point Value	1
Currency	CNY
Tick Size	0.0001

图 14-5　Strategy Tester 界面上的属性页面

14.3　策略函数 strategy

作为 Pine Script 的两大核心函数之一，策略函数 strategy 主要有两大功能要点，即不仅有指标函数 indicator 的功能，还可以根据制定的交易策略进行回测或前测。

函数 strategy 主要用于回测与前测：回测使用历史数据来评估交易策略，而前测在实时市场行情中测试交易策略，它们的本质区别在于如何处理实时行情的最新一根（当前）K线数据。

14.3.1　函数 strategy 的参数分类

函数 strategy 的参数按功能分为 3 组，如图 14-6 所示。

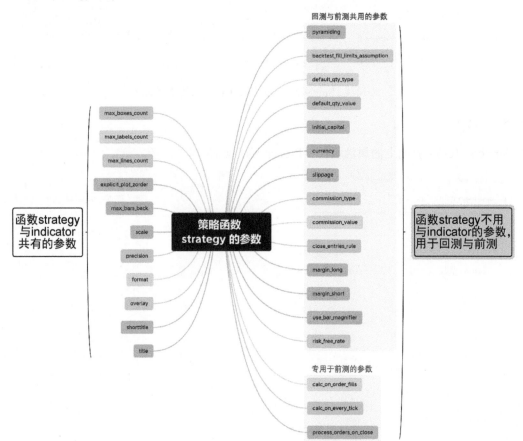

图 14-6　策略函数 strategy 的参数分组示意图

- 函数 strategy 与 indicator 共有的参数（左侧）：主要用于绘制指标，策略函数 strategy 兼有指标函数 indicator 的功能。

- 函数 strategy 不同于 indicator 的参数，用于回测与前测（右侧）：包含两组参数，即回测与前测共用的参数以及专用于前测的参数。

14.3.2　strategy 的函数声明语句格式与参数

函数 strategy 的声明语句格式，如下所示。

```
strategy(title, shorttitle, overlay, format, precision, scale, pyramiding,
calc_on_order_fills, calc_on_every_tick, max_bars_back,
backtest_fill_limits_assumption, default_qty_type, default_qty_value,
initial_capital, currency, slippage, commission_type, commission_value,
process_orders_on_close, close_entries_rule, margin_long, margin_short,
explicit_plot_zorder, max_lines_count, max_labels_count, max_boxes_count,
risk_free_rate, use_bar_magnifier) → void。
```

在函数 strategy 中，有一些参数是与函数 indicator 共有的，包括 title、shorttitle、overlay、format、precision、scale、max_bars_back、explicit_plot_zorder、max_lines_count、max_labels_count 和 max_boxes_count。这些参数的名称相同，其功能与用法也完全一样。

函数 strategy 的参数列表如表 14-1 所示。

表 14-1　函数 strategy 的参数列表

参数	含义	类型	默认值	必输项/选输项
title	标题	const string	—	唯一必输项
shorttitle	短标题	const string	参数 title 的值	选输项
overlay	是否将策略叠加在主图上	const bool	false	选输项
format	坐标轴的刻度格式	const string	format.inherit	选输项
precision	精度值	const int	与主图相同	选输项
scale	刻度尺的显示属性	const int	与主图相同	选输项
pyramiding	在同一方向（做多/做空）可开仓的订单数量的上限	const int	0	选输项
calc_on_order_fills	在订单成交后是否再执行一遍策略	const bool	false	选输项

续表

参数	含义	类型	默认值	必输项/选输项
calc_on_every_tick	当发生最小价格变动时，是否执行一遍策略	const bool	false	选输项
max_bars_back	用于限制脚本所引用的历史行情 K 线数据的最大数量	const int	0	选输项
backtest_fill_limits_assumption	回测时的限价单的执行阈值，它以 tick 为单位	const int	0	选输项
default_qty_type	参数 default_qty_value 所使用的单位	const string	strategy.fixed	选输项
default_qty_value	交易金额，它所使用的单位由参数 default_qty_type 确定	const int/float	1	选输项
initial_capital	初始本金	const int/float	1 000 000	选输项
currency	币种	const string	currency.NONE	选输项
slippage	滑点	const int	0	选输项
commission_type	订单的手续费类型	const string	strategy.commission.percent	选输项
commission_value	订单的手续费	const int/float	0	选输项
process_orders_on_close	在 K 线收盘且策略逻辑处理完成后，是否再执行一遍脚本	const bool	false	选输项
close_entries_rule	订单关闭的规则	const string	FIFO	选输项
margin_long	多头的保证金比例	const int/float	0	选输项
margin_short	空头的保证金比例	const int/float	0	选输项
explicit_plot_zorder	所绘制的图形/图表是否按 Z-index 顺序堆叠	const bool	false	选输项
max_lines_count	画线的总数计数	const string	50	选输项
max_labels_count	标签的总数计数	const string	50	选输项
max_boxes_count	方框的总数计数	const int	50	选输项
risk_free_rate	无风险利率	const int/float	2	选输项
use_bar_magnifier	是否允许在回测中使用更低的时间框架数据	const bool	false	选输项

14.3.3　可以运用于回测与前测的参数的详细解析与示例

函数 strategy 与 indicator 有很多重合的参数，其功能和用法也相同。而函数 strategy 与 indicator 不同的参数还可以再细分为两类：

（1）既可应用于回测，也可应用于前测的参数。

（2）专用于前测的参数。

本节我们讨论既可应用于回测，也可应用于前测的参数。

用户还可以在图表界面上修改一些参数值。如图 14-7 所示是函数 strategy 中可用于回测与前测的参数的界面栏位和参数名称，以及两者之间的对照关系。

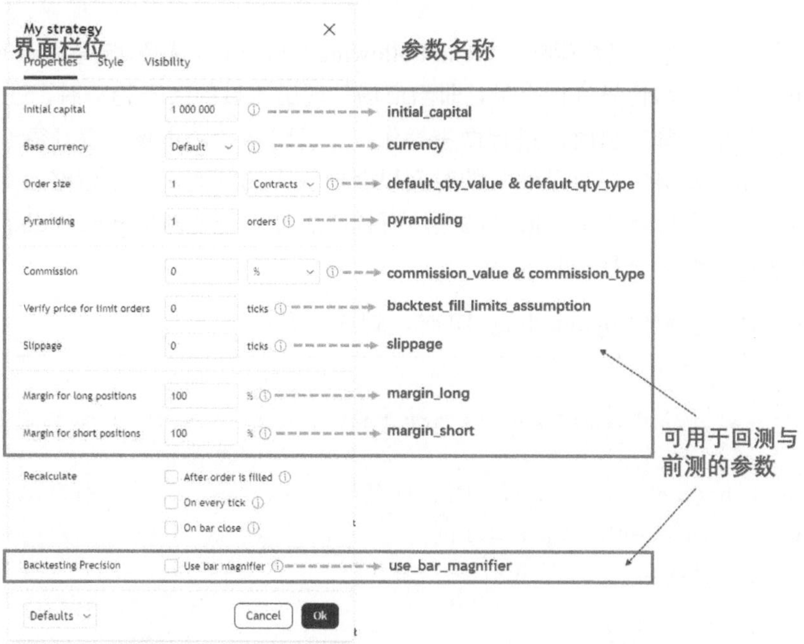

图 14-7　可用于回测与前测参数的界面栏位和参数名称

1. 参数 pyramiding

参数 pyramiding（类型：const int），指在同一方向（做多/做空）开仓的最大订单数。pyramiding 是一个很值得关注的参数，交易者恰到好处地配置该参数，可有效提升收益率。

● 参数值为非负整数。

● 默认值为 0，即在同一方向仅可以开仓一个订单。

● 当参数值为 0 或 1 时，作用等效，都是仅允许在同一方向开仓一个订单。

 注

1. 参数 pyramiding 仅计算同方向开仓的订单数。

2. 参数 pyramiding 的有效性依赖于不同的策略算法。在某些情况下，参数 pyramiding 是无效的。

3. 若使用了参数 pyramiding，则对于下订单的辅助函数/被调函数的选择上，推荐使用函数 strategy.entry()，不建议使用函数 strategy.order()。

4. 系统默认参数 pyramiding 是可编辑的。用户可以在图表界面上灵活地配置该参数的值，以实现最佳的绩效。

示例 1：回测一个趋势跟踪策略（Trend Following Strategy）。趋势跟踪策略的含义：该策略的核心思想是跟随市场趋势进行交易，即当市场呈现出明显的上升趋势时，进行做多操作；当市场呈现出明显的下降趋势时，进行做空操作。该策略认为，市场中存在着长期的趋势，交易者应该抓住市场趋势并持有足够长的时间以获取更大的利润。这个策略会在金融资产价格突破前高时做多，在价格跌破前低时做空。而且，还可以通过调整 pyramiding 的参数值来提升使用趋势跟踪策略的交易利润。

当脚本中默认的参数值 pyramiding=10 时，脚本如下。

```
//@version=5
strategy(title="Pyramiding example strategy", overlay=true, pyramiding=10)

// 计算 highest high 和 lowest low，并绘制曲线
highestHigh = ta.highest(high, 20)[1]
lowestLow   = ta.lowest(low, 20)[1]

plot(highestHigh, color=color.green, title="Highest High")
plot(lowestLow, color=color.red, title="Lowest Low")

// 生成订单
if high > highestHigh
    strategy.entry("Enter Long", strategy.long)

if low < lowestLow
    strategy.entry("Enter Short", strategy.short)
```

将该脚本添加到图表中，以深证指数（399001）为例，如图 14-8 所示。

图 14-8　参数 pyramiding=10 的示例

当调整参数值 pyramiding=20 时，有两种方法：一种是通过脚本修改参数值；另一种是在用户界面单击"Setting"选项，在"Pyramiding example strategy"对话框的"Properties"页面修改参数值，如图 14-9 所示。

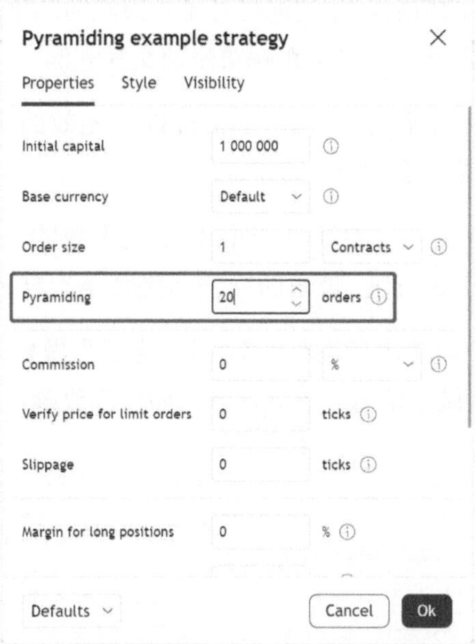

图 14-9　修改 pyramiding 参数值

查看回测结果，如图 14-10 所示。

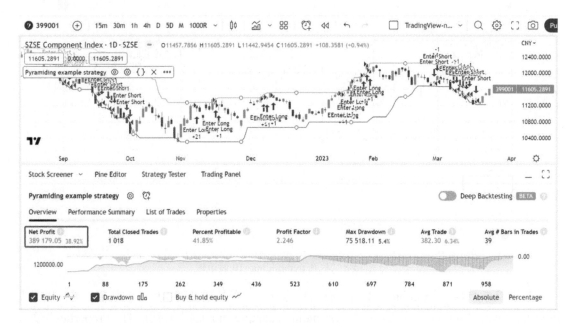

图 14-10　回测结果

在修改参数 pyramiding 的值后，净利润提升了。回测的结果证明，将参数 pyramiding 的值从 10 增加到 20，有助于提升使用趋势跟踪策略的交易利润。

示例 2：使用均线交叉策略测试参数 pyramiding 无效的情况，即无论如何修改参数 pyramiding 的值，回测结果都不会改变。

在前面提到"在某些情况下，参数 pyramiding 是无效的"，在该示例的这种情况下，无论如何设置参数 pyramiding 的值，脚本的回测结果都是一样的，该参数并没有起到作用。

本示例采用算法比较简单的均线交叉策略，即"金叉"做多，"死叉"做空。每当均线交叉一次，就会发出一次做多/做空信号。此处，无论如何修改参数 pyramiding 的值，结果都不会改变，脚本如下所示。

```
//@version=5
strategy('My Strategy', overlay=true)

longCondition = ta.crossover(ta.sma(close, 5), ta.sma(close, 10))
if longCondition
    strategy.entry('My Long Entry Id', strategy.long)
```

```
shortCondition = ta.crossunder(ta.sma(close, 5), ta.sma(close, 10))
if shortCondition
    strategy.entry('My Short Entry Id', strategy.short)
```

在上述脚本中，当 ta.crossover（金叉）条件得到满足时，只在第一根 K 线上执行 strategy.entry 语句，生成交易订单，这意味着只是一次性地满足多单条件；同样，当 ta.crossover（死叉）条件得到满足时，只在第一根 K 线上执行 strategy.entry 语句，生成交易订单，这意味着只是一次性地满足空单条件。因此，在此例中使用参数 pyramiding 是无效的。

而在示例 1 中，即使在金融资产价格突破前高或跌破前低的情况下，后面也可能有多个 K 线满足多单或空单的加仓条件，也就是说可能会多次满足多单或空单条件。因此在这种情况下，示例 1 中使用的参数 pyramiding 是有效的。

2. 参数 backtest_fill_limits_assumption

参数 backtest_fill_limits_assumption（类型：const int），用于确定在回测时限价单的执行阈值，以 tick（最小价格变动）为单位。该参数的作用是限定回测期间限价单的成交价。若使用了该参数，则只有在市场价格满足限价单的价格要求，且满足所指定的 tick 倍数时，限价单才会被成交。该参数的默认值为 0。

示例：使用 EMA 均线交叉策略，进行限价单的开仓/平仓操作，脚本如下所示。

```
//@version=5
strategy(title="Fill limits assumption example", overlay=true,
    backtest_fill_limits_assumption=10)
// 计算并绘制快、慢两条 EMA 线
fastEMA = ta.ema(close, 10)
slowEMA = ta.ema(close, 30)

plot(fastEMA, color=color.orange, title="Fast Average")
plot(slowEMA, color=color.blue, linewidth=2, title="Slow Average")

//
// longEntryPrice 用于表示限价做多的条件
var longEntryPrice  = 0.0
```

```
if ta.crossunder(fastEMA, slowEMA)
    longEntryPrice := low - ta.tr * 2

// 生成订单
if longEntryPrice > 0
    strategy.entry("Enter Long", strategy.long, limit=longEntryPrice)

if ta.crossunder(fastEMA, slowEMA)
    strategy.close("Enter Long", comment="Exit Long")
```

方案 A：使用脚本中的默认参数值 backtest_fill_limits_assumption=10，回测结果如图 14-11 所示。

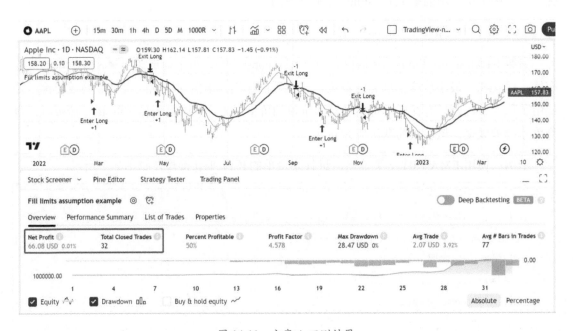

图 14-11　方案 A 回测结果

方案 B：调整参数值 backtest_fill_limits_assumption=0。调整参数值有两种方法，方法 1 是通过脚本修改参数值；方法 2 是在用户界面选择"Settings"选项，弹出"Fill limits assumption example"对话框，在"Verify price for limit orders"菜单栏中将参数值设置为 0，如图 14-12 所示。

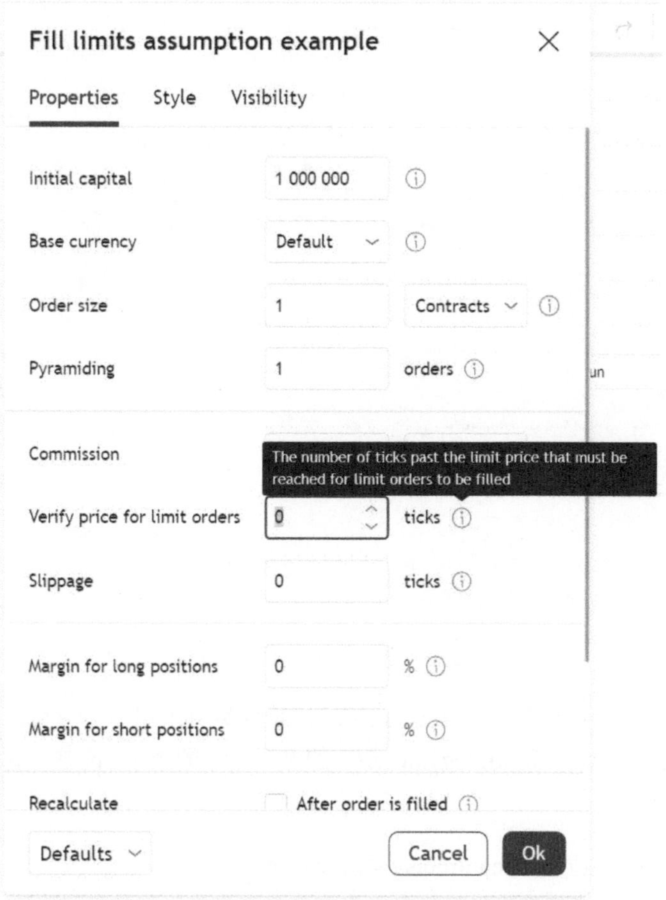

图 14-12　在用户界面修改 backtest_fill_limits_assumption 的参数值

回测结果如图 14-13 所示。

对比图 14-11 和图 14-13 的回测结果，发现两个图中红框内的数据有些差异，这个差异就是因为 backtest_fill_limits_assumption 参数值不同而造成的。

3. 参数 default_qty_type 与 default_qty_value

参数 default_qty_type 与 default_qty_value 是非常重要的参数，可以显著影响策略的绩效表现，控制着策略的下单数量。交易者要根据自己的交易策略和资金管理需求，合理设置这些参数，以获得最大化的投资回报。

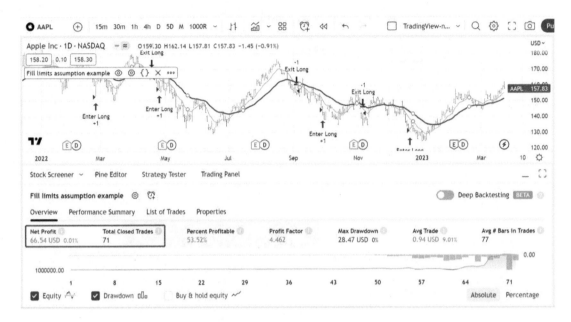

图 14-13   方案 B 回测结果

参数 default_qty_type（类型：const string），是参数 default_qty_value 所使用的单位，用于指定函数 strategy.entry() 或 strategy.order() 的参数 qty 的类型。该参数可以设置为以下具名变量（Named constant）。

- strategy.fixed：适用于 contracts / shares / lots。

- strategy.cash：表示现金。

- strategy.percent_of_equity：表示可用的权益类资产的百分比。

参数 default_qty_value（类型：const int/float），表示交易金额。如果在使用函数 strategy.entry() 或 strategy.order() 时没有明确定义参数 qty 的值，那么默认的交易金额将会是参数 default_qty_value 所指定的值，并且使用参数 default_qty_type 所定义的单位。

示例：使用 EMA 均线交叉策略进行开仓/平仓，脚本如下所示。

```
//@version=5
strategy(title="Default quantity type example", overlay=true,
    default_qty_value=10, default_qty_type=strategy.percent_of_equity)
```

```
// 计算并绘制快、慢两条 EMA 线
fastEMA = ta.ema(close, 7)
slowEMA = ta.ema(close, 21)

plot(fastEMA, color=color.orange, linewidth=2, title="Fast EMA")
plot(slowEMA, color=color.teal, linewidth=2, title="Slow EMA")

// 生成订单
if ta.crossover(fastEMA, slowEMA)
    strategy.entry("Enter Long", strategy.long)

if ta.crossunder(fastEMA, slowEMA)
    strategy.entry("Enter Short", strategy.short)
```

　　方案 A：使用脚本中默认的参数值 default_qty_value=10 和 default_qty_type=strategy.percent_of_equity，回测结果如图 14-14 所示。图中显示净利润率高于 139%，这说明此策略在方案 A 的参数配置下对苹果股票（AAPL）还是有效的。

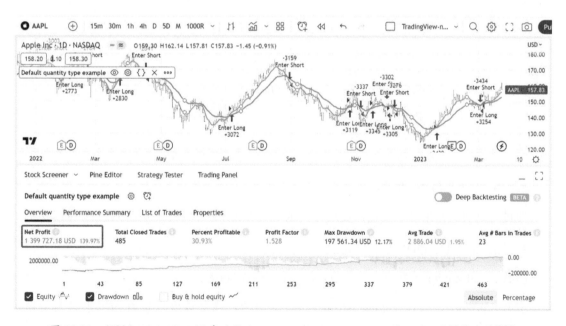

图 14-14　default_qty_value=10 和 default_qty_type=strategy.percent_of_equity 示例的回测结果

　　方案 B：调整参数值 default_qty_value=1 和 default_qty_type =strategy.fixed，这些都为函数 strategy 的默认值。调整参数值有两种方法，方法 1 是通过脚本修改；方法 2 是在用户界面选择"Settings"选项，弹出"Default quantiey type example"对话框，在"Order size"菜单栏中设置参数，如图 14-15 所示。

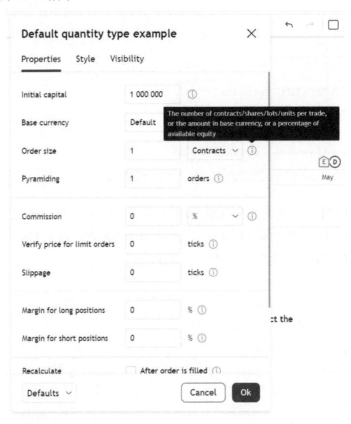

图 14-15　修改 default_qty_type 与 default_qty_value 的参数值

回测结果如图 14-16 所示。

通过对比回测结果可以发现，使用方案 A 对苹果股票（AAPL）更有效。

4. 参数 initial_capital 与 currency

参数 initial_capital（类型：const int/float），表示初始本金。

参数 currency（类型：const string），表示币种，该参数可以设置为以下具名常量：currency.NONE、currency.USD、currency.EUR、currency.GBP、currency.HKD 和 currency.JPY 等。

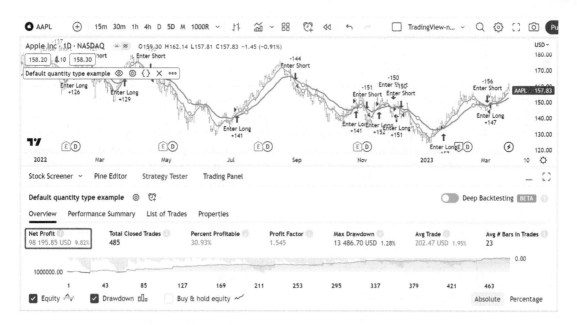

图 14-16　default_qty_value=1 和 default_qty_type =strategy.fixed 示例的回测结果

示例：使用函数 supertrend 判定趋势方向，并以此为依据来判断是否做多或做空。脚本如下所示，实现了基于 Supertrend 指标的交易策略，包括判定趋势方向，生成买入和卖出信号，并在出现交易信号时执行相应的交易策略。在该脚本中未对参数 initial_capital 赋值，使用参数默认值 1,000,000，币种为欧元。

```
//@version=5
strategy(title="SuperTrend - Initial capital example", overlay=true,
    default_qty_value=100, currency=currency.EUR)

// 根据函数 ta.supertrend 的返回值（参数 factor 为 2.0 ATR，周期为 10），获取趋势方向
[_, stDirection] = ta.supertrend(2.0, 10)

// 当 stDirection < 0 and stDirection[1] > 0 时生成多单，并且在方向改变时平仓
if stDirection < 0 and stDirection[1] > 0
    strategy.entry("Enter Long", strategy.long)

if stDirection > 0 and stDirection[1] < 0
    strategy.close("Enter Long", comment="Exit Long")
```

回测结果如图 14-17 所示。

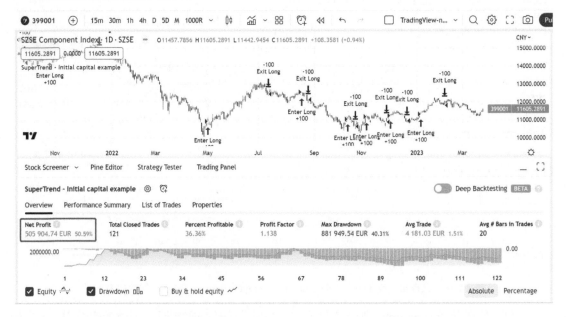

图 14-17　initial_capital=1,000,000 和 currency =currency.EUR 示例的回测结果

根据回测结果可以得出结论，该策略对深证指数（399001）是有效的。

5. 参数 slippage

参数 slippage（类型：const int），表示滑点，以 tick（最小价格变动）为单位。滑点是指在交易时，由于市场价格的波动或者流动性的不足，导致实际成交价格与订单预设的成交价格之间存在一定的偏差。例如，若最小价格变动 mintick=0.01，滑点 slippage=5，则滑点的金额为 5×0.01=0.05。

示例：使用趋势跟踪策略（当金融资产价格突破前高时做多，而跌破前低时做空），探究不同滑点值对策略表现的影响。

 注

本例与第 14.3.3 节参数 pyramiding 的示例 1 使用的都是趋势跟踪策略，但使用的是不同的参数值，这会导致不同的绩效结果。本例目标仅在于解释参数，脚本如下所示。

```
//@version=5
strategy(title="Breakouts Strategy", overlay=true, slippage=5)
```

```
// 计算 highest high 和 lowest low 并绘图
highestHigh = ta.highest(high, 10)[1]
lowestLow   = ta.lowest(low, 10)[1]

plot(highestHigh, color=color.green, title="Highest High")
plot(lowestLow, color=color.red, title="Lowest Low")

// 生成订单
if high > highestHigh
    strategy.entry("Enter Long", strategy.long)

if low < lowestLow
strategy.entry("Enter Short", strategy.short)
```

方案 A：使用脚本中默认的参数值 slippage=5，回测结果如图 14-18 所示。

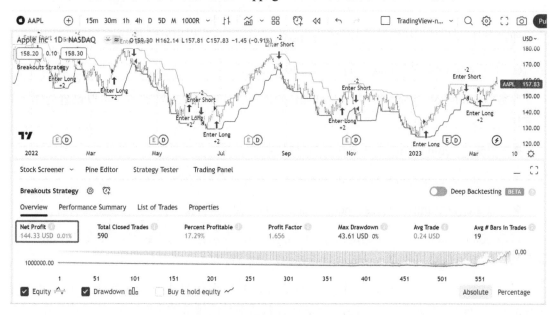

图 14-18　slippage=5 示例的回测结果

方案 B：调整参数值 slippage=0，回测结果如图 14-19 所示。

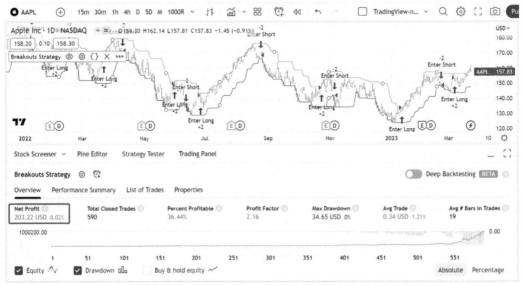

图 14-19   slippage=0 示例的回测结果

通过对比两个回测结果，证明参数 slippage 的设置会影响策略的盈利。

6. 参数 commission_type 与 commission_value

参数 commission_type（类型：const string），表示订单的手续费类型，可以设置为如下具名常量。

- strategy.commission.percent：按百分比收费。

- strategy.commission.cash_per_contract：按每个合同收费。

- strategy.commission.cash_per_order：按每个订单收费。

参数 commission_value（类型：const int/float），表示订单的手续费，其值可以是百分比或金额。该参数需要与参数 commission_type 结合使用。

示例：基于 Stochastic 指标生成交易信号，并根据信号进行交易决策，评估不同的 commission_type 参数值与 commission_value 参数值对策略绩效的影响，脚本如下所示。

```
//@version=5
strategy(title="Commission type example",
    commission_type=strategy.commission.cash_per_contract,
    commission_value=0.95)
```

```
// 计算 Stochastic 指标的%K 值和%D 值
kValue = ta.sma(ta.stoch(close, high, low, 9), 3)
dValue = ta.sma(kValue, 3)

// 绘制%K 线和%D 线
plot(kValue, color=color.blue, title="%K")
plot(dValue, color=color.orange, title="%D")
// 绘制超买和超卖两条横线
hline(20, title="Oversold")
hline(80, title="Overbought")

// 交易下单：若%K 和%D 线金叉且超卖，则做多；若%K 和%D 线死叉且超买，则做空。
if ta.crossover(kValue, dValue) and kValue < 20
    strategy.entry("Enter Long", strategy.long)

if ta.crossunder(kValue, dValue) and kValue > 80
    strategy.entry("Enter Short", strategy.short)
```

　　方案 A：使用脚本中的默认参数值 commission_type=strategy.commission.cash_per_contract 和 commission_value=0.95，回测结果如图 14-20 所示。

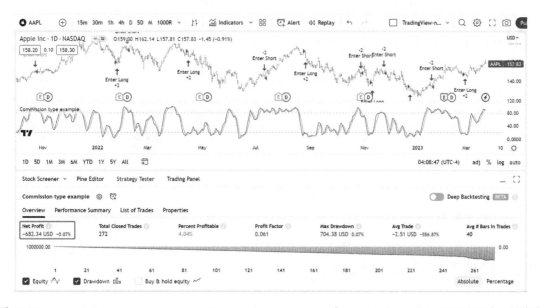

图 14-20　commission_type=strategy.commission.cash_per_contract 和 commission_value=0.95 示例的回测结果

方案 B：在用户界面选择"Settings"选项，弹出"Commission type example"对话框，在"Commission"菜单栏中将参数设置为 0，如图 14-21 所示。

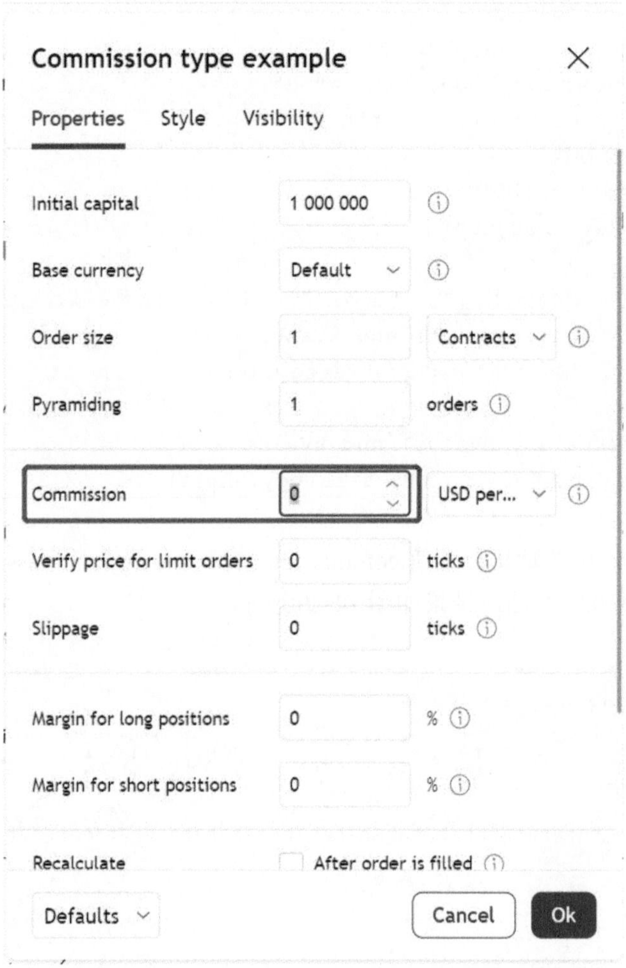

图 14-21　在"Commission"菜单栏中设置参数

回测结果如图 14-22 所示。

通过比较两个回测结果可以发现，修改参数 commission_value 的值可以引起投资利润的变化，即手续费越高，利润损失越多。

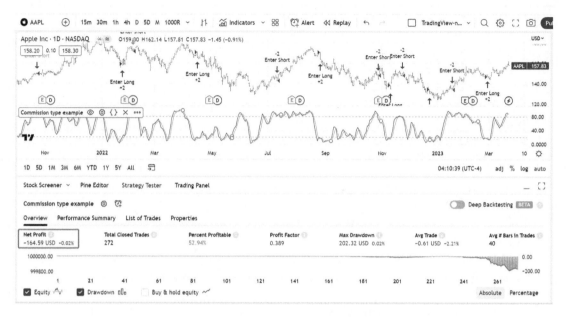

图 14-22　commission_value=0 示例的回测结果

7. 参数 close_entries_rule

参数 close_entries_rule（类型：const string），指定订单关闭的规则。可以设置其为"FIFO"或"ANY"。

- FIFO（First-In, First-Out，先进先出）：适用于股票、期货和美国市场的外汇交易（根据美国商品期货交易委员会制定的监管规则 *NFA Compliance Rule 2-43b*）。

- ANY：可以关闭任何订单，有些非美国市场的外汇交易允许这项操作。

示例：使用趋势跟踪策略（当金融资产价格突破前高时做多，而当价格跌破前低时做空）优化交易，探究不同的 close_entries_rule 参数值对策略表现的影响，脚本如下所示。

```
//@version=5
strategy(title="Close entries rule example", overlay=true,
    pyramiding=2, close_entries_rule="ANY")

// 检查当前仓位是否为 0
isFlat = strategy.position_size == 0

// 计算 highest high、lowest low 和它们的中值，并绘图
highestHigh = ta.highest(high, 20)[1]
lowestLow   = ta.lowest(low, 20)[1]
```

```
midPoint    = (highestHigh + lowestLow) / 2

plot(highestHigh, color=color.green, title="Highest High")
plot(lowestLow, color=color.red, title="Lowest Low")
plot(midPoint, color=color.blue, title="Midpoint")

// 成生多单
if isFlat and high > highestHigh
    strategy.entry("Enter Long #1", strategy.long)

if ta.barssince(isFlat) > 5 and high > highestHigh
    strategy.entry("Enter Long #2", strategy.long)

// 平仓
if ta.crossunder(close, midPoint)
    strategy.close("Enter Long #2", comment="Exit Long #2")

if ta.crossover(close, midPoint)
    strategy.close("Enter Long #1", comment="Exit Long #1")
```

方案 A：使用脚本中默认的参数值 close_entries_rule="ANY"，回测结果如图 14-23 所示。

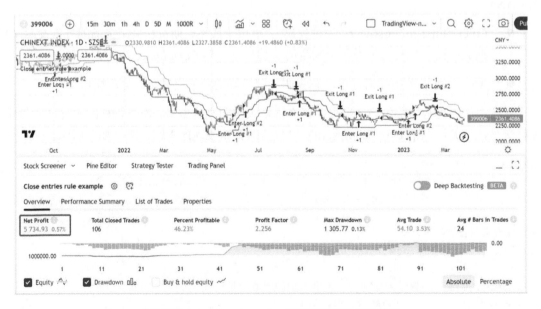

图 14-23 close_entries_rule="ANY"示例的回测结果

方案 B：调整参数值 close_entries_rule="FIFO"，回测结果如图 14-24 所示。

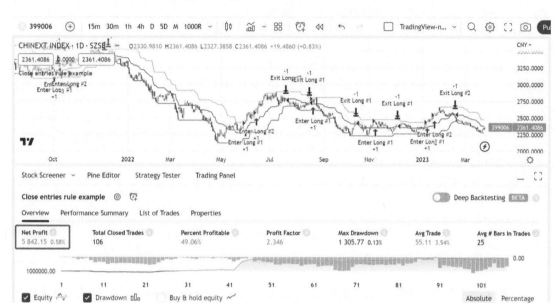

图 14-24　close_entries_rule="FIFO"示例的回测结果

比较两个回测结果可以发现，由于参数 close_entries_rule 的取值不同，所以将该策略应用于苹果股票（AAPL）的绩效会受到轻微的影响。

8. 参数 margin_long 与 margin_short

参数 margin_long（类型：const int/float），指多头的保证金比例（百分比）。

参数 margin_short（类型：const int/float），指空头的保证金比例（百分比）。

● 两者的参数值都必须是非负数。

● 两者的默认值都为 0，此时策略不对仓位大小强制执行任何限制。

示例：运用 supertrend 策略，评估不同的 margin_long 参数值和 margin_short 参数值对策略绩效的影响。基于 Supertrend 指标的交易策略，包括判定趋势方向，生成买入和卖出信号，并在出现交易信号时执行相应的交易策略。默认的参数值 margin_long=20，margin_short=100，脚本如下所示。

```
//@version=5
```

```
strategy("Margin long/short example: supertrend strategy", overlay=true,
default_qty_type=strategy.percent_of_equity,
default_qty_value=100,margin_long=20,margin_short=100)

atrPeriod = input(10, "ATR Length")
factor = input.float(3.0, "Factor", step = 0.01)

[_, direction] = ta.supertrend(factor, atrPeriod)

if ta.change(direction) < 0
    strategy.entry("My Long Entry Id", strategy.long)

if ta.change(direction) > 0
    strategy.entry("My Short Entry Id", strategy.short)
```

　　方案 A：使用脚本中默认的参数值 margin_long=20，margin_short=100，即多头的保证金比例为 20%，空头保证金比例为 100%，回测结果如图 14-25 所示。

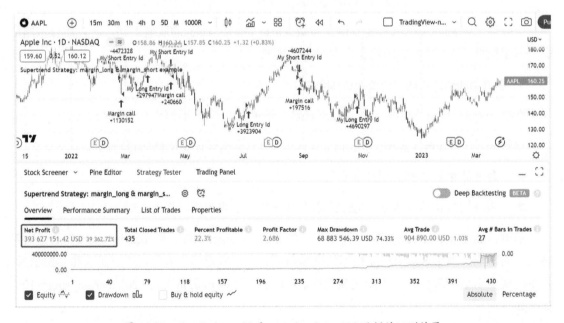

图 14-25　margin_long=20 和 margin_short=100 示例的回测结果

　　方案 B：调整参数值 margin_long=20，margin_short=20，回测结果如图 14-26 所示。

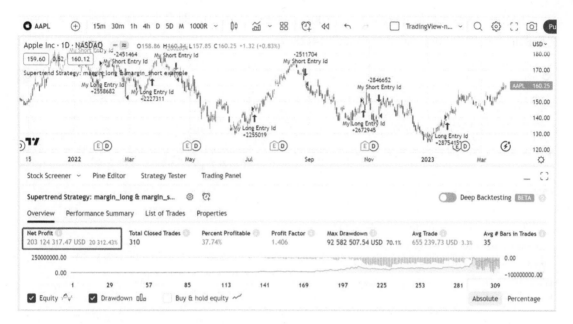

图 14-26　margin_long=20 和 margin_short=20 示例的回测结果

方案 C：调整参数值 margin_long=100，margin_short=100，即多头和空头保证金比例均为 100%，回测结果如图 14-27 所示。

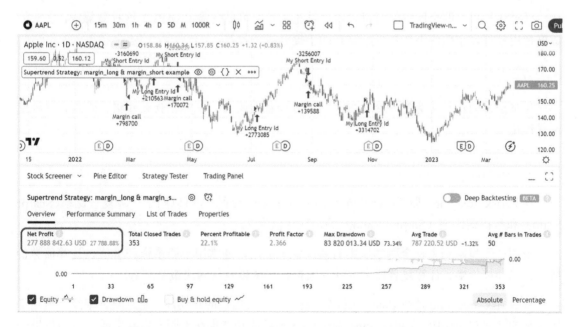

图 14-27　margin_long=100 和 margin_short=100 示例的回测结果

方案 D：调整参数值 margin_long=100，margin_short=20，即多头的保证金比例为 100%，空头保证金比例为 20%，回测结果如图 14-28 所示。

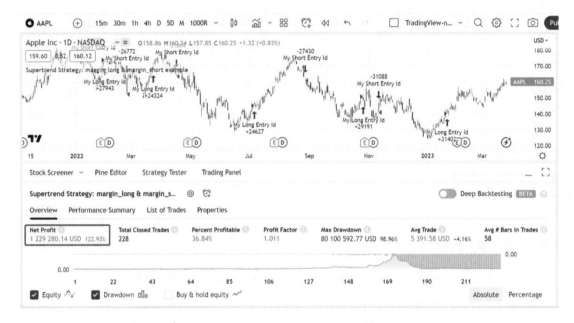

图 14-28　参数 margin_long=100 和 margin_short=20 示例的回测结果

通过比较以上四个回测结果可以得出结论，对于苹果股票（AAPL）这种蓝筹股，多头应适度使用杠杆，空头应不加杠杆，这有助于提升投资收益。

注

保证金制的杠杆交易是一把双刃剑，既可以放大收益，也可能放大亏损，强烈建议投资人谨慎使用。

9. 参数 risk_free_rate

参数 risk_free_rate（类型：const int/float），表示无风险利率，可以用于计算夏普比率（Sharpe Ratio）和索提诺比率（Sortino Ratio）等，默认值为 2。

说明：无风险利率在金融领域中有着广泛的应用，通常用于衡量资产价值、计算债券价格、计算期权价格、计算夏普比率、计算索提诺比率以及作为决策基准等。

参数 risk_free_rate 是在 Pine Script V5 发布之后又增加的新功能。无风险利率经常被用于较复杂的计算和应用中。同时，Pine Script V5 系统的功能也在不断丰富和完善。本节仅以一段计算夏普比率的脚本为例来说明如何使用这个新参数。

示例：使用无风险利率计算夏普比率，脚本如下所示。

```
// Calculate Sharpe Ratio using risk-free rate
// 输入设置
length = input(title='Length', defval=14)
risk_free_rate = input(title='Risk-Free Rate (%)', defval=0.03)

// 计算并返回标准差
returns = ta.change(close) / close * 100
stddev = ta.stdev(returns, length)

// 计算 Sharpe Ratio
sharpe = (returns - risk_free_rate) / stddev

// 绘制 Sharpe Ratio 图形
plot(sharpe, title='Sharpe Ratio', color=color.new(color.blue, 0), linewidth=2)

// 绘制阈值 (threshold) 水平线
hline(1.0, color=color.red, linestyle=hline.style_dashed)
hline(0.0, color=color.gray, linestyle=hline.style_dashed)
```

10. 参数 use_bar_magnifier

参数 use_bar_magnifier（类型：const bool），表示是否允许在回测中使用更低的时间框架数据。

示例：在特定的策略脚本中验证 use_bar_magnifier 的参数值为 true 或 off 的情况。每次都在第 25 个 bar 时判断是否满足开仓条件，如果满足条件则开仓，并在之后的交易中使用止损和追踪止损的方式进行平仓。脚本如下所示。

```
//@version=5
strategy(
 title              =    "Magnifier On",
 overlay            =    true,
 calc_on_order_fills =   true,
 calc_on_every_tick =    true,
 precision          =    3,
 default_qty_type   =    strategy.cash,
```

```
 currency                =    currency.USD,
 default_qty_value       =    1000,
 initial_capital         =    1000,
 use_bar_magnifier       =    true)

trailPoints = input.int(150, "Trail Points (in ticks)")
trailOffset = input.int(100, "Trail Offset (in ticks)")
stopSize    = input.int(300, "Stop Offset (in ticks)")

longCondition = bar_index % 25 == 0 and not
(strategy.closedtrades.exit_bar_index(strategy.closedtrades - 1) == bar_index)

if (longCondition)
    strategy.entry("Long", strategy.long)

strategy.exit("Exit", loss = stopSize, trail_points = trailPoints, trail_offset
= trailOffset)
```

方案 A：使用脚本默认参数值 use_bar_magnifier=true，以苹果股票（AAPL）为例，回测结果如图 14-29 所示。

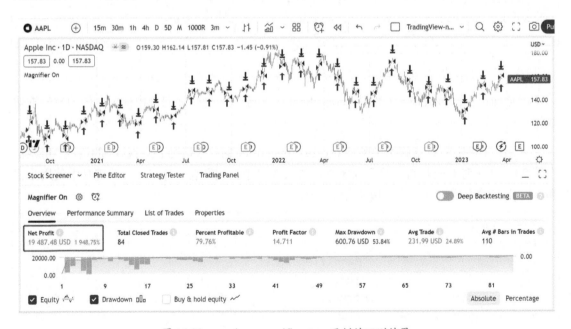

图 14-29 use_bar_magnifier=true 示例的回测结果

方案 B：在脚本中调整参数值 use_bar_magnifier=false，回测结果如图 14-30 所示。

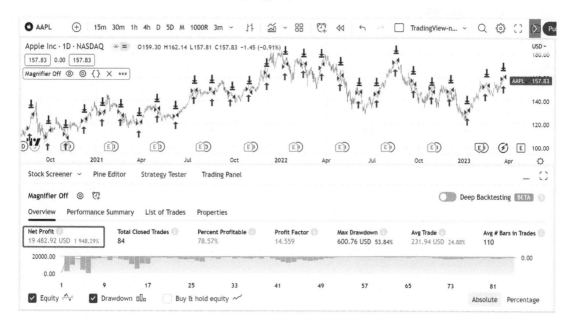

图 14-30　use_bar_magnifier=false 示例的回测结果

比较两个回测结果，可以得出两个结论：一是使用"Magnifier On"策略对苹果股票进行的回测表现出色，净收益率超过 19 倍；二是参数 use_bar_magnifier 的取值对回测结果会产生微小的影响。

14.3.4　专用于前测的三个参数的详细解析与示例

TradingView 平台对历史数据和实时数据的计算默认都是在每根 K 线收盘的时候进行的。而用户在实时行情下做前测时，有时需要在订单成交时、市场价格发生最小价格变动时或者 K 线收盘时重新运行一遍脚本，这些分别对应函数 strategy 的三个专用于前测的事件驱动型参数，即 calc_on_order_fills、calc_on_every_tick 和 process_orders_on_close，如图 14-31 所示。

1. 参数 calc_on_order_fills

参数 calc_on_order_fills（类型：const bool）：用于确定在订单成交后是否再执行一遍策略。

● 默认值为 false。当订单成交后，只有在 K 线收盘时，系统才会执行一遍策略。这也是通常的情况。

● 若该参数设置为 true，那么当订单成交后，不管当前 K 线是否已收盘，系统都会再执行一遍策略。

图 14-31　专用于前测的三个参数

示例：使用 EMA 均线交叉策略回测特斯拉股票（TSLA），并修改布尔型参数 calc_on_order_fills 的值。

方案 A：使用 EMA 均线交叉策略，并设置参数 calc_on_order_fills=true，脚本如下所示。

```
//@version=5
strategy(title="Calculate on order fills example", overlay=true,
    pyramiding=3, calc_on_order_fills=true)
// 计算并绘制快、慢两条 EMA 线
fastEMA = ta.ema(close, 10)
```

```
slowEMA = ta.ema(close, 30)

plot(fastEMA, color=color.orange, title="Fast EMA")
plot(slowEMA, color=color.teal, linewidth=2, title="Slow EMA")

// 根据多、空信号开仓
if fastEMA > slowEMA and fastEMA[1] > slowEMA[1]
    strategy.entry("Enter Long", strategy.long)

if fastEMA < slowEMA and fastEMA[1] < slowEMA[1]
    strategy.entry("Enter Short", strategy.short)
```

以特斯拉股票（TSLA）为例，回测结果如图 14-32 所示。

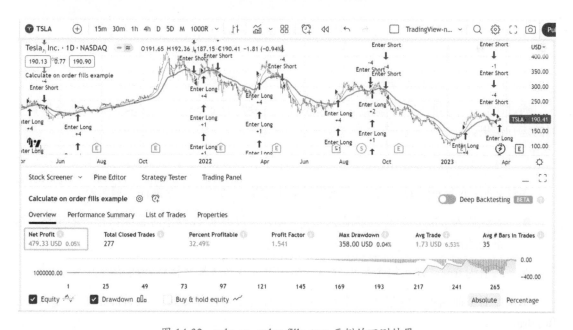

图 14-32　calc_on_order_fills=true 示例的回测结果

方案 B：设置参数 calc_on_order_fills=false，即将前面脚本中第 2～3 行语句修改为 " strategy(title="Calculate on order fills example", overlay=true, pyramiding=3, calc_on_order_fills=false)"，回测结果如图 14-33 所示。

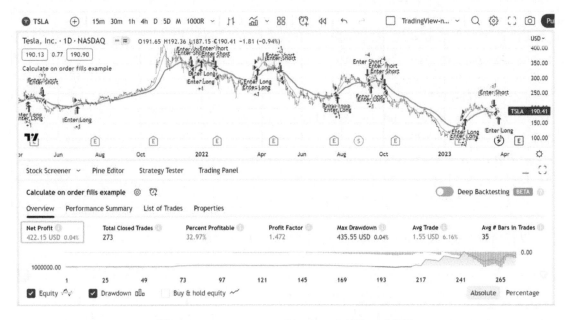

图 14-33　calc_on_order_fills=false 示例的回测结果

通过比较两个回测结果，验证了若修改布尔型参数 calc_on_order_fills 的值，则会得到不同的运行结果。

2. 参数 calc_on_every_tick

参数 calc_on_every_tick：表示当发生了最小价格变动时，是否执行一遍策略。

- 默认值为 false。若发生了最小价格变动，则仅在 K 线收盘时系统执行一遍策略，这也是通常的情况。

- 若值为 true，则在每个最小价格变动发生时，系统都会执行一遍策略。

示例：对于前面小节的趋势跟踪策略示例，分别设置参数 calc_on_every_tick 的值为 true 和 false。

方案 A：设置参数 calc_on_every_tick=true，即在每次最小价格变动发生时，系统都会执行一遍策略，脚本如下所示。

```
//@version=5
strategy(title="Calculate on every tick example", overlay=true,
    pyramiding=10, calc_on_every_tick=true)
```

```
// 计算 Lowest Low 和 Highest High，并绘制红、绿两条线
highestHigh = ta.highest(high, 20)[1]
lowestLow   = ta.lowest(low, 20)[1]

plot(highestHigh, color=color.green, title="Highest High")
plot(lowestLow, color=color.red, title="Lowest Low")

// 生成订单
if close > highestHigh
    strategy.entry("Enter Long", strategy.long)

if close < lowestLow
    strategy.entry("Enter Short", strategy.short)
```

回测结果如图 14-34 所示。

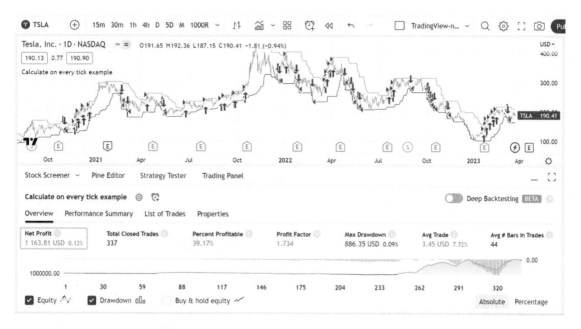

图 14-34　calc_on_every_tick=true 示例的回测结果

方案 B：设置参数 calc_on_every_tick=false，即在 K 线收盘时执行一遍策略。

该方案的实现有两种方法。方法 1 是将前面脚本中的第 2～3 行语句修改为：strategy(title="Calculate on every tick example", overlay=false, pyramiding=10)；方法 2 是单击 "Calculate on every tick example" 图表上的 "Setting" 选项，弹出 "Calculate on order fills example" 对话框，在 "Properties" 选项中取消勾选 "On every tick"，如图 14-35 所示。

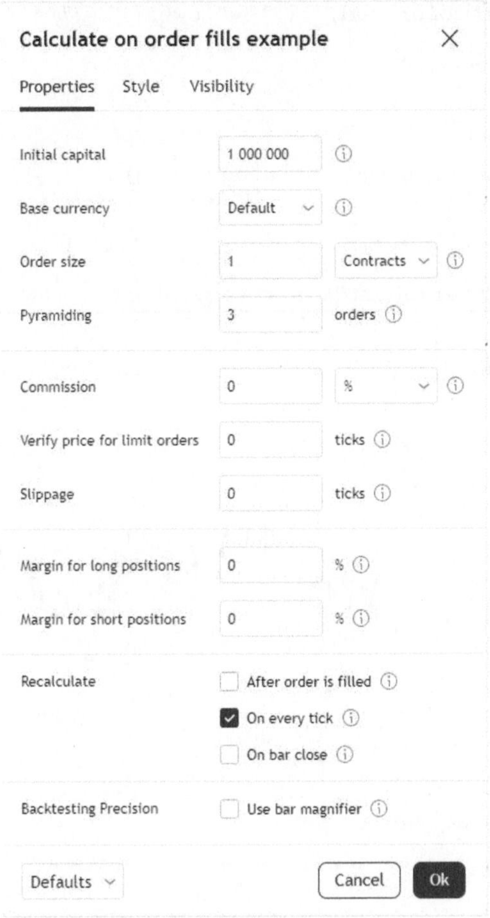

图 14-35　取消勾选 "On every tick" 选项

回测结果如图 14-36 所示。

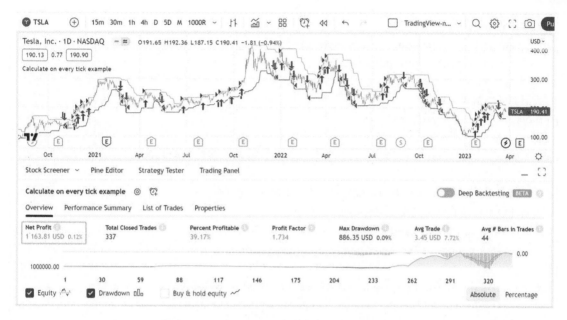

图 14-36　calc_on_every_tick=false 示例的回测结果

比较两个回测结果可以发现，若修改布尔型参数 calc_on_every_tick 的值，则会得到不同的运行结果。

3. 参数 process_orders_on_close

参数 process_orders_on_close：表示在业务逻辑处理完成且 K 线关闭后是否再次执行脚本，默认值为 false。

当该参数的值为 true 时，会发生以下情况：

- 如果是以市价成交方式下的订单，则经纪商模拟器将在下一根 K 线打开之前执行该操作。

- 如果是条件订单，则只有在满足价格条件的情况下才会执行。

- 如果用户希望在当前 K 线上进行平仓操作，则将该参数值设置为 true 会非常有用。

示例：运用特定策略，评估 process_orders_on_close 的参数值对绩效结果的影响。

方案 A：设置参数 process_orders_on_close=true，脚本如下所示。该脚本的功能：一是生成交易信号，如果收盘价高于 EMA 线并且当天是星期五，则发出买入信号；如果收盘价低于 EMA 线或当天是星期四，则平掉该仓位。二是为星期五设置淡蓝色背景，即使用函数 bgcolor() 为星期五设置淡蓝色背景。

```
//@version=5
strategy(title="Process orders on close example", overlay=true,
    process_orders_on_close=true)

// 计算并绘制 EMA 线
emaValue = ta.ema(close, 45)

plot(emaValue, color=color.orange, linewidth=2, title="EMA")

// 生成订单：如果收盘价高于 EMA 线并且当天是星期五，则开仓
// 如果收盘价低于 EMA 线或当天是星期四，则平仓
if close > emaValue and dayofweek == dayofweek.friday
    strategy.entry("Enter Long", strategy.long)

if ta.crossunder(close, emaValue) or dayofweek == dayofweek.thursday
    strategy.close("Enter Long", comment="Exit Long")

// 将星期五的背景设置为淡蓝色
bgcolor(dayofweek == dayofweek.friday ? color.new(color.blue, 90) : na)
```

以特斯拉（TSLA）为例，回测结果如图 14-37 所示。

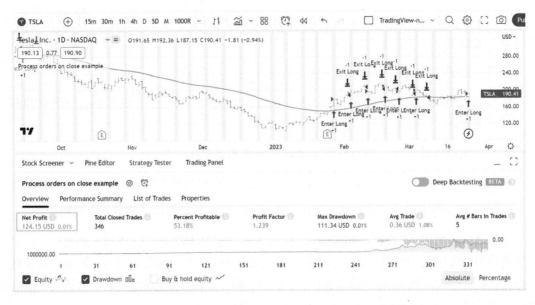

图 14-37   process_orders_on_close=true 示例的回测结果

方案 B：设置参数 process_orders_on_close=false，修改脚本参数，回测结果如图 14-38 所示。

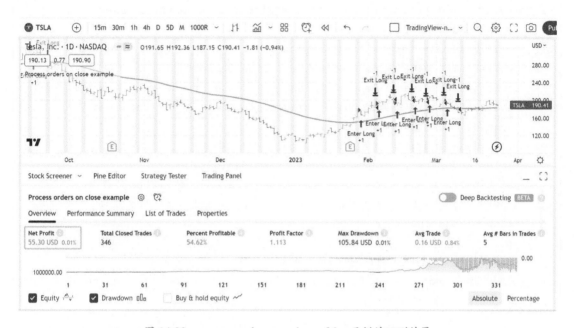

图 14-38 process_orders_on_close= false 示例的回测结果

14.3.5 按时间段进行回测与前测的示例

市场行情总是不断变化的，因此我们需要及时调整应对策略，以适应变化。本节将介绍两个按时间段进行回测与前测的示例，这对评估策略在指定时间段内的绩效表现非常有帮助。

1. 在指定的时间段内回测

下面的脚本可用于在指定的时间段内进行回测（Backtesting Between Dates）。该脚本是一种趋势跟踪策略的变体，使用在一段时间内的最高价和最低价来识别市场趋势，且在趋势中开仓并跟踪。趋势跟踪策略通常适用于具有明显上升或下降趋势的市场，而不适合用在震荡市场中，其特色是允许用户在指定的时间段内回测，这对于分析此策略在特定时间段内的盈利绩效极为实用。

```
//@version=5
strategy(title="Backtest specific date range", overlay=true)
```

```
// STEP 1. 输入所指定的回测日期区间
useDateFilter = input.bool(true, title="Filter Date Range of Backtest",
    group="Backtest Time Period")
backtestStartDate = input.time(timestamp("1 Jan 2022"),
    title="Start Date", group="Backtest Time Period",
    tooltip="This start date is in the time zone of the exchange " +
    "where the chart's instrument trades. It doesn't use the time " +
    "zone of the chart or of your computer.")
backtestEndDate = input.time(timestamp("1 Jan 2023"),
    title="End Date", group="Backtest Time Period",
    tooltip="This end date is in the time zone of the exchange " +
    "where the chart's instrument trades. It doesn't use the time " +
    "zone of the chart or of your computer.")

// STEP 2. 检查当前日期是否在回测的日期区间内
inTradeWindow = not useDateFilter or (time >= backtestStartDate and
    time < backtestEndDate)

// 计算 highest high, lowest low 和 midpoint 并连接绘制成 3 条线
highestHigh = ta.highest(high, 20)[1]
lowestLow   = ta.lowest(low, 20)[1]
midPoint    = (highestHigh + lowestLow) / 2

plot(highestHigh, color=color.green, title="Highest High")
plot(lowestLow, color=color.red, title="Lowest Low")
plot(midPoint, color=color.blue, title="Middle Line")

// STEP 3. 根据回测日期区间生成订单
if inTradeWindow and high > highestHigh
    strategy.entry("Enter Long", strategy.long)

if inTradeWindow and low < lowestLow
    strategy.entry("Enter Short", strategy.short)

// 平仓
if ta.crossunder(close, midPoint)
```

```
    strategy.close("Enter Long", comment="Exit Long")

if ta.crossover(close, midPoint)
    strategy.close("Enter Short", comment="Exit Short")

// STEP 4. 根据回测日期区间取消所有未完成待处理（unfilled pending）的挂单
//
if not inTradeWindow and inTradeWindow[1]
    strategy.cancel_all()
    strategy.close_all(comment="Date Range Exit")
```

将该脚本添加到图表，我们以特斯拉（TSLA）为例，回测结果如图 14-39 所示。

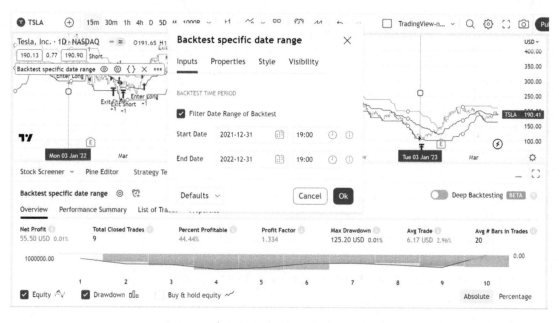

图 14-39　在指定时间段内回测示例的回测结果

2. 指定开始时间的前测

下面的脚本对应的是一个 EMA 均线交叉策略。EMA 均线交叉策略也是趋势跟踪策略的一种，可以指定开始时间的前测，即从某日起迄今的前测。每当发生最小价格变动时，脚本都会运行一遍。该策略的特色是允许用户通过指定的开始时间对前测结果进行过滤，这对于分析策略在特定时间段内的绩效表现非常有用。

```pine
//@version=5
strategy(title="Forwardtest since date", overlay=true, calc_on_every_tick =
true)

// STEP 1. 输入所指定的前测日期区间
useDateFilter = input.bool(true, title="Begin Backtest at Start Date",
    group="Backtest Time Period")
backtestStartDate = input.time(timestamp("1 Jan 2022"),
    title="Start Date", group="Backtest Time Period",
    tooltip="This start date is in the time zone of the exchange " +
    "where the chart's instrument trades. It doesn't use the time " +
    "zone of the chart or of your computer.")

// STEP 2. 检查当前日期是否满足前测的日期区间条件
inTradeWindow = not useDateFilter or time >= backtestStartDate

// 计算并绘制快/中/慢三条 EMA 线
fastEMA = ta.ema(close, 10)
medEMA  = ta.ema(close, 30)
slowEMA = ta.ema(close, 80)

plot(fastEMA, color=color.orange, title="Fast EMA")
plot(medEMA, color=color.blue, title="Medium EMA")
plot(slowEMA, color=color.teal, linewidth=2, title="Slow EMA")

// STEP 3. 根据前测的日期区间和 EMA 的条件（金叉/死叉）生成订单
if inTradeWindow and ta.crossover(fastEMA, medEMA) and close > slowEMA
    strategy.entry("Enter Long", strategy.long)

if inTradeWindow and ta.crossunder(fastEMA, medEMA) and close < slowEMA
    strategy.entry("Enter Short", strategy.short)
```

将该脚本添加到图表，我们以特斯拉股票（TSLA）为例，回测结果如图 14-40 所示。

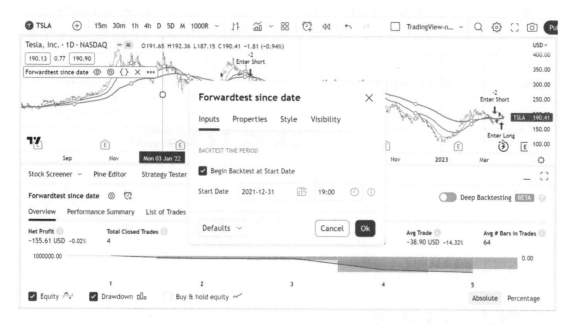

图 14-40 指定开始时间的前测示例回测结果

14.4 其他 strategy.*系列函数

在前面讲过"策略函数 strategy 不仅有指标函数 indicator 的功能，还可以根据制定的交易策略进行回测或前测"，而策略函数 strategy 的回测与前测功能，需要 strategy.*系列函数进行辅助，正如我们也在前面讲过的"strategy.*系列函数作为辅助函数或被调函数，全部服务于主调函数 strategy。"

此外，strategy.*系列函数除了有订单处理、资金管理、策略绩效管理功能（回测或前测的子功能），还有风险管理、交易信息与仓位信息查询等辅助功能。

14.4.1 strategy.*系列函数分类

strategy.*系列函数按功能可划分为以下几类，如图 14-41 所示。

- 订单处理（order placement）类函数，包括 strategy.entry()、strategy.order()、strategy.exit()、strategy.cancel()、strategy.cancel_all()、strategy.close()和 strategy.close_all()。订单处理类函数是策略函数 strategy 的必选子函数，至少选其一。

- 风险管理（risk management）类函数：strategy.risk.*系列。

- 交易与仓位信息查询类函数，又可细分为两类：一类是 strategy.opentrades.*系列，用于开仓交易与仓位信息查询；另一类是 strategy.closedtrades.*系列，用于平仓交易与仓位信息查询。

- 其他辅助函数：货币类型转换函数。

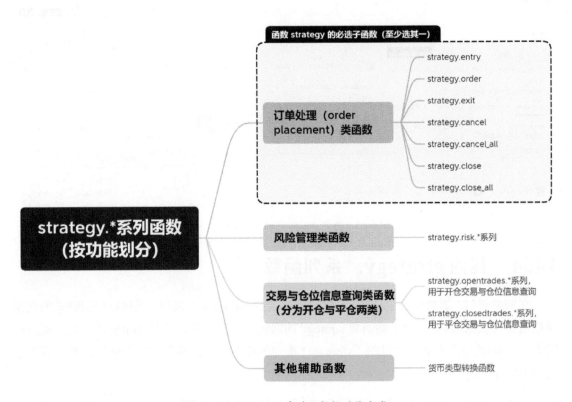

图 14-41　strategy.*系列函数按功能分类

注

订单处理类函数还兼有资金管理和策略绩效功能。

strategy.*系列函数的分类与功能列表如表 14-1 所示。

表 14-1　strategy.*系列函数的分类与功能列表

函数类别	函数名称	功能
订单处理类函数	strategy.entry	开仓
	strategy.exit	平仓
	strategy.order	下单（开仓或平仓）
	strategy.cancel	取消/停用由函数 strategy.order、strategy.entry 和 strategy.exit 生成的待处理订单
	strategy.cancel_all	取消/停用所有由函数 strategy.order、strategy.entry 和 strategy.exit 生成的待处理订单
	strategy.close	平仓
	strategy.close_all	清仓
风险管理类函数	strategy.risk.allow_entry_in	指定函数 strategy.entry()可被允许的开仓方向
	strategy.risk.max_cons_loss_days	允许持续亏损的天数限制，若超过则止损：不再开仓，取消所有 pending 订单并平仓
	strategy.risk.max_drawdown	最大回撤限制
	strategy.risk.max_intraday filled_orders	最大持仓量限制
	strategy.risk.max_intraday_loss	日内交易的最大订单数限制
	strategy.risk.max_position_size	日内交易的最大亏损额限制
开仓交易与仓位信息查询类函数	strategy.opentrades.commission	开仓交易的手续费统计
	strategy.opentrades.entry_bar_index	返回开仓交易的 bar_index
	strategy.opentrades.entry_comment	返回开仓交易的备注信息
	strategy.opentrades.entry_id	返回开仓交易的 ID
	strategy.opentrades.entry_price	返回开仓交易的价格
	strategy.opentrades.entry_time	返回开仓交易的 UNIX 时间
	strategy.opentrades.max_drawdown	返回开仓交易的最大回撤
	strategy.opentrades.max_runup	返回开仓交易的最大盈利数额
	strategy.opentrades.profit	返回开仓交易的损益数额（Profit/Loss）
	strategy.opentrades.size	返回开仓交易的方向与合同数。若返回值大于 0，则方向是做多；若返回值小于 0，则方向是做空
平仓交易与仓位信息查询类函数	strategy.closedtrades.commission	平仓交易的手续费统计
	strategy.closedtrades.entry_bar_index	返回平仓交易的 bar_index
	strategy.closedtrades.entry_comment	返回平仓交易的备注信息
	strategy.closedtrades.entry_price	返回平仓交易的价格
	strategy.closedtrades.entry_time	返回平仓交易的 UNIX 时间
	strategy.closedtrades.entry_id	返回平仓交易的 ID
	strategy.closedtrades.exit_price	返回平仓交易的价格

类别	函数名称	功能
平仓交易与仓位信息查询类函数	strategy.closedtrades.exit_time	返回平仓交易的 UNIX 时间
	strategy.closedtrades.max_drawdown	返回平仓交易的最大回撤
	strategy.closedtrades.max_runup	返回平仓交易的最大盈利数额
	strategy.closedtrades.profit	返回平仓交易的损益数额（Profit/Loss）
	strategy.closedtrades.size	返回平仓交易的方向与合同数。若返回值大于 0，则方向是做多；若返回值小于 0，则方向是做空
	strategy.closedtrades	返回平仓交易笔数
货币类型转换函数	strategy.convert_to_account	从函数 strategy 使用的币种转换到图表主图使用的币种
	strategy.convert_to_symbol	从图表主图使用的币种转换到函数 strategy 使用的币种

14.4.2　订单处理

订单处理类函数的主要功能是执行回测与前测时的订单交易，也是 strategy.*系列函数的主要功能函数。订单处理类函数是策略函数 strategy 的必选子函数，至少选其一。

1. 订单处理类函数

在 strategy.*系列函数中有 7 个订单处理类函数，即 strategy.entry()、strategy.order()、strategy.exit()、strategy.cancel()、strategy.cancel_all()、strategy.close()和 strategy.close_all()。

订单处理类函数可以执行以下三类订单处理功能。

● 开仓：使用函数 strategy.entry()和 strategy.order()。

● 平仓：使用函数 strategy.exit()、strategy.order()、strategy.close()和 strategy.close_all()。

● 取消待处理订单：函数 strategy.cancel() 和 strategy.cancel_all() 可用于取消/停用所有由函数 strategy.order、strategy.entry 和 strategy.exit 生成的待处理订单。

函数 strategy.entry()和 strategy.order()的共同点与区别如下。

● 共同点：都可以进行四种类型的订单开仓，即市价单、止损单/止盈、限价单和限价止损/止盈单的开仓。

● 区别：若策略函数 strategy 使用了参数 pyramiding，则需要使用辅助函数 strategy.entry()，不能使用辅助函数 strategy.order()。

函数 strategy.exit()、strategy.close()和 strategy.close_all()的区别。

● 函数 strategy.close()可用于市价单的平仓。

- 函数 strategy.exit()用于限价单、止损/止盈单的平仓。

- 函数 strategy.close_all()用于清仓。

2. 订单类型

用于回测或前测的四种订单类型包括市价单、止损/止盈单、限价单和限价止损/止盈单。

3. 函数声明语句格式

（1）开仓函数 strategy.entry()的声明语句格式如下所示。

```
strategy.entry(id, direction, qty, limit, stop, oca_name, oca_type, comment,
when, alert_message) → void
```

（2）下单函数 strategy.order()的声明语句格式如下所示。该函数既可以用于开仓，也可以用于平仓。

```
strategy.order(id, direction, qty, limit, stop, oca_name, oca_type, comment,
when, alert_message) → void
```

（3）平仓函数 strategy.exit()的声明语句格式如下所示。

```
strategy.exit(id, from_entry, qty, qty_percent, profit, limit, loss, stop,
trail_price, trail_points, trail_offset, oca_name, comment, comment_profit,
comment_loss, comment_trailing, when, alert_message, alert_profit, alert_loss,
alert_trailing) → void
```

（4）取消挂单函数 strategy.cancel()的声明语句格式如下所示。

```
strategy.cancel(id) → void
```

（5）取消所有挂单函数 strategy.cancel_all()的声明语句格式如下所示。

```
strategy.cancel_all() → void
```

（6）平仓函数 strategy.close() 的声明语句格式如下所示。

```
strategy.close(id, comment, qty, qty_percent, alert_message, immediately) → void
```

（7）清仓函数 strategy.close_all() 的声明语句格式如下所示。

```
strategy.close_all(comment, alert_message, immediately) → void
```

4. 订单处理类函数示例

（1）市价单

示例 1：应用 3 个不同周期的 EMA 均线交叉策略做市价开仓，脚本如下所示。

```
//@version=5
strategy(title="Market order entries example", overlay=true)

// 计算并绘制快/中/慢三条 EMA 线
fastEMA = ta.ema(close, 10)
medEMA  = ta.ema(close, 30)
slowEMA = ta.ema(close, 80)

plot(fastEMA, color=color.orange, title="Fast EMA") //EMA 快线
plot(medEMA, color=color.blue, title="Medium EMA")  //EMA 中线
plot(slowEMA, color=color.purple, title="Slow EMA") //EMA 慢线

//
//
// 当 EMA 快线与中线金叉且收盘价高于 EMA 慢线时生成多单
    strategy.entry("Enter Long", strategy.long)

//
// 当 EMA 快线与中线死叉且收盘价低于 EMA 慢线时时生成空单
if ta.crossunder(fastEMA, medEMA) and close < slowEMA
    strategy.entry("Enter Short", strategy.short)
```

将该脚本添加到图表中，我们以苹果股票（AAPL）为例，回测结果如图 14-42 所示。

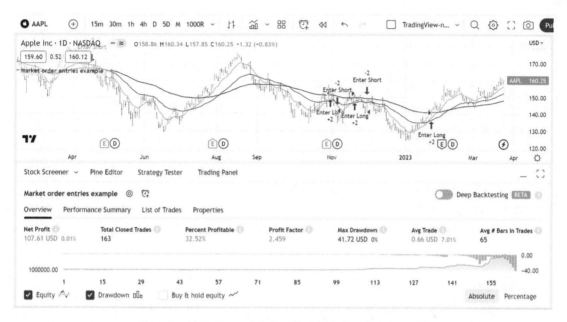

图 14-42　应用 EMA 均线交叉策略做市价开仓的回测结果

示例 2：应用肯特纳通道策略做市价平仓，脚本如下所示。

```
//@version=5
strategy(title="Market order exits", overlay=true)

// 计算 Keltner 通道，并绘制上/中/下轨
[keltMa, keltUpper, keltLower] = ta.kc(close, 20, 1.75)

plot(keltUpper, color=color.blue, title="Upperband")
plot(keltMa, color=color.orange, title="Keltner MA")
plot(keltLower, color=color.blue, title="Lowerband")

//
// 当价格向上穿越 Keltner 通道上轨时，做多
if ta.crossover(close, keltUpper)
    strategy.entry("Enter Long", strategy.long)

// 当价格向下穿越 Keltner 通道下轨时，做空
if ta.crossunder(close, keltLower)
    strategy.entry("Enter Short", strategy.short)
```

```
// 平仓
//
// 当价格再次向上穿越 Keltner 通道上轨时，以市价平掉多单
if ta.crossover(close, keltUpper)
    strategy.close("Enter Long", comment="Exit Long")

//
// 当价格再次向下穿越 Keltner 通道下轨时，以市价平掉空单
if ta.crossunder(close, keltLower)
    strategy.close("Enter Short", comment="Exit Short")

//
// 当价格穿越 Keltner 通道中轨时，清仓
if ta.cross(close, keltMa)
    strategy.close_all(comment="Position Exit")
```

将该脚本添加到图表，回测结果如图 14-43 所示。

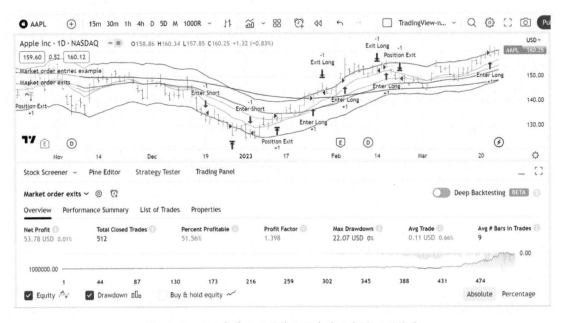

图 14-43　应用肯特纳通道策略做市价平仓的回测结果

（2）止损/止盈单

示例 1：应用布林带策略，使用限价止损/止盈单平仓，脚本如下所示。

```
//@version=5
strategy(title="Stop-limit entry orders", overlay=true)

// 计算并绘制布林带
[middleLine, upperBand, lowerBand] = ta.bb(close, 20, 2.0)

plot(upperBand, color=color.teal, title="Upper Band")
plot(middleLine, color=color.gray, title="Middle line")
plot(lowerBand, color=color.teal, title="Lower Band")

// 当价格向下穿越布林带下轨时，多单开仓，并开立限价止盈/止损单
if ta.crossunder(close, lowerBand)
    strategy.entry("Enter Long", strategy.long, stop=lowerBand,
        limit=lowerBand + 10 * syminfo.mintick)

// 当价格向上穿越布林带上轨时，空单开仓，并开立限价止盈/止损单
if ta.crossover(close, upperBand)
    strategy.entry("Enter Short", strategy.short, stop=upperBand,
        limit=upperBand - 10 * syminfo.mintick)

//
// 当价格穿越布林带中轨时，清仓
if ta.cross(close, middleLine)
    strategy.cancel_all()
    strategy.close_all(comment="Exit Position")
```

将该脚本添加到图表中，回测结果如图 14-44 所示。

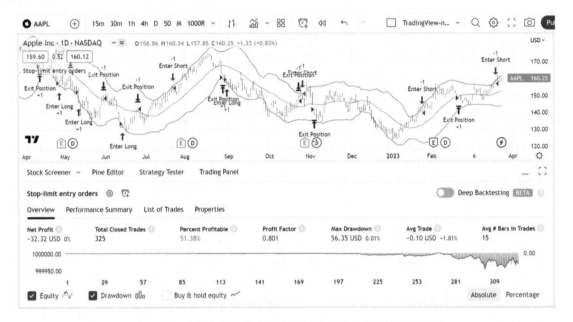

图 14-44　应用布林带策略做限价止损/止盈单平仓的回测结果

示例 2：应用 EMA 均线交叉策略做市价开仓，同时根据预设点数开立止损单。若 EMA 金叉（快线向上穿越慢线），则多单开仓，同时根据预设点数开立止损单；反之，若 EMA 死叉（慢线向上穿越快线），则空单开仓，同时根据预设点数开立止损单，脚本如下所示。

```
//@version=5
strategy(title="Stop order exits", overlay=true)

// 计算并绘制两条快、慢 EMA 线
fastEMA = ta.ema(close, 10)
slowEMA = ta.ema(close, 30)


plot(fastEMA, color=color.orange, title="Fast EMA")
plot(slowEMA, color=color.teal, linewidth=2, title="Slow EMA")

// 若 EMA 快线与慢线金叉，则多单开仓，同时根据预设点数开立止损单
if ta.crossover(fastEMA, slowEMA)
    strategy.entry("Enter Long", strategy.long)
    strategy.exit("Exit Long", from_entry="Enter Long",
        stop=slowEMA - syminfo.mintick * 10)
```

```
// 若 EMA 快线与慢线死叉，则空单开仓，同时根据预设点数开立止损单
if ta.crossunder(fastEMA, slowEMA)
    strategy.entry("Enter Short", strategy.short)
    strategy.exit("Exit Short", from_entry="Enter Short",
        stop=slowEMA + syminfo.mintick * 10)
```

将该脚本添加到图表中，回测结果如图 14-45 所示。

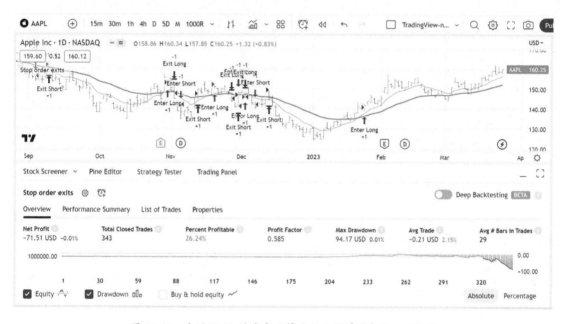

图 14-45 应用 EMA 均线交叉策略做止损单平仓的回测结果

（3）限价单

示例 1：应用 RSI 超买/超卖策略做市价开仓，同时预设目标利润使用限价单平仓。若 RSI 向下突破 20，则为超买状态，多单开仓，并设置 3%的目标利润平仓；若 RSI 向上突破 80，则为超卖状态，空单开仓，并设置 3%的目标利润平仓，脚本如下所示。

```
//@version=5
strategy(title="Limit order exits")

// 计算 RSI
rsiValue = ta.rsi(hlcc4, 4)

// 绘制 RSI 指标并设置超买和超卖两条横线
plot(rsiValue, color=color.teal, title="RSI")
```

```
hline(20, title="Oversold")
hline(80, title="Overbought")

// 当 RSI 向上穿越超卖线（20）时，做多，并设置限价单平仓条件 limit=high * 1.03
//
if ta.crossover(rsiValue, 20)
    strategy.entry("Enter Long", strategy.long)
    strategy.exit("Exit Long", from_entry="Enter Long",
        limit=high * 1.03)

// 当 RSI 向下穿越超买线（80）时，做空，并设置限价单平仓条件 limit=low * 0.97
if ta.crossunder(rsiValue, 80)
    strategy.entry("Enter Short", strategy.short)
    strategy.exit("Exit Short", from_entry="Enter Short",
        limit=low * 0.97)
```

将该脚本添加到图表中，回测结果如图 14-46 所示。

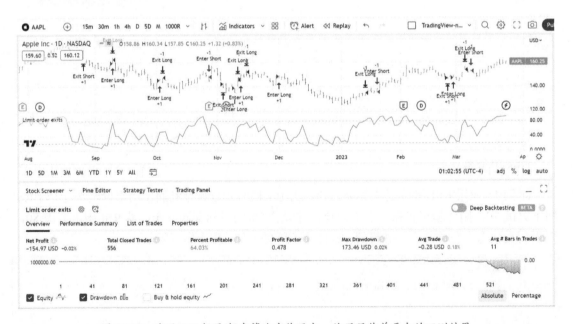

图 14-46　应用 RSI 超买/超卖策略市价开仓，使用限价单平仓的回测结果

　　示例 2：使用布林带策略做限价单开仓。当价格向上突破布林带上轨时，限价空单开仓；当价格向下突破布林带下轨时，限价多单开仓；当价格穿越布林带中轨时，市价清仓，脚本如下所示。

```
//@version=5
strategy(title="Stop-limit entry orders", overlay=true)

// 计算并绘制布林带
[middleLine, upperBand, lowerBand] = ta.bb(close, 20, 2.0)

plot(upperBand, color=color.teal, title="Upper Band")
plot(middleLine, color=color.gray, title="Middle line")
plot(lowerBand, color=color.teal, title="Lower Band")

//
if ta.crossunder(close, lowerBand)
    strategy.entry("Enter Long", strategy.long, stop=lowerBand,
        limit=lowerBand + 10 * syminfo.mintick)

//
if ta.crossover(close, upperBand)
    strategy.entry("Enter Short", strategy.short, stop=upperBand,
        limit=upperBand - 10 * syminfo.mintick)

//
// 若价格穿越布林带中轨，则以市价清仓
if ta.cross(close, middleLine)
    strategy.cancel_all()
    strategy.close_all(comment="Exit Position")
```

　　将该脚本添加到图表中，回测结果如图 14-47 所示。

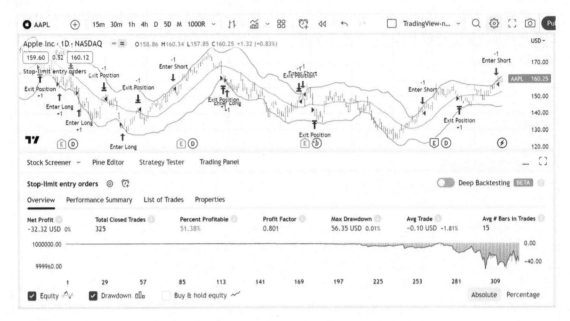

图 14-47   使用布林带策略做限价单开仓的回测结果

14.4.3   strategy.risk.*系列函数

1. strategy.risk.*系列函数列表和函数声明语句格式

strategy.risk.*系列函数中共有 6 个风险管理类函数，如表 14-2 所示。

表 14-2   风险管理类函数列表

函数分类	函数名称	功能描述
全局风险管理（Global risk management functions）	strategy.risk.allow_entry_in()	指定函数 strategy.entry()可被允许的开仓方向：多或空
	strategy.risk.max_cons_loss_days()	允许持续亏损的天数限制，若超过则止损：不再开仓，取消所有 pending 订单并平仓
	strategy.risk.max_drawdown()	最大回撤限制
	strategy.risk.max_position_size()	最大仓位限制
日内风险管理（Intra-day TradingView risk functions）	strategy.risk.max_intraday_filled_orders()	日内交易的最大订单数限制
	strategy.risk.max_intraday_loss()	日内交易的最大亏损限额

（1）函数 strategy.risk.allow_entry_in()的声明语句格式如下所示。

```
strategy.risk.allow_entry_in(value) → void
```

（2）函数 strategy.risk.max_cons_loss_days()的声明语句格式如下所示。

```
strategy.risk.max_cons_loss_days(count, alert_message) → void
```

（3）函数 strategy.risk.max_drawdown()的声明语句格式如下所示。

```
strategy.risk.max_drawdown(value, type, alert_message) → void
```

（4）函数 strategy.risk.max_position_size()的声明语句格式如下所示。

```
strategy.risk.max_position_size(contracts) → void
```

（5）函数 strategy.risk.max_intraday_filled_orders()的声明语句格式如下所示。

```
strategy.risk.max_intraday_filled_orders(count, alert_message) → void
```

（6）函数 strategy.risk.max_intraday_loss()的声明语句格式如下所示。

```
strategy.risk.max_intraday_loss(value, type, alert_message) → void
```

2. 风险管理类函数的示例

1）连续性管理（Streak Management）：连续亏损后止损或连续盈利后止盈。

示例 1：连续亏损后止损（Stop after losing streak）的示例，脚本如下所示。

```
//@version=5
strategy(title='Stop after losing streak', overlay=false, precision=0,
default_qty_type=strategy.fixed, default_qty_value=5)

// STEP 1:
// 输入参数，设置连续亏损的最大次数限制
maxLosingStreak = input.int(title='Max Losing Streak Length', defval=15,
minval=1)

// 计算 EMA
fastMA = ta.ema(close, 5)
slowMA = ta.ema(close, 25)

// 设置交易条件
enterLong = ta.crossover(fastMA, slowMA)
```

```
enterShort = ta.crossunder(fastMA, slowMA)

// STEP 2:
// 检查是否有新的亏损
newLoss = strategy.losstrades > strategy.losstrades[1] and strategy.wintrades
== strategy.wintrades[1] and strategy.eventrades == strategy.eventrades[1]

// STEP 3:
// 计算当前的连续亏损次数
streakLen = 0

streakLen := if newLoss
    nz(streakLen[1]) + 1
else
    if strategy.wintrades > strategy.wintrades[1] or strategy.eventrades >
strategy.eventrades[1]
        0
    else
        nz(streakLen[1])

// 显示当前的亏损次数: 深红色表示当前亏损次数, 红色表示已达到最大次数限制
plot(series=streakLen, style=plot.style_columns, color=streakLen <
maxLosingStreak ? color.maroon : color.red)
// 若有新亏损则设置背景为浅红色
bgcolor(color=newLoss ? color.red : na, transp=90)
// 绘制两条横线, 用于显示连续盈利的最大次数限制和 0 轴线
hline(price=maxLosingStreak, color=color.red, linestyle=hline.style_solid,
linewidth=2)
hline(price=0, linestyle=hline.style_solid, color=color.gray)

// STEP 4:
// 检查当前连续亏损的次数是否满足最大次数限制条件
okToTrade = streakLen < maxLosingStreak

// STEP 5:
// 若满足条件则下单
if okToTrade and enterLong
    strategy.entry(id='EL', direction=strategy.long)
```

```
if okToTrade and enterShort
    strategy.entry(id='ES', direction=strategy.short)

// STEP 6:
// 若满足条件（达到连续亏损的最大次数限制）则清仓
if not okToTrade
    strategy.close_all()
```

将该脚本添加到图表中，以微软股票（MSFT）为例，回测结果如图 14-48 所示。

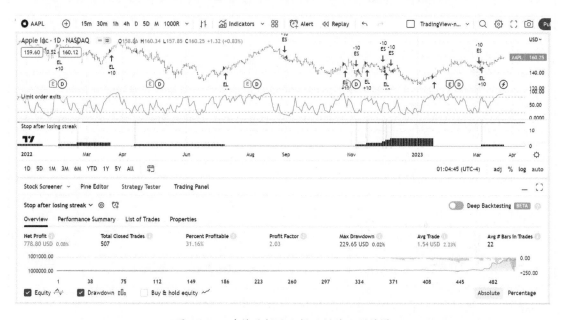

图 14-48　连续亏损后止损示例的回测结果

示例 2：连续盈利后止盈（Stop after winning streak）的示例，脚本如下所示。

```
//@version=5
strategy(title='Stop after winning streak', overlay=false, precision=0)

// STEP 1:
// 输入参数，设置连续盈利的最大次数限制，用于止盈
maxWinStreak = input.int(title='Max Winning Streak Length', defval=15, minval=1)

// 计算 EMA
fastMA = ta.ema(close, 5)
slowMA = ta.ema(close, 25)
```

```
// 设置交易条件
isFlat = strategy.position_size == 0
enterLong = isFlat and ta.crossover(fastMA, slowMA)
enterShort = isFlat and ta.crossunder(fastMA, slowMA)

// STEP 2:
// 检查是否有新的盈利
newWin = strategy.wintrades > strategy.wintrades[1] and strategy.losstrades ==
strategy.losstrades[1] and strategy.eventrades == strategy.eventrades[1]

// STEP 3:
// 计算当前的连续盈利次数
streakLen = 0

streakLen := if newWin
    nz(streakLen[1]) + 1
else
    if strategy.losstrades > strategy.losstrades[1] or strategy.eventrades >
strategy.eventrades[1]
        0
    else
        nz(streakLen[1])

// 显示当前的盈利次数：绿色表示当前盈利次数，灰色表示已达到最大次数限制
plot(series=streakLen, style=plot.style_columns, color=streakLen <
maxWinStreak ? color.green : color.gray)
// 若有新盈利则设置背景为浅绿色
bgcolor(color=newWin ? color.lime : na, transp=90)
// 绘制两条横线，用于显示连续盈利的最大次数限制和 0 轴线
hline(price=maxWinStreak, color=color.orange, linestyle=hline.style_solid,
linewidth=2)
hline(price=0, linestyle=hline.style_solid, color=color.gray)

// STEP 4:
// 检查当前连续盈利的次数是否满足限制要求
okToTrade = streakLen < maxWinStreak

// STEP 5:
// 若满足条件则下单
```

```
if okToTrade and enterLong
    strategy.entry(id='EL', direction=strategy.long)

if okToTrade and enterShort
    strategy.entry(id='ES', direction=strategy.short)

// 平仓
if strategy.position_size > 0
    strategy.exit(id='XL', stop=ta.lowest(low, 30)[1], limit=ta.highest(high,
15)[1])

if strategy.position_size < 0
    strategy.exit(id='XS', stop=ta.highest(high, 30)[1], limit=ta.lowest(low,
15)[1])

// STEP 6:
// 若满足条件（达到连续盈利的最大次数限制）则清仓
if not okToTrade
    strategy.close_all()
```

将注脚本添加到图表中，回测结果如图 14-49 所示。

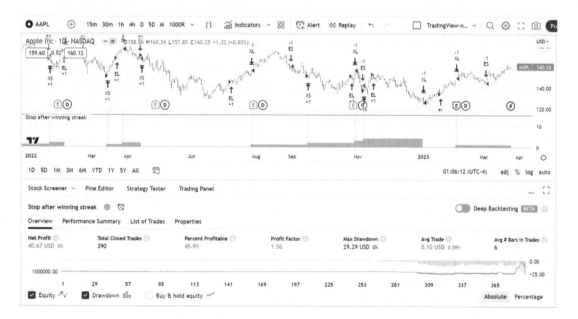

图 14-49　连续盈利后止盈示例的回测结果

2）周风控指标/周交易限制（Weekly Risk Metrics）

说明：过度频繁交易会导致佣金和滑点支出成本升高。下面介绍四个分别限制每周最多亏损额、每周最多交易次数、每周最多亏损的交易次数，以及交易方向（仅做多、仅做空或双向交易）的示例。

示例 1：限制每周最多亏损额的示例，脚本如下所示，可以实现在每周最大损失达到一定金额时停止交易的功能。

```
//@version=5
strategy(title='Stop trading after weekly loss', overlay=false,
default_qty_type=strategy.fixed, default_qty_value=10)

// STEP 1:
// 输入参数，用于限制每周最多亏损额
maxLoss = input.int(title='Weekly Max Loss', defval=1250, minval=1) * -1

// 计算 EMA
fastMA = ta.ema(close, 5)
slowMA = ta.ema(close, 25)

// 确定交易条件
enterLong = ta.crossover(fastMA, slowMA)
enterShort = ta.crossunder(fastMA, slowMA)

// STEP 2:
// 统计上周末的 strategy.equity
equityLastWeek = 0.0
equityLastWeek := dayofweek == dayofweek.monday and dayofweek != dayofweek[1] ?
strategy.equity[1] : equityLastWeek[1]

// STEP 3:
// 计算该周的损失
weeklyLoss = strategy.equity - equityLastWeek

// 绘制每周的亏损额图形
plot(series=math.min(weeklyLoss, 0), style=plot.style_area,
color=color.new(color.red, 85))
// 绘制每周的最多亏损额限制和 0 轴线（两条横线）
hline(price=0, color=color.orange, linestyle=hline.style_solid)
```

```
hline(price=maxLoss, color=color.red, linestyle=hline.style_solid,
linewidth=3)

// STEP 4:
// 检查是否满足交易条件
okToTrade = weeklyLoss > maxLoss

// STEP 5:
// 交易下单（多单和空单）
if okToTrade and enterLong
    strategy.entry(id='EL', direction=strategy.long)

if okToTrade and enterShort
    strategy.entry(id='ES', direction=strategy.short)

// STEP 6:
// 若亏损超出限额，则清仓
if not okToTrade
    strategy.close_all()
```

将该脚本添加到图表中，回测结果如图 14-50 所示。

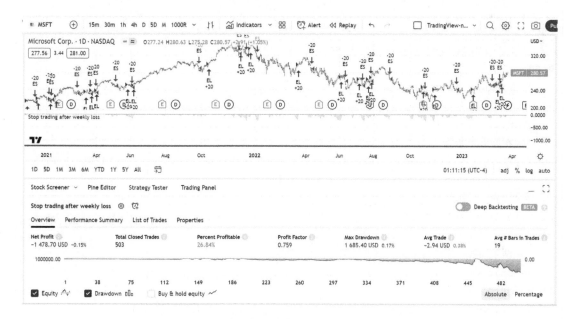

图 14-50　限制每周最多亏损额示例的回测结果

示例 2：限制每周最多交易次数，脚本如下所示。

```
//@version=5
strategy(title='Limit weekly trades', overlay=false, precision=0,
default_qty_type=strategy.fixed, default_qty_value=20)

// STEP 1:
// 输入参数，用于限制每周最多交易次数
maxTrades = input.int(title='Maximum Trades Per Week', minval=1, defval=20)

// 计算 EMA
fastMA = ta.ema(close, 5)
slowMA = ta.ema(close, 25)

// 确定交易条件
enterLong = ta.crossover(fastMA, slowMA)
enterShort = ta.crossunder(fastMA, slowMA)

// STEP 2:
// 统计上周末的交易数
tradesLastWeek = 0

tradesLastWeek := if dayofweek == dayofweek.monday and dayofweek != dayofweek[1]
    strategy.closedtrades[1] + strategy.opentrades[1]
else
    tradesLastWeek[1]

// STEP 3:
// 计算本周的交易数
weeklyTrades = strategy.closedtrades + strategy.opentrades - tradesLastWeek

// 显示每周交易次数
plot(series=weeklyTrades, style=plot.style_columns, color=weeklyTrades >=
maxTrades ? color.orange : color.teal)
// 绘制两条横线，用于显示最大交易次数限制和 0 轴线
hline(price=maxTrades, color=color.red, linestyle=hline.style_solid,
linewidth=2)
hline(price=0, linestyle=hline.style_solid, color=color.gray)
```

```
// STEP 4:
// 检查是否满足交易条件
okToTrade = weeklyTrades < maxTrades

// STEP 5:
// 若满足交易条件且符合每周交易次数限制，则交易下单
if okToTrade and enterLong
    strategy.entry(id='EL', direction=strategy.long)

if okToTrade and enterShort
    strategy.entry(id='ES', direction=strategy.short)

// STEP 6:
// 若达到每周最多交易次数，则清仓
if not okToTrade
    strategy.close_all()
```

将该脚本添加到图表中，回测结果如图 14-51 所示。

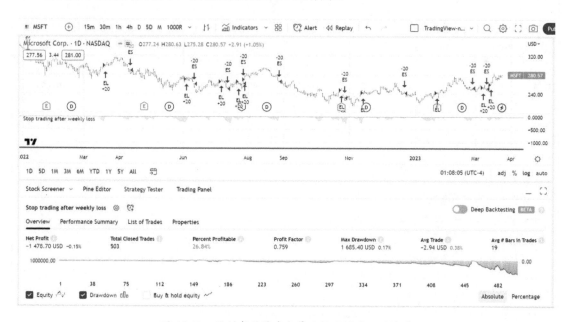

图 14-51 限制每周最多交易次数示例的回测结果

示例 3：限制每周最多亏损的交易次数，脚本如下所示。

```
//@version=5
strategy(title='Limit weekly losing trades', overlay=false, precision=0)


// STEP 1:
// 输入参数，用于限制每周最多亏损的交易次数
maxLosses = input.int(title='Maximum Losing Trades (Per Week)', defval=10,
minval=1)

// 计算 EMA
fastMA = ta.ema(close, 5)
slowMA = ta.ema(close, 25)

// 确定多/空交易条件
enterLong = ta.crossover(fastMA, slowMA)
enterShort = ta.crossunder(fastMA, slowMA)

// STEP 2:
// 获取上周末的总亏损次数
prevLoseTrades = 0


prevLoseTrades := if dayofweek == dayofweek.monday and dayofweek != dayofweek[1]
    strategy.losstrades[1]
else
    nz(prevLoseTrades[1])

// STEP 3:
// 计算本周的亏损次数
weeklyLosses = strategy.losstrades - prevLoseTrades

// 绘制本周的亏损次数
plot(series=weeklyLosses, style=plot.style_area, linewidth=4,
color=color.new(color.red, 85))
//绘制两条横线，用于显示每周最多亏损的交易次数限制和 0 轴线
hline(price=0, color=color.gray, linestyle=hline.style_solid)
hline(price=maxLosses, color=color.maroon, linestyle=hline.style_solid,
linewidth=2)
```

```
// STEP 4:
// 检查本周亏损次数是否低于最大亏损次数
okToTrade = weeklyLosses < maxLosses


// STEP 5:
// 若满足交易条件且符合最大亏损次数限制，则下单
if okToTrade and enterLong
    strategy.entry(id='EL', direction=strategy.long)


if okToTrade and enterShort
    strategy.entry(id='ES', direction=strategy.short)


// STEP 6:
//
// 当本周亏损次数达到最大亏损次数限制时，清仓
if not okToTrade
    strategy.close_all()
```

将该脚本添加到图表中，回测结果如图 14-52 所示。

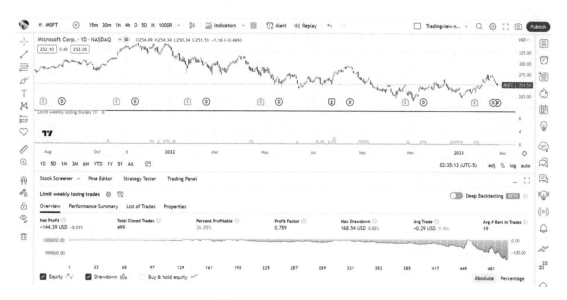

图 14-52 限制每周最多亏损交易次数示例的回测结果

示例 4：限制交易方向：仅做多、仅做空或双向交易的示例，脚本如下所示。

此脚本所实现的是一个比较基础的交易策略，该策略使用了一个输入选项来允许交易者选择交易方向。输入选项包括 Long、Short 和 Both，分别表示只允许做多、只允许做空或允许多/空双向交易。

```pine
//@version=5
strategy(title='Example: input for long or short', overlay=true)

// STEP 1:
// 输入参数，用于限制交易方向
tradeDirection = input.string(title='Trade Direction', options=['Long',
'Short', 'Both'], defval='Both')

// STEP 2:
// 判定交易条件
longOK = tradeDirection == 'Long' or tradeDirection == 'Both'
shortOK = tradeDirection == 'Short' or tradeDirection == 'Both'

// 计算和绘制 SMA 线
quickMA = ta.sma(close, 10)
slowMA = ta.sma(close, 30)

plot(series=quickMA, color=color.new(color.orange, 0))
plot(series=slowMA, color=color.new(color.teal, 0))

// 确定多、空交易信号
enterLong = ta.crossover(quickMA, slowMA)
enterShort = ta.crossunder(quickMA, slowMA)

// STEP 3:
// 交易下单（多单和空单）
if longOK and enterLong
    strategy.entry(id='EL', direction=strategy.long, qty=1)

if shortOK and enterShort
    strategy.entry(id='ES', direction=strategy.short, qty=1)

// 平仓
```

```
if strategy.position_size > 0
    strategy.exit(id='XL', stop=slowMA)

if strategy.position_size < 0
    strategy.exit(id='XS', stop=slowMA)
```

将该脚本添加到图表中，回测结果如图 14-53 所示。

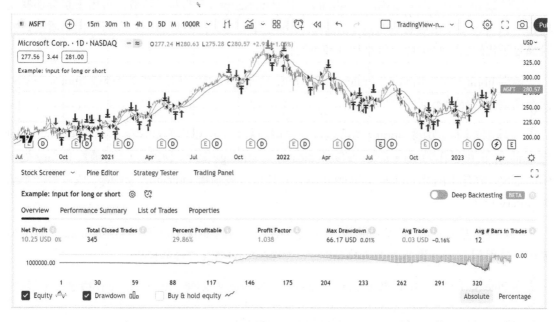

图 14-53　限制交易方向（仅做多、仅做空或双向交易）示例的回测结果

14.5　小结

函数 strategy 是 Pine Script V5 的两大核心函数之一。Pine Script V5 还提供了约 40 个 strategy.* 系列函数作为辅助函数或被调函数，它们全部服务于主调函数 strategy。函数 strategy 和与之关联的 strategy.* 系列函数是在 Pine Script V5 中逻辑处理最复杂的部分，它们承担了所有的策略处理（包括回测与前测）的相关功能，并兼有函数 indicator 的功能。

第 15 章　库函数 library

15.1　库函数 library 简介

　　库函数 library（以下简称函数 library）是 Pine Script V5 的新增函数，可用于封装那些功能相对独立、运算相对复杂的数学计算或业务逻辑。这个新函数的引入提高了代码质量，并且满足了代码的可复用性、可维护性和可读性。

　　函数 library 与 indicator、strategy 都是 Pine Script V5 的主调函数，但函数 library 与另外两个函数有明显的不同，具体如下。

　　（1）地位不同。函数 library 既可以作为主调函数，也可以作为被调函数，而函数 indicator 与 strategy 仅可以作为主调函数；函数 indicator 与 strategy 处于核心地位，而函数 library 处于辅助地位，服务于函数 indicator 和 strategy，并且可以被函数 indicator、strategy 或者另一个函数 library 调用。

　　（2）应用方法不同。函数 library 的定义/创建一定用到 export 语句，且函数 library 的导入/使用一定用到 import 语句，而函数 indicator 和 strategy 则没有这些要求。

　　在 Pine Script V5 中，函数 library 的应用可以分为定义/创建、发布、导入/使用这三个步骤。

15.2　库函数 library 的定义/创建

　　1. 创建函数 library 的脚本结构

　　创建函数 library，函数体需要进行声明，还需要至少包含一个 export 语句，脚本如下所示。

```
//@version=5

// @description <library_description>
library(title, overlay)

<script_code>

// @function <function_description>
```

```
// @param <parameter> <parameter_description>
// @returns <return_value_description>
export <function_name>([simple/series] <parameter_type> <parameter_name> [=
<default_value>] [, ...]) =>
    <function_code>

<script_code>
```

说明：

- // @description、// @function、// @param 和 // @returns 这些编译器指令都是可选项，但在此强烈推荐使用。它们有两个用途，一是标注函数 library 的代码；二是填充缺省的函数 library 描述。脚本作者可以在发布函数 library 时使用这些描述。

- 关键字 export 是必输项。

- <parameter_type>也是必输项。不同于用户自定义函数，函数 library 的参数类型必须明确定义。

- <script_code>可以是任何 Pine Script 代码，例如，input 和 plot 等。

2. 函数 library 声明语句格式与参数列表

函数 library 声明语句格式如下所示。

```
library(title, overlay) → void
```

函数 library 的参数列表如表 15-1 所示。

表 15-1　函数 library 的参数列表

参数	含义	类型	描述	默认值	必输项/选输项
title	函数 library 的标题和 ID	const string	● 用于函数 library 发布后的默认标题 ● 用于显示在图表中的函数 library 名称 ● 当其他脚本使用该函数 library 时，它用于在 import 语句中唯一标识函数 library ● 该参数值不能包括空格和特殊字符，也不能以数字开头	—	必输项
overlay	指标是否叠加到主图	const bool	● 若参数值为 true，则函数 library 将叠加到主图中 ● 若参数值为 false，则函数 library 将添加到副图中	false	选输项

3. 创建函数 library 的示例

要创建一个名为"AllTimeHighLow"的函数 library，查找所有历史数据的最高价和最低价，并在图表中绘制出最高价和最低价的两条折线，脚本如下所示。

```
// This source code is subject to the terms of the Mozilla Public License 2.0
at https://mozilla.org/MPL/2.0/
// © yc2018

//@version=5

// @description Provides functions calculating the all-time high/low of values.
library("AllTimeHighLow", true)

// @function Calculates the all-time high of a series.
// @param val Series to use (`high` is used if no argument is supplied).
// @returns The all-time high for the series.
export hi(float val = high) =>
    var float ath = val
    ath := math.max(ath, val)

// @function Calculates the all-time low of a series.
// @param val Series to use (`low` is used if no argument is supplied).
// @returns The all-time low for the series.
export lo(float val = low) =>
    var float atl = val
    atl := math.min(atl, val)

plot(hi())
plot(lo())
```

将该脚本添加到图表中，以贵州茅台（600519）的周线图为例，结果如图 15-1 所示。

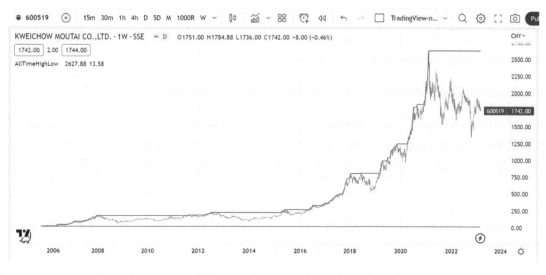

图 15-1　函数 library 示例的结果

15.3　发布库函数 library

在创建函数 library 后需要先发布它，然后才能使用。发布函数 library 主要包括以下两步操作。

第一步：单击"Pine Editor"页面上的"Publish Script"选项，弹出"Publish Library"窗口，如图 15-2 所示。

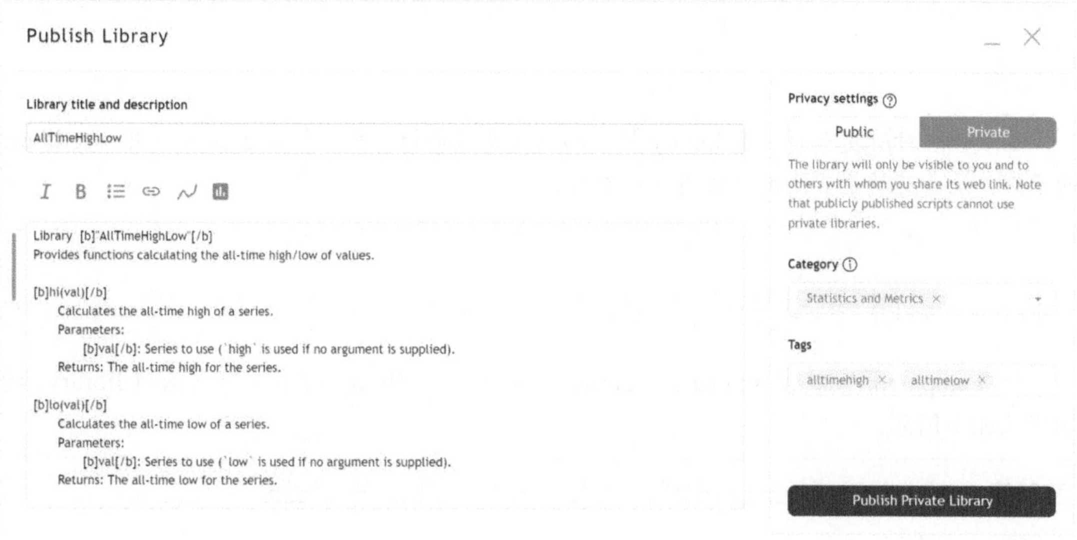

图 15-2　Publish Library 窗口

在"Publish Library"窗口的左侧是"Library title and description"（库标题与描述）。该区域的功能是发布函数 library 的标题，标题可以修改，但是推荐使用默认标题，因为发布的标题与实际的标题一致更便于查找。

默认的函数 library 描述是由编译器创建的，在发布函数 library 时可以不修改它。

在"Publish Library"窗口右侧最上方的是"Private Settings"（隐私设置），其功能是，如果作者希望与所有 TradingView 平台用户共享内容，则可以使用公有发布。若选择公有发布，则该函数 library 脚本将对所有 TradingView 用户可见。如果某些内容作者想仅限于私人使用，则可以使用私有发布。

在该窗口的右侧还有 Visibility（可见程度），该功能只能选择"Open"选项，无法选择"Open"选项以外的选项，因为函数 library 总是开源的。

该窗口右侧的 Category（类别）是函数 library 的选项类别，可以选择"Statistics and Metrics"选项。这一点不同于函数 indicator 和 strategy。

该窗口右侧的 Tags（标签）的功能是可以再添加一些定制的标签。在本例中，添加 all-time、high 和 low 标签。

第二步：单击"Publish Public Library"按钮或者"Publish Private Library"按钮，即可完成发布。

🌐 注

如果作者对所发布的函数 library 的文档做得悉数周详，或者提供了如何使用函数 library 的示例，就会有助于其他用户的阅读和使用。

15.4　如何导入/使用库函数 library

使用 import 语句，从 indicator、strategy 或另一个 library 脚本中导入函数 library，语句格式如下所示。

```
import <username>/<libraryName>/<libraryVersion> [as <alias>]
```

其中"<username>/<libraryName>/<libraryVersion>"表示可标识函数 library 的唯一路径，"as <alias>"表示别名。

例如，若使用 allTime 作为别名导入一个函数 library，则引用的语法格式可以为 allTime.<function_mame>()。若没有定义别名，则使用函数 library 的名称。若要使用前面例子中发布的函数 library，则需要的 import 语句格式如下所示。

```
import username/AllTimeHighLow/1 as allTime
```

当输入函数 library 的作者名时，系统会弹出一个窗口，提示可用的函数 library 选项列表，如图 15-3 所示。

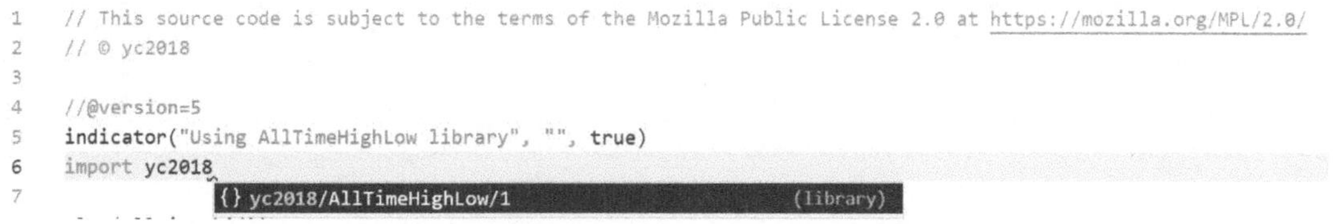

```
1   // This source code is subject to the terms of the Mozilla Public License 2.0 at https://mozilla.org/MPL/2.0/
2   // © yc2018
3
4   //@version=5
5   indicator("Using AllTimeHighLow library", "", true)
6   import yc2018
7       {} yc2018/AllTimeHighLow/1                          (library)
```

图 15-3　系统提示可用的函数 library 选项列表

若在 indicator 脚本中导入前面例子中提到的函数 library，则脚本如下所示。

```
// This source code is subject to the terms of the Mozilla Public License 2.0
at https://mozilla.org/MPL/2.0/
// © yc2018

//@version=5
indicator("Using AllTimeHighLow library", "", true)
import yc2018/AllTimeHighLow/1 as allTime

plot(allTime.hi())
plot(allTime.lo())
plot(allTime.hi(close))
```

说明：在本例中三次调用 library 类型的函数"yc2018/AllTimeHighLow/1"，并使用其别名 allTime。这里的 yc2018 为用户名。

- 在前两次调用 library 类型的函数 allTime.hi() 和 allTime.lo()时，未代入参数，系统将分别使用默认的内置变量 high 和 low。

- 第三次调用是在最后一条语句中，当调用 allTime.hi(close)时，使用了 close 作为参数，用于绘制图表上的历史最高收盘价。

第16章 其他内置函数

在前文中讲过"在 Pine Script 中，函数可以根据其是否已在系统内预先定义而划分为内置函数和用户自定义函数"。在 Pine Script V5 中内置了丰富的函数库，前面已经介绍了一些内置函数，包括指标函数 indicator、策略函数 strategy、库函数 library、输出函数（即绘图类函数）和输入函数 input 系列。除此之外，还有一些特定用途的内置函数，在本书中将它们归类为其他内置函数，下面进行详细介绍。我们对图 10-2 进行了相关标注，标注后的图如图 16-1 所示。

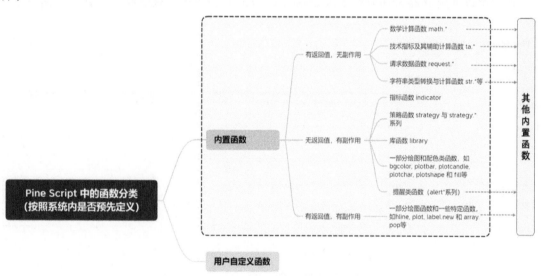

图 16-1 其他内置函数

本书中的其他内置函数如下。

- 数学计算函数 math.*系列：主要用于数学计算。它们在 Pine Script V5 中应用广泛，是实现 Pine Script V5 功能重要的辅助与支持性函数。

- 技术指标及辅助计算函数 ta.*系列：主要用于技术指标及辅助计算。它们是 Pine Script V5 中的基础函数的一部分，对于实现 Pine Script V5 中的功能而言是非常重要的辅助函数和支持性函数，在 Pine Script V5 中得到广泛应用。

- 请求数据函数 request.*系列：主要用于请求数据，可用于获取金融和财务数据等。

- 时间函数 time*系列：函数 time 和 timestamp 等可以返回指定条件的 UNIX 格式时间。

- K 线创建/设置函数 ticker.*系列：根据需求创建不同类型的 K 线图。

- 配色类函数 color 系列：是 Pine Script V5 的亮点和特色之一，将在第 18 章 "图表的配色设计" 中进行详细讲解。

- 数组处理函数 array.*系列：Pine Script V5 提供了丰富的数组处理函数 array.*系列，将在第 20 章 "数组（Array）" 中进行详细讲解。

- 提醒函数 alert 系列：包括 alert 和 alertcondition。提醒功能也是 TradingView 平台的一大亮点，将在第 19 章 "提醒/警报功能及 alert 系列函数" 中对 alert 系列函数进行详细讲解。

用户可以使用 *Pine Script™ V5 Reference Manual* 查找更多内置函数，如图 16-2 所示。

图 16-2　使用 *Pine Script™ V5 Reference Manual* 查找内置函数

在编写日常的指标、策略时，对技术指标及辅助计算函数 ta.*系列和数学计算函数 math.* 的使用非常频繁。有些内置函数很有实用价值，值得推荐。

例如：

（1）ta.correlation，相关系数函数，可以用于比较两类金融产品的相关性，比如标普 500 指数（SPX）和 10 年期美国国债（US10Y）的相关性、沪深 300 指数和标普 500 指数的相关性等。

（2）ta.supertrend，趋势跟踪函数，可用于辅助趋势跟踪指标/策略的编写。

（3）ta.vwap，成交量加权平均价格函数，类似于移动平均线，是指将一定的时间段内的收盘价按成交量加权计算之后得出的价格，通常用于日内交易的技术分析，以预测价格趋势。

小结

本章主要介绍了 Pine Script V5 中的一些特定用途的内置函数，它们体现了 Pine Script V5 中内置函数的多样性和实用性。这些函数在编写复杂的交易策略、技术指标和数据分析时起到了至关重要的作用，同时在实现交易策略和技术分析时也起到了重要的辅助和支持作用。深入了解和灵活运用这些内置函数，将有助于交易者更加高效和精确地进行交易决策。

第 17 章　用户自定义函数

虽然 Pine Script V5 中提供了丰富多样、功能强大的内置函数，可以满足大多数的功能需求。但是有时，用户可能需要自定义函数来满足特定的编程需求。编写用户自定义函数（User-Defined Functions）通常出于两个目的：一是需要将复杂的数学运算或逻辑处理代码独立出来，以提高代码的可读性和维护性；二是需要提高代码的可重用性，使得在多个脚本中复用代码变得更加容易。

17.1　用户自定义函数声明的语句格式与举例

用户自定义函数声明的语句格式有两种，即单行语句和多行语句。两者的区别是：在通常情况下，单行语句适用于相对简单的用户自定义函数，而多行语句适用于相对复杂的用户自定义函数。

17.1.1　用户自定义函数声明的单行语句格式与示例

用户自定义函数声明的单行语句格式如下所示。

```
f(<parameter_list>) => <return_value>
```

其中 "<>" 尖括号表示在其内的部分为必选项，必须提供相应的值或信息；parameter_list 表示函数的参数列表；return_value 表示函数的返回值。

示例 1：用户自定义函数 f(x, y) 的声明与调用

函数 f(x, y) 的声明语句如下所示。

```
f(x, y) => x + y
```

对函数 f(x, y) 的调用如下所示。

```
a = f(open, close)
b = f(2, 2)
c = f(open, 2)
```

示例 2：使用单行函数声明语句的用户自定义函数的示例

应用不同周期的 EMA 均线编写一个用户自定义函数 momEMA，并用它来组建一个动量指标，最后在图表中用红、蓝两种颜色绘制不同参数值的动量指标，脚本如下所示。

```
//@version=5
indicator(title="Function declaration operator - SL")

momEMA(length, barsBack) => ta.ema(close, length) -
 ta.ema(close, length)[barsBack]

plot(series=momEMA(20, 10), color=color.new(color.blue, 0),
 style=plot.style_histogram, linewidth=3)
plot(series=momEMA(40, 10), color=color.new(color.red, 0),
 style=plot.style_histogram, linewidth=3)

hline(price=0, color=color.gray, linestyle=hline.style_solid)
```

将该脚本添加到图表中，结果如图 17-1 所示。

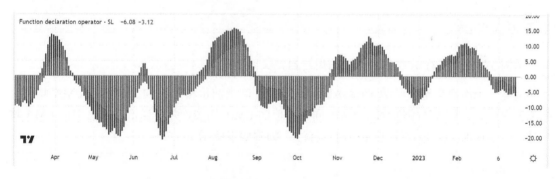

图 17-1　使用单行函数声明语句的用户自定义函数的示例

17.1.2　用户自定义函数声明的多行语句格式与示例

用户自定义函数声明的多行语句格式如下所示。

```
f(<parameter_list>) =>
    <local_block>
<return_value>
```

其中 "<>" 尖括号表示在其内的部分为必选项，必须提供相应的值或信息；parameter_list 表示函数参数列表；local_block 表示局部区域程序块；return_value 表示函数的返回值。

 注

<local_block>和<return_value>前面有 4 个空格。

示例 1：函数 g(x, y)的声明与调用

函数 g(x, y)的声明语句如下所示。

```
g(x, y) =>
    a = x*x
    b = y*y
    math.sqrt(a + b)
```

对函数 g(x, y)的调用如下所示。

```
a = g(open, close)
b = g(2, 2)
c = g(open, 2)
```

示例 3：使用多行函数声明语句的用户自定义函数的示例

编写一个用户自定义函数 CrossAbove，用于判断当前价格是否向上突破了 EMA 均线。在图表中用红、蓝两种颜色绘制两条不同参数值的 EMA 均线，并且当价格向上突破 EMA 均线时，分别在 K 线上方与下方使用旗形标注，脚本如下所示。

```
//@version=5
indicator(title="Function declaration operator - ML", overlay=true)

CrossAbove(price, length) =>
    emaValue = ta.ema(price, length)
    above = price > emaValue and price[1] < emaValue[1]
    above

plotshape(series=CrossAbove(close, 10), style=shape.flag,
location=location.abovebar,
 color=color.new(color.red, 0))
```

```
plotshape(series=CrossAbove(high, 30), style=shape.flag,
location=location.belowbar,
 color=color.new(color.blue, 0))

plot(series=ta.ema(close, 10), color=color.new(color.red, 0))
plot(series=ta.ema(high, 30), color=color.new(color.blue, 0))
```

将该脚本添加到图表中，以微软股票（MSFT）为例，结果如图 17-2 所示。

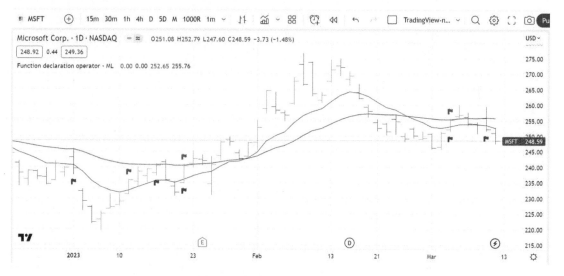

图 17-2　使用多行函数声明语句的用户自定义函数示例的结果

注

在 Pine Script V5 中，用户自定义函数虽然提供了更高的自定义性，但其应用受到一定的限制，包括以下内容。

● 用户自定义函数不能再内嵌用户自定义函数。

● 不支持递归调用，即自己不能调用自己。

● 用户自定义的函数体内不能使用的内置函数：indicator()、strategy()、library()、barcolor()、fill()、hline()、plot()、plotbar()、plotcandle()、plotchar() 和 plotshape()。

17.2　小结

　　本章主要介绍了在 Pine Script V5 中的用户自定义函数，包括编写用户自定义函数的目的、函数的声明语句格式、如何在脚本中使用用户自定义函数。用户自定义函数可以帮助我们将一些复杂的逻辑处理或数学运算代码独立出来，并提高代码的复用性、可读性和可维护性。总之，用户自定义函数是 Pine Script V5 中非常重要的部分，可以帮助用户按需定制脚本，提高技术分析和交易决策的效率和准确性。

进 阶 篇

第 18 章　图表的配色设计

好的图表软件离不开强大的色彩处理功能。我们时常看到高手在 TradingView 平台上制作的图表就像一个美轮美奂的艺术品。除 TradingView 平台提供了绘图工具外，该平台上的 Pine Script 语言也提供了灵活且强大的配色处理功能。

在第 5 章中已经讲过，颜色类型是 Pine Script 语言的基础数据类型之一。颜色类型的变量/常量/常数都可以使用 4 种方法表示：具名常量表示法、基于 RGB/RGBA 模型的十六进制常数表示法、基于 RGB/RGBA 模型的十进制函数表示法和通用的函数表示法。

在本章中，首先详细讲解颜色类型的 4 种表示方法，然后介绍有关色彩处理的函数，最后讲述图形/图表的堆叠顺序和示例。

18.1　颜色的 4 种表示方法

Pine Script V5 提供了颜色类型的 4 种表示方法。

● 具名常量表示法：提供了 17 种预定义的具名常量来表示颜色。

● 基于 RGB/RGBA 模型的十六进制常数表示法：使用 6 位或 8 位十六进制数字来表示颜色。

● 基于 RGB/RGBA 模型的十进制函数表示法：使用函数 color.rgb 来表示颜色，但不能表示透明度。

● 通用的函数表示法：使用函数 color.new 来表示颜色，还可以表示透明度。

说明：

RGB/RGBA 模型是业界通用的一种颜色标准，即通过对红、绿、蓝三个颜色通道的变化，以及它们相互之间的叠加，来得到各式各样的颜色。RGBA 模型对 RGB 模型增加了额外的 Alpha 颜色通道，用于表示透明度。

颜色的三种表示方法（不包括透明度）对照表如表 18-1 所示。

表 18-1　颜色的三种表示方法（不包括透明度）对照表

颜色式样	颜色名称	具名常量表示法	十六进制表示法	十进制表示法（应用 color.rgb 函数）	颜色式样
	水蓝色（aqua）	color.aqua	#00BCD4	color.rgb(0, 188, 212)	
	黑色（black）	color.black	#363A45	color.rgb(54, 58, 69)	
	蓝色（blue）	color.blue	#2196F3	color.rgb(33, 150, 243)	
	紫红色（fuchsia）	color.fuchsia	#E040FB	color.rgb(224, 64, 251)	
	灰色（gray）	color.gray	#787B86	color.rgb(120, 123, 134)	
	绿色（green）	color.green	#4CAF50	color.rgb(76, 175, 80)	
	黄绿色（lime）	color.lime	#00E676	color.rgb(0, 230, 118)	
	栗红色（maroon）	color.maroon	#880E4F	color.rgb(136, 14, 79)	
	深蓝色（navy）	color.navy	#311B92	color.rgb(49, 27, 146)	
	橄榄色（olive）	color.olive	#808000	color.rgb(128, 128, 0)	
	橙色（orange）	color.orange	#FF9800	color.rgb(255, 152, 0)	
	紫色（purple）	color.purple	#9C27B0	color.rgb(156, 39, 176)	
	红色（red）	color.red	#FF5252	color.rgb(255, 82, 82)	
	银色（silver）	color.silver	#B2B5BE	color.rgb(178, 181, 190)	
	青绿色（teal）	color.teal	#00897B	color.rgb(0, 137, 123)	
	白色（white）	color.white	#FFFFFF	color.rgb(255, 255, 255)	
	黄色（yellow）	color.yellow	#FFEB3B	color.rgb(255, 235, 59)	

1. 具名常量表示法

Pine Script V5 提供了 17 个关于颜色的具名常量，即 color.aqua、color.black、color.blue、color.fuchsia、color.gray、color.green、color.lime、color.maroon、color.navy、color.olive、color.orange、color.purple、color.red、color.silver、color.teal、color.white 和 color.yellow。

 注

相比基于 RGB/RGBA 模型的十六进制常数或十进制常数表示法，具名常量表示法的优点是简单易记、方便易用，因为用户无须记忆 RGB/RGBA 模型的十六进制或十进制的颜色编码。然而，具名常量表示法的缺点是仅支持 17 个颜色（在 Pine Script V5 中）。

2. 基于 RGB/RGBA 模型的十六进制常数表示法

十六进制常数表示法是基于 RGB/RGBA 模型的颜色表示法之一。在 Pine Script 中的颜色也使用十六进制表示，其格式为"#"后面跟着 6 位或 8 位十六进制数字，用于表示 RGB 或 RGBA 的值。RGB 表示法为 6 位。而 RGBA 表示法为 8 位，第 1~2 位数字表示红色通道的值；第 3~4 位表示绿色通道的值；第 5~6 位表示蓝色通道的值，每个通道的值必须是从 00 到 FF 的十六进制数字（对应的十进制数字是 0 到 255）；第 7~8 位用于指定透明度（Alpha）通道，其值也是从 00（完全透明）到 FF（完全不透明）的十六进制数字。

　　示例 1：十六进制常数#FFEB3B 表示黄色，也可以用十进制常数表示 RGB，例如（255,235,59）。这里红色通道的值为 255，绿色通道的值为 235，蓝色通道的值为 59，如图 18-1 所示。

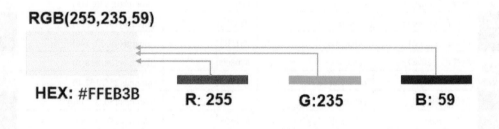

图 18-1　基于 RGB/RGBA 模型十六进制常数表示法的示例

　　示例 2：如下所示，列举的都是十六进制颜色常数。

```
#000000              // 黑色
#FF0000              // 红色
#00FF00              // 绿色
#0000FF              // 蓝色
#FFFFFF              // 白色
#808080              // 灰色
#3ff7a0              // 用户自定义颜色，接近黄绿色
#FF000080            // 透明度为50%的红色
#FF0000FF            // 红色，无透明度（与#FF0000 相同）
#FF000000            // 完全透明色
```

 注

　　基于 RGB/RGBA 模型的十六进制常数表示法不区分字母的大小写。

3. 基于 RGB/RGBA 模型的十进制函数表示法（使用函数 color.rgb）

函数 color.rgb 的声明语句格式如下所示。

```
color.rgb(red, green, blue, transp) → series color
color.rgb(red, green, blue, transp) → const color
color.rgb(red, green, blue, transp) → input color
```

示例 3：使用函数 color.rgb 为绘图着色，即根据收盘价在图表中绘制一条半透明的橙色折线，脚本如下所示。

```
//@version=5
indicator("color.rgb", overlay=true)
plot(close, color=color.rgb(255, 152, 0,50),linewidth=3)
```

将该脚本添加到图表中，以贵州茅台（600519）为例，结果如图 18-2 所示。

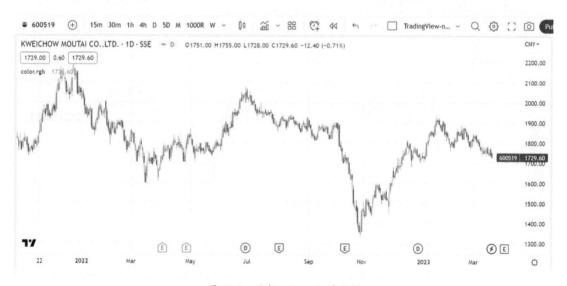

图 18-2　函数 color.rgb 的示例

4. 通用的函数表示法（使用函数 color.new）

函数 color.new 经常用于给基于 RGB 模型的颜色加入透明度，组合为基于 RGBA 模型的颜色表示法。

函数 color.new 的声明语句格式如下所示。

```
color.new(color, transp) → const color
color.new(color, transp) → series color
color.new(color, transp) → input color
```

示例 4：使用函数 color.new 为绘图着色，即根据收盘价在图表中绘制一条半透明的橙色折线，脚本如下所示。

```
//@version=5
indicator("color.new", overlay=true)
plot(close, color=color.new(color.orange, 50),linewidth=3)
```

将该脚本添加到图表中，以贵州茅台（600519）为例，结果如图 18-3 所示。

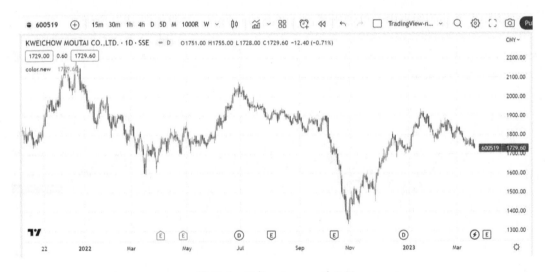

图 18-3　函数 color.new 的示例

通过对比上述两个示例的结果，可以得出结论，语句"plot(close, color=color.rgb(255, 152, 0,50),linewidth=3)"和语句"plot(close, color=color.new(color.orange, 50),linewidth=3)"所实现的功能完全一样。

18.2　color 相关函数

18.2.1　返回值为 color 类型的函数

在 Pine Script V5 中，有一些返回值为 color 类型的函数，它们的返回值可以传递给绘图函数的参数 color。常见的返回值为 color 类型的函数如下。

- 函数 color.new。
- 函数 color.rgb。
- 函数 input.color。
- 函数 color.from_gradient。

注

函数 color.from_gradient 可以用于绘制渐变色图形/图表。我们会在后面的章节中详细介绍该函数。

18.2.2　用于为图形、图表、背景或指定区域配色的函数

所有的绘图函数都有参数 color，且可用于多种场景的配色。绘图函数划分为两大类，一类是用于不同风格或类型的图形/图表的配色；另一类是用于背景或指定区域内的颜色填充。

根据所绘图形/图表的风格或类型的不同，可将绘图函数分为如下几类。

- 用于绘制各类线：函数 plot。
- 用于在图表上标注字符：函数 plotchar。
- 用于在图表上绘制横线：函数 hline。
- 用于 line 配色：函数包括 line.new 和 line.set_color。
- 用于 label 配色：函数包括 label.new、label.set_color 和 label.set_textcolor。
- 用于 box 配色：函数包括 box.new、box.set_bgcolor、box.set_border_color 和 box.set_text_color。
- 用于 table 配色：函数包括 table.new、table.cell_set_bgcolor、table.cell_ set_text_color、table.set_bgcolor、table.set_border_color 和 table.set_frame_color。
- 用于 K 线配色：函数包括 barcolor 和 plotcandle。

用于背景或指定区域内的颜色填充的函数有如下几个。

● 函数 bgcolor：填充背景颜色。

● 函数 fill：在指定区域内填充颜色。函数 fill 既可以使用单一色彩，也可以使用渐变色。

● 函数 linefill.new 和 linefill.set_color：在 line 之间的区域内填充颜色。

18.2.3   color 相关函数的详细解析与示例

1. 函数 color.new

函数 color.new 用于创建一个带有透明度的颜色，可以将指定的透明度应用到给定的颜色中。它包含两个参数：颜色和透明度。

函数 color.new 的声明语句格式如下所示。

```
color.new(color, transp) → const color
color.new(color, transp) → series color
color.new(color, transp) → input color
```

示例 5：使用函数 color.new 修改背景的透明度，根据交易日的星期序号（星期一到星期五）修改背景的透明度，脚本如下所示。

```
//@version=5
indicator(title="Shading the chart\'s background", overlay=true)
c = color.navy
bgColor = dayofweek == dayofweek.monday ? color.new(c, 50) :
    dayofweek == dayofweek.tuesday ? color.new(c, 60) :
    dayofweek == dayofweek.wednesday ? color.new(c, 70) :
    dayofweek == dayofweek.thursday ? color.new(c, 80) :
    dayofweek == dayofweek.friday ? color.new(c, 90) :
    color.new(color.blue, 80)
bgcolor(color=bgColor, transp=90)
```

将该脚本添加到图表中，运行结果如图 18-4 所示。

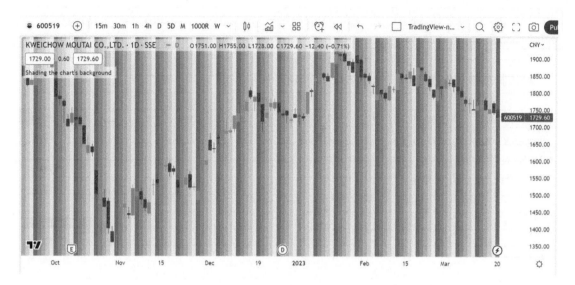

图 18-4　使用函数 color.new 修改背景的透明度

2. 函数 color.rgb

函数 color.rgb 用于创建一个基于 RGB 模型的带有透明度的颜色，包含四个参数：红、绿、蓝和透明度。

函数 color.rgb 的声明语句格式如下所示。

```
color.rgb(red, green, blue, transp) → series color
color.rgb(red, green, blue, transp) → const color
color.rgb(red, green, blue, transp) → input color
```

示例 6：使用函数 color.rgb 为 K 线配色，使用随机数函数 math.random 生成 RGB 值，将随机生成的 RGB 色彩值传递给函数 plotcandle 并绘制 K 线。因为所生成的 K 线五彩缤纷，很有节日气氛，所以将脚本命名为 Holiday candles，脚本如下所示。

```
//@version=5
indicator('Holiday candles', '',true)
float r = math.random(0, 255)
float g = math.random(0, 255)
float b = math.random(0, 255)
float t = math.random(0, 100)
color c_holiday = color.rgb(r, g, b, t)
```

```
plotcandle(open, high, low, close, color=c_holiday, wickcolor=c_holiday,
bordercolor=c_holiday)
```

将该脚本添加到图表中，运行结果如图 18-5 所示。

图 18-5　使用函数 color.rgb 绘制彩色 K 线

3. 函数 color.from_gradient

函数 color.from_gradient 可根据数值在指定范围内的相对位置返回一个颜色。

函数 color.from_gradient 的声明语句格式如下所示。

```
color.from_gradient(value, bottom_value, top_value, bottom_color, top_color) →
series color
```

函数 color.from_gradient 的应用相对复杂，具体示例请参考本章后面的"示例 18"。

4. 函数 input.color

函数 input.color 是 Pine Script 中的一个输入函数，用于定义一个 input color 类型的参数。

函数 input.color 的声明语句格式如下所示。

```
input.color(defval, title, tooltip, inline, group, confirm) → input color
```

示例 7：使用函数 input.color 得到 input color 类型的变量，即在主图上根据收盘价绘制一条折线，偏移量（offset）为 2。折线的颜色默认为橙色，且颜色可在用户界面编辑，脚本如下所示。

```
//@version=5
indicator("input.color", overlay=true)
i_col = input.color(color.orange, "Plot Color")
plot(close, color=i_col, offset=2)
```

将该脚本添加到图表中，运行结果如图 18-6 所示。

图 18-6　函数 input.color 的示例

示例 8：有时会遇到在脚本中不能通过函数 input 输入 color 值的情况，这时怎么才能得到 input color 类型的变量呢？答案是通过包含其他 input 类型、颜色常数或颜色具名常量的数学表达式对其赋值得到，脚本如下所示。

```
b = input(true, "Use red color")
c = b ? color.red : #000000   // c 是 color input 类型
```

在本例中，第二句的数学表达式使用了三元条件运算符 "? :"，在该表达式中使用了三种不同类型的变量、常量与常数，即 b 是 input bool 类型的变量，color.red 是具名常量，#000000 是颜色常数。在编译时，编译器会根据数据类型自动转换规则对该数学表达式的结果进行类型转换。在数学表达式 "c = b ? color.red : #000000" 中，左侧的变量 c 是 input color 类型。

5. 函数 bgcolor

函数 bgcolor 用于背景配色，其声明语句格式如下所示。

```
bgcolor(color, offset, editable, show_last, title, display) → void
```

示例 9：根据一个简单的条件语句来指定背景的颜色：如果收盘价小于开盘价，则将背景颜色设置为红色，否则设置为绿色。这里使用函数 bgcolor 修改背景色，使用函数 color.new 为颜色加入透明度，脚本如下所示。

```
//@version=5
indicator("bgcolor example", overlay=true)
bgcolor(close < open ? color.new(color.red,70) : color.new(color.green, 70))
```

我们以贵州茅台（600519）为例，将该脚本添加到图表中，运行结果如图 18-7 所示。

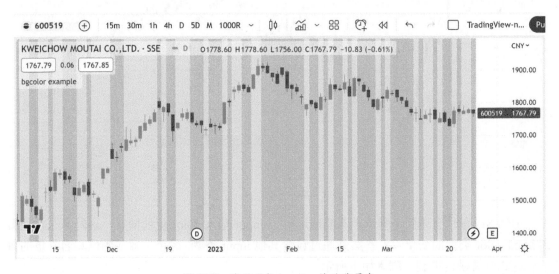

图 18-7　使用函数 bgcolor 修改背景色

6. 函数 fill

函数 fill 用于在两个 plot 对象或两个 hline 对象之间填充颜色。

函数 fill 的声明语句格式如下所示。

```
fill(hline1, hline2, color, title, editable, fillgaps, display) → void
fill(hline1, hline2, top_value, bottom_value, top_color, bottom_color, title
, display, fillgaps) → void
```

```
fill(plot1, plot2, color, title, editable, show_last, fillgaps, display) → void
fill(plot1, plot2, top_value, bottom_value, top_color, bottom_color, title,
display, fillgaps) → void
```

示例 10：使用 fill 函数在两个 plot 对象之间填充颜色，脚本如下所示。

```
//@version=5
indicator("Fill between plots", overlay = false)
p1 = plot(ta.sma(close,10))
p2 = plot(ta.sma(close,20))
fill(p1, p2, color = color.new(color.green, 80))
```

将该脚本添加到副图上，如图 18-8 所示。

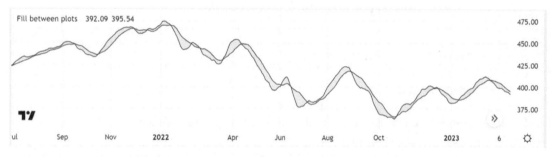

图 18-8　使用 fill 函数在两个 plot 对象之间填充颜色

示例 11：使用 fill 函数在两条水平线之间填充颜色（从红到蓝的渐变色），脚本如下所示。

```
//@version=5
indicator("Gradient Fill between hlines", overlay = false)
topVal = input.int(100)
botVal = input.int(0)
topCol = input.color(color.red)
botCol = input.color(color.blue)
topLine = hline(100, color = topCol, linestyle = hline.style_solid)
botLine = hline(0,   color = botCol, linestyle = hline.style_solid)
fill(topLine, botLine, topVal, botVal, topCol, botCol)
```

将该脚本添加到副图上，运行结果如图 18-9 所示。

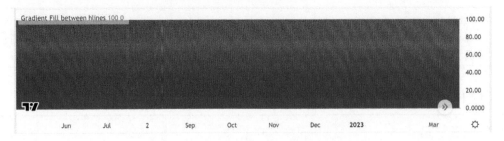

图 18-9　使用 fill 函数在两条水平线之间填充颜色

7. 函数 barcolor

函数 barcolor 用于给 K 线配色，其声明语句格式如下所示。

```
barcolor(color, offset, editable, show_last, title) → void
```

示例 12：根据 K 线形态修改 K 线颜色，脚本如下所示。

```
//@version=5
indicator("Barcolor example", overlay = true)
isUp = close > open
isDown = close <= open
isOutsideUp = high > high[1] and low < low[1] and isUp
isOutsideDown = high > high[1] and low < low[1] and isDown
isInside = high < high[1] and low > low[1]
barcolor(isInside ? color.yellow : isOutsideUp ? color.aqua : isOutsideDown ?
color.purple : na)
```

将该脚本添加到图表中，运行结果如图 18-10 所示。

图 18-10　根据 K 线形态修改 K 线颜色的示例

18.3　Z-index：图形/图表的堆叠顺序

在 TradingView 的图表界面上，通常会存在多个图形/图表堆叠的情况。系统默认会根据 Z-index 数值决定堆叠顺序，其中 Z-index 数值最小的图形/图表排在底层，数值最大的图形/图表排在顶层。这种默认顺序可通过在函数 indicator 或 strategy 中设置参数 explicit_plot_zorder 的值进行改变，这样系统会根据脚本中绘图函数执行的先后顺序，重新确定图形/图表的绘制顺序。通过对脚本进行编辑，用户可以控制图形/图表对象的堆叠顺序。

图形/图表对象按照 Z-index 数值从小到大排列，如表 18-2 所示。

表 18-2　图形/图表对象按照 Z-index 数值从小到大排列

Z-index 数值 从小到大排序	图形/图表对象 （包括背景）
从 小 到 大	Background colors
	Plots
	Hlines
	Fills
	Boxes
	Labels
	Lines
	Tables

正如我们之前所提到的，系统默认的图形/图表的堆叠顺序可通过修改函数 indicator 或 strategy 中参数 explicit_plot_zorder 的值进行改变。如果设置 explicit_plot_zorder=false（默认值），则系统会自动按照 Z-index 数值从小到大的顺序堆叠图形/图表。如果设置 explicit_plot_zorder=true，则所绘制的图形/图表将按照脚本中绘图函数的执行先后顺序堆叠图形/图表，每个新图形/图表都会堆叠在之前的图形/图表之上。下面举例进行说明。

示例 13：在图表中绘制 RSI 指标，并使用函数 fill 将背景设置为从红到蓝的渐变色。这里设置参数 explicit_plot_zorder=false，脚本如下所示。

```
//@version=5
indicator("Gradient Fill: explicit_plot_zorder=false",
overlay = false,explicit_plot_zorder = false)
```

```
topVal = input.int(100)
botVal = input.int(0)
topCol = input.color(color.red)
botCol = input.color(color.blue)
topLine = hline(100, color = topCol, linestyle = hline.style_solid)
botLine = hline(0,   color = botCol, linestyle = hline.style_solid)
plot(50,color=color.silver,linewidth=1,style=plot.style_circles)
plot(series=ta.rsi(close,14),color=color.white,linewidth=2)
fill(topLine, botLine, topVal, botVal, topCol, botCol)
```

将该脚本添加到副图中，在渐变色的背景上显示出一条白色的 RSI 指标线和一条水平的银色虚线，如图 18-11 所示。

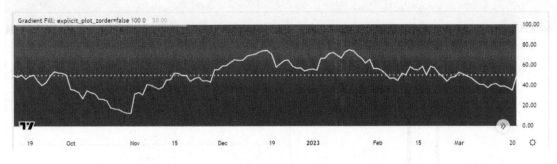

图 18-11　绘制多层颜色叠加图表成功的示例

示例 14：将前面示例中的参数修改为 explicit_plot_zorder=true，并适当地修改指标标题，脚本如下所示。

```
//@version=5
indicator("Gradient Fill: explicit_plot_zorder=true",
 overlay = false,explicit_plot_zorder = true)
topVal = input.int(100)
botVal = input.int(0)
topCol = input.color(color.red)
botCol = input.color(color.blue)
topLine = hline(100, color = topCol, linestyle = hline.style_solid)
botLine = hline(0,   color = botCol, linestyle = hline.style_solid)
plot(50,color=color.silver,linewidth=1,style=plot.style_circles)
plot(series=ta.rsi(close,14),color=color.white,linewidth=2)
fill(topLine, botLine, topVal, botVal, topCol, botCol)
```

将该脚本添加到副图中，在渐变色的背景上并没有任何绘图，如图 18-12 所示。

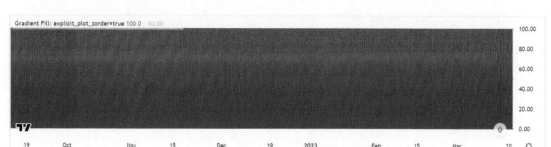

图 18-12 绘制多层颜色叠加图表失败的示例

对比示例 13 和示例 14 的结果可以发现，这是由于函数 indicator 的参数 explicit_plot_zorder 取值不同，造成图形叠加顺序有所差别，从而导致绘图结果迥异。

18.4 颜色渲染与颜色渐变

本节将介绍两种在 Pine Script V5 中用于配色的方法，即颜色渲染（Color Rendering）和颜色渐变（Color Gradient）。

● 颜色渲染是一种将某个数值或时间序列映射到一组颜色上的技术，以便更直观地展示其变化趋势。这种技术通常用于金融图表等可视化场景中，可以根据金融资产价格涨跌幅度等指标来渲染不同颜色，以突出数据的趋势和变化。

● 颜色渐变是指将两种及以上的颜色进行平滑过渡的技术，以产生一种流畅的视觉效果。这种技术可以用于绘制渐变背景、线条或柱状图等，以增强可视化效果和美观度。

这两种配色方法在数据可视化中非常常见，它们可以增强数据可视化效果，帮助用户更好地理解数据。同时，它们也可以突出指标信号的强弱，提示市场趋势，并对绘制图表有锦上添花的效果。

1. 颜色渲染

颜色渲染是一种很常用的绘图方法。通常可以在脚本中使用条件表达式或者条件语句，达到颜色渲染的效果。

示例 15：使用条件表达式进行颜色渲染，脚本如下所示。

```
//@version=5
indicator(title="Conditional expression", overlay=true)

color_1 = color.new(color.aqua, 30)
color_2 = color.new(color.yellow, 20)
myColour = close < ta.sma(close, 10)? color_1 : color_2

plot(series=ta.ema(close, 20), color=myColour, linewidth=3)
```

将该脚本添加到图表中，运行结果如图 18-13 所示。

图 18-13　使用条件表达式的颜色渲染

示例 16：使用条件语句进行颜色渲染，脚本如下所示。

```
//@version=5
indicator(title="Conditional statement", overlay=true)

myColour = if close < ta.sma(close, 10)
    color.new(color.aqua, 30)
else
    color.new(color.yellow, 20)

plot(series=ta.ema(close, 20), color=myColour, linewidth=3)
```

将该脚本添加到图表中，运行结果如图 18-14 所示。

图 18-14　使用条件语句的颜色渲染

对比示例 15 和示例 16 的结果可以发现，使用两种方法所绘制的图表完全一样。

2. 颜色渐变

使用渐变色也是很常用的绘制图表的方法，渐变色可以有效地提升图表的可视化与艺术性。函数 fill 和 color.from_gradient 都可以用于渐变色绘图，但它们的使用方式和效果有所不同。

函数 fill 主要用于给指定的区域填充颜色，既可以使用单一色彩，也可以使用渐变色。而函数 color.from_gradient 创建的是一个渐变色对象，而不是直接绘制渐变色，因此需要将该函数所创建的对象传递给绘图函数的 color 类型的参数。

示例 17：使用函数 fill 做指定区域内的渐变色填充。我们借鉴 Trading View 社区的资深用户@fikira 所写的脚本，并加以优化。使用 fill 函数对 RSI 指标线和零线之间的区域做渐变色填充，脚本如下所示。

```
// @version=5
indicator("RSI - colour fill")
// 计算 RSI
rsi        = ta.rsi(close, input.int(20, 'length'))

// 绘制 RSI 指标和中轴 50（灰色横线）
```

```
rsiPlot    = plot(rsi,   "RSI" , color=color.silver)
centerPlot = plot(50 , "Bottom", color=color.silver, style=plot.style_circles)

// 通过输入参数，设置颜色
// bottom_color, top_color
colUp = rsi > 50 ?
 input.color(color.rgb(230,  75,  75), '', group= 'RSI > 50', inline= 'up') :
 input.color(color.rgb(  0, 188, 230), '', group= 'RSI < 50', inline= 'dn')
colDn = rsi > 50 ?
 input.color(color.rgb(  0, 188, 230), '', group= 'RSI > 50', inline= 'up') :
 input.color(color.rgb( 91, 214,  64), '', group= 'RSI < 50', inline= 'dn')

// 颜色填充
// 在 rsiPlot 和 centerPlot 两条线之间的区域填充渐变色
// when rsi moves between these limits, the color will change towards the upper
// or lower colour, dependable where rsi is situated
fill(plot1=rsiPlot, plot2=centerPlot, top_value=rsi > 50 ? 80 : 50,
 bottom_value=rsi > 50 ? 50 : 20, top_color=colUp, bottom_color=colDn)
```

将该脚本添加到图表中，运行结果如图 18-15 所示。

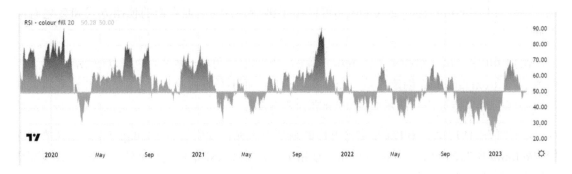

图 18-15   使用渐变色绘制 RSI 指标

示例 18：使用函数 color.from_gradient 绘制颜色渐变的 CCI 指标线，并使用函数 fill 给背景带填充颜色。根据 CCI 指标的强弱和方向绘制颜色渐变的 CCI 指标线和背景带。该指标通过 CCI 指标线的颜色渐变和背景带的可视化，提示 CCI 的强度和方向，以帮助交易者更好地洞察市场，并为交易者提供交易信号，脚本如下所示。

```
//@version=5
```

```
indicator(title="CCI line gradient", precision=2, timeframe="")
var color GOLD_COLOR   = #CCCC00
var color VIOLET_COLOR = #AA00FF
var color GREEN_BG_COLOR = color.new(color.green, 70)
var color RED_BG_COLOR   = color.new(color.maroon, 70)
float srcInput       = input.source(close, "Source")
int   lenInput       = input.int(20, "Length", minval = 5)
int   stepsInput     = input.int(50, "Gradient levels", minval = 1)
color bullColorInput   = input.color(GOLD_COLOR, "Line: Bull", inline = "11")
color bearColorInput   = input.color(VIOLET_COLOR, "Bear", inline = "11")
color bullBgColorInput = input.color(GREEN_BG_COLOR, "Background: Bull", inline
= "12")
color bearBgColorInput = input.color(RED_BG_COLOR, "Bear", inline = "12")

// 绘制 CCI 信号线 (signal line)
float signal = ta.cci(srcInput, lenInput)
color signalColor = color.from_gradient(signal, -200, 200,
color.new(bearColorInput, 0), color.new(bullColorInput, 0))
plot(signal, "CCI", signalColor, 2)

// 检查是否穿越中线 (0 轴线)
bool signalX = ta.cross(signal, 0)
// 计算渐变层级
int gradientStep = math.min(stepsInput, nz(ta.barssince(signalX)))
// 根据多/空信号设置颜色
color endColor = signal > 0 ? bullBgColorInput : bearBgColorInput
// 使用函数 color.from_gradient 设置渐变色
color bandColor = color.from_gradient(gradientStep, 0, stepsInput, na, endColor)
bandTopPlotID = hline(100,  "Upper Band", color.silver, hline.style_dashed)
bandBotPlotID = hline(-100, "Lower Band", color.silver, hline.style_dashed)
fill(bandTopPlotID, bandBotPlotID, bandColor, title = "Band")
```

将该脚本添加到副图中，运行结果如图 18-16 所示。

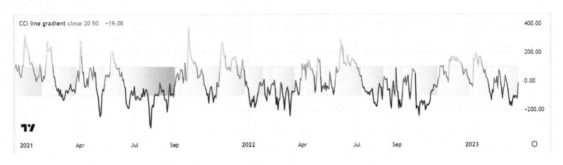

图 18-16　绘制 CCI 指标线时采用渐变色的效果

 注

在使用 Pine Script V5 进行图表配色设计时，应注意以下几点。

1. 做好配色方案设计：若需要将脚本分享给他人使用，则需要考虑图表能适应亮或暗的背景。为此，应尽量避免使用白色和黑色进行绘图。

2. 要保证图表清晰易识：在绘制线条时，可以设置透明度的值为 0。

3. 控制颜色渐变的级数：为了增强图表的可识别性和可读性，应尽量将颜色渐变的级数控制在 10 级以内。

4. 在脚本中设置可供用户在界面上选择和定制的颜色。

18.5　小结

本章首先介绍了颜色的四种表示方法，其次详细讲解了 color 的相关函数与参数，然后介绍了图形/图表的堆叠顺序，最后给出关于颜色渲染、颜色渐变配色方法的应用示例。需要注意的是，使用颜色渲染的配色方法，通常需要使用条件表达式或条件语句。而使用颜色渐变的配色方法，则需要使用函数 color.from_gradient 或 fill。这两种配色方法在数据可视化中非常常见，它们可以增强可视化效果，帮助用户更好地理解数据。此外，它们也可以突出指标信号的强弱，提示市场趋势，并对绘制图表有锦上添花的效果。

第 19 章 提醒功能及 alert 系列函数

许多金融和财经类软件都具备提醒（Alert）功能，其中最常见的是到价提醒功能。TradingView 平台提供了极具创新、灵活友好且功能完备的提醒服务。用户可以在 TradingView 平台上设计并定制多种提醒服务。当实时行情满足用户预设的条件时，系统会自动触发相应的提醒功能。

TradingView 平台上的提醒服务具有如下特点：

● TradingView 平台运行在云服务器上，系统可支持 365 天、每天 24 小时的提醒服务。

● 用户不仅可以在用户界面创建提醒服务，还可以使用脚本定制提醒服务。

● 在 TradingView 平台上，用户可以根据多种条件定制提醒服务，包括价格变化、成交量变化等。此外，用户还可以为指标/策略设置触发条件与提醒信息，基于绘图设置触发条件（例如趋势线和支撑压力线等），以及基于交易观点设置触发条件等。

● 用户可以灵活定制多渠道、多终端的提醒。

19.1 划分提醒类型

根据创建方式划分提醒类型，如图 19-1 所示。

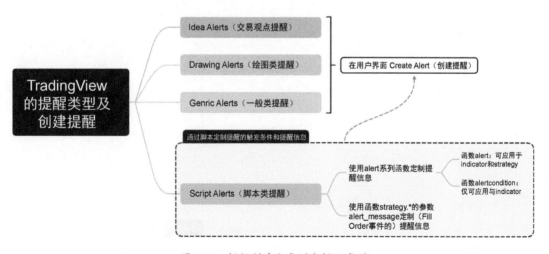

图 19-1 根据创建方式划分提醒类型

根据创建方式的不同，可以分为以下 4 种提醒类型。

- 交易观点提醒（Idea Alerts）：需要在交易观点界面创建和配置。
- 绘图类提醒（Drawing Alerts）：需要通过绘图面板手动创建和配置。
- 一般类提醒（Generic Alerts）：需要在用户界面手动创建和配置。
- 脚本类提醒（Script Alerts）：需要通过 Pine Script 定制触发条件及提醒信息。

其中，前 3 种提醒类型只需在用户界面创建和配置即可；而最后一种提醒类型还需要使用 Pine Script 在代码层面定制（在脚本中调用 alert 系列函数或者应用 strategy.*系列函数的参数 alert_message），也需要像一般类提醒那样在用户界面进行配置。

1. 在用户界面创建和配置提醒

在用户界面创建和配置提醒包括到价提醒、均线交叉提醒、RSI 指标穿越交叉提醒，以及满足指标/策略中的特定条件的提醒等，操作界面如图 19-2 所示。

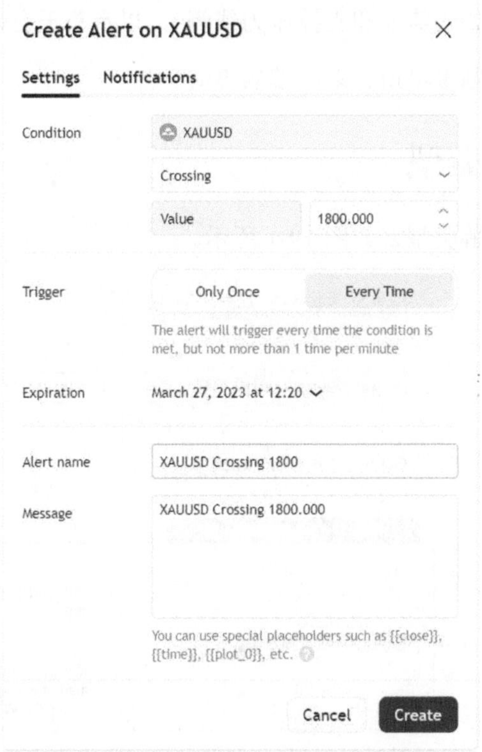

图 19-2　在用户界面创建和配置提醒

2. 在 Pine Script 中定制提醒

（1）调用 alert 系列函数定制提醒触发条件及提醒信息。

用户可以在 Pine Script 中调用 alert 系列函数定制提醒，这里 alert 系列函数包括 alert 和 alertcondition。其中，函数 alert 可运用于函数 indicator 或 strategy；而函数 alertcondition 仅可运用于函数 indicator。

（2）使用 strategy.* 系列函数的参数 alert_message 定制提醒信息。

19.2　将提醒信息发送到终端或其他渠道的设置

TradingView 系统可以将提醒信息发送到 6 种终端或渠道，如图 19-3 所示。

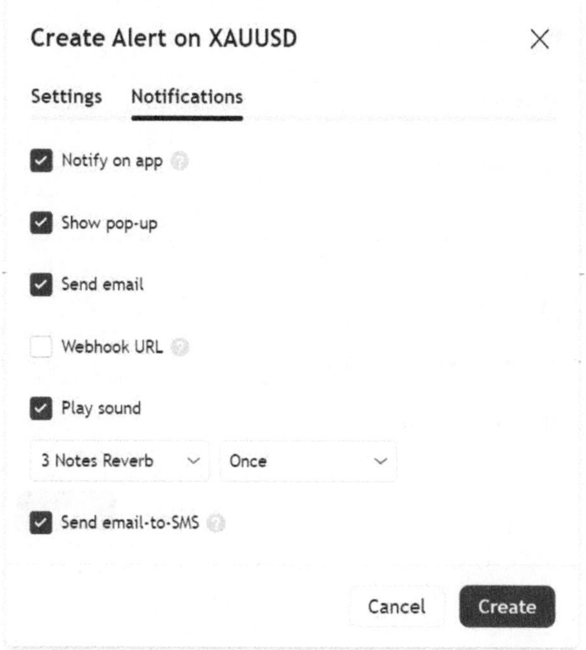

图 19-3　将提醒信息发送到终端或其他渠道 1

这 6 种终端或渠道如下所示：

● 手机 App 提醒（Notify on app）。

● 电脑弹出窗口提醒（Show pop-up）。

● 发送邮件提醒（Send email）。

- 声音提示（Play sound）。

- 发送邮件到短信提示（Send email-to-SMS）。

- Webhook URL 提醒。

说明：Webhook URL 提醒仅提供给付费用户使用。勾选"Webhook URL"选项并在下方输入用于接收 Alert 通知的 URL，如图 19-4 所示。

图 19-4　勾选"Webhook URL"选项

注

对于 TradingView 的非 Premium 类用户，每次设置提醒的最长期限为 2 个月，一旦过期就会失效。不过，用户可以通过重新启动来延长提醒服务的期限。相比之下，Premium 用户则可以享用无限期的提醒服务。

示例 1: 在 TradingView 平台上设置当黄金价格达到 1800 美元/盎司时的电脑弹窗提醒。即当黄金价格向上突破或向下跌破 1800 美元/盎司时, 系统将会通过电脑弹窗的方式提醒用户。

要设置这个提醒, 用户需要单击图表界面上的"闹钟"按钮来打开"Create Alert on XAUUSO"对话框, 并输入所需参数, 如图 19-5 所示。在输入完参数后, 要切换到该对话框的"Notifications"界面, 勾选"Show pop-up"选项, 并单击"Create"按钮。

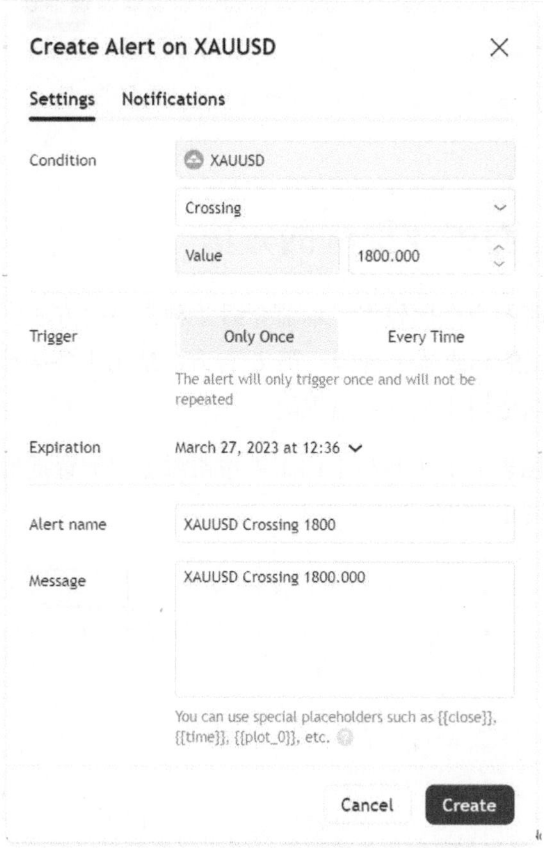

图 19-5　创建黄金价格变动提醒的窗口

当实时的市场价格满足预设的条件时, 系统会自动弹出窗口提醒用户, 如图 19-6 所示。

图 19-6　当满足设置的条件时系统弹出提醒窗口

19.3　在用户界面创建提醒的方法

在用户界面创建提醒的方法比较多，本节介绍 7 种常用的方法。其中，第 1 种方法到第 5 种方法适用于一般类提醒和脚本类提醒；第 6 种方法适用于各类绘图类提醒，例如突破趋势线的提醒；第 7 种方法适用于交易观点提醒。

第 1 种方法：通过图表界面工具栏上的闹钟按钮添加和配置提醒。首先单击图表界面工具栏上的闹钟按钮，如图 19-7 所示。

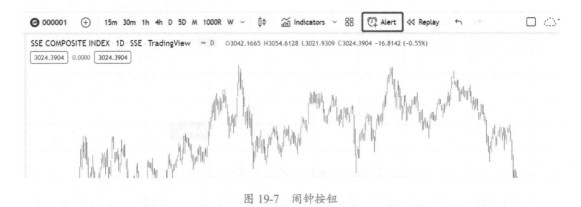

图 19-7　闹钟按钮

然后弹出"Create Alert"对话框，在此对话框中可以配置提醒参数，如图 19-8 所示。

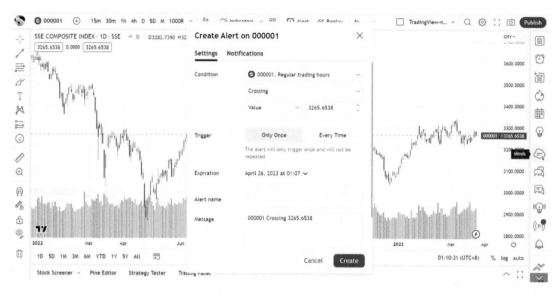

图 19-8　配置提醒参数

第 2 种方法：通过图表界面面板上的闹钟按钮添加和配置提醒参数。首先单击图表界面右侧面板上的闹钟按钮，然后在弹出的"Alerts"窗口中单击"Create alert"按钮如图 19-9 所示，即可进入"Create Alert"对话框，操作方法同上。此外，在界面的右下方有一个"Alerts log"窗口，它的作用是记录系统已发出的提醒日志，以便用户查看以往的提醒信息。

图 19-9　通过图表界面右侧面板上的闹钟按钮添加和配置提醒参数

第 3 种方法：在图表界面单击鼠标右键，在弹出的菜单中选择"Add alert"选项，如图 19-10 所示。

图 19-10   通过菜单栏的选项添加提醒

第 4 种方法：单击图表上价格旁边的"+"号按钮，从弹出的菜单中选择"Add alert for…"选项，如图 19-11 所示。

图 19-11   通过"+"号按钮添加提醒

第 5 种方法：使用快捷键"ALT + A"（Windows 系统）或"⌥ + A"（Mac 系统）创建提醒。

第 6 种方法：在图表界面单击绘图工具栏上的闹钟按钮（或选中绘图后单击鼠标右键，在弹出的菜单中选择"Add alert on Trend Line…"选项）来添加提醒，如图 19-12 所示。

图 19-12　单击绘图工具栏上的闹钟按钮或通过绘图的菜单选项添加提醒

第 7 种方法：在交易观点界面上方，单击商品代码右侧的闹钟按钮添加提醒。首先从 TradingView 官网主页选择"community→trade ideas"选项，进入用户的交易观点分享界面，然后单击界面上方商品代码右侧的闹钟按钮（如红色箭头所示）来添加提醒，如图 19-13 所示。

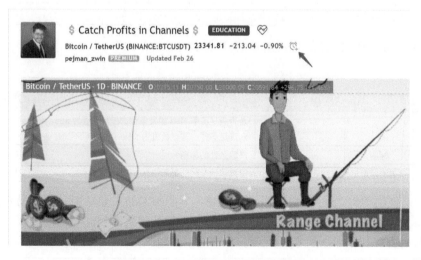

图 19-13　在交易观点界面添加提醒

此外，还需要说明函数 indicator/strategy 创建提醒的两种情况。

情况 1：indicator/strategy 脚本中不包含 alert 系列函数，只需要在应用层面创建提醒，创建提醒和设置参数的方法与前面的一般类提醒相同。

情况 2：indicator/strategy 脚本中包含 alert 系列函数，在此种情况下，如何定制提醒的触发条件与提醒信息就是本章重点讲述的内容之一，我们将在后面小节进行详细讲解。

19.4　使用 alert 系列函数定制提醒的触发条件和提醒信息

有时通过图形界面设置提醒不能满足用户的特定需求，这时我们可以通过编写脚本调用 alert 系列函数的方式来定制提醒触发条件和提醒信息。通过 alert 系列函数定制提醒的优势是既可以定制提醒的触发条件，又可以定制提醒信息。

Pine Script 中的 alert 系列函数包括 alert 和 alertcondition，这两者的区别如下。

- **应用范围**：函数 alert 可运用于函数 indicator 或 strategy；函数 alertcondition 仅可运用于函数 indicator。

- **功能差异**：函数 alert 可以发送动态提醒信息；函数 alertcondition 仅可以发送静态提醒信息。

- **开发时间**：函数 alert 比 alertcondition 开发时间更晚、设计理念更新、应用更灵活。

19.4.1　函数 alertcondition

函数 alertcondition 的声明语句格式如下所示。

```
alertcondition(condition, title, message) → void
```

函数 alertcondition 的参数列表如表 19-1 所示。

表 19-1　函数 alertcondition 的参数列表

参数	含义	类型	描述	必输项/选输项
condition	条件	series bool	是否满足函数 alert 触发条件：若参数值为 true，则表示满足条件；若参数值为 false，则表示不满足条件	必输项
title	标题	const string	提醒条件的标题	选输项
message	提示信息	const string	提醒被触发时的提示信息	选输项

示例 2：使用 RSI 指标的快慢线交叉提醒。下面脚本的主要功能是为交易者提供一种基于 RSI 指标的交易信号，并使用函数 alertcondition 在符合交易条件时发出提醒，方便用户及时捕捉交易机会，脚本如下所示。

```
//@version=5
```

```
indicator("`alertcondition()` on single condition-3")
r = ta.rsi(close, 20)

xUp = ta.crossover( r, 50)
xDn = ta.crossunder(r, 50)

plot(r, "RSI")
hline(50)
plotchar(xUp, "Long",  "▲", location.bottom, color.lime, size = size.tiny)
plotchar(xDn, "Short", "▼", location.top,    color.red,  size = size.tiny)

alertcondition(xUp, "Long Alert",  'Go long. RSI is {{plot("RSI")}}')
alertcondition(xDn, "Short Alert", 'Go short. RSI is {{plot("RSI")}}')
```

将该脚本添加到图表中，还需要在界面添加提醒。

 注

在通过脚本定制提醒的触发条件和提醒信息后，仍需要在用户界面建立提醒并设置参数值。操作方法与创建一般类提醒相同。

19.4.2　函数 alert

函数 alert 的声明语句格式如下所示。

```
alert(message, freq) → void
```

函数 alert 的参数列表如表 19-2 所示。

表 19-2　函数 alert 的参数列表

参数	含义	类型	描述	默认值	必输项/选输项
Message	消息	series string	当满足条件时，触发提醒时系统提示的消息	无	必输项
freq	频率	input string	指提醒的触发频率，可能的常量值如下。 ● alert.freq_all：所有函数 alert 调用时都触发，但仅用于函数 strategy。 ● alert.freq_once_per_bar：第一次处理实时行情数据时触发。 ● alert.freq_once_per_bar_close：在实时行情中，脚本循环执行到最后一根 K 线的收盘时触发	alert.freq_once_per_bar	选输项

示例 3：在 RSI 指标脚本中使用函数 alert。下面的脚本根据两根不同周期的 RSI 指标线的交叉来触发提醒，该脚本使用了两个 RSI 指标，即 20 日 RSI 和 50 日 RSI，检测这两根 RSI 指标线的交叉情况并生成提醒。当 20 日 RSI 上穿 50 日 RSI 时，会在图表上标记绿色的▲，并设置提醒消息为 "Go long (RSI is ...)"。相反，当 20 日 RSI 下穿 50 日 RSI 时，会在图表上标记红色的▼，并设置提醒消息为 "Go short (RSI is ...)"。在该脚本中，函数 alert 没有使用 freq 参数，系统默认值为 alert.freq_once_per_bar。因此，在实时行情下，只有在第一次满足条件时才会触发提醒，脚本如下所示。

```
//@version=5
indicator("All `alert()` calls")
ra = ta.rsi(close, 20)
rb = ta.rsi(close, 50)

// 检测是否发生 RSI 双线交叉，是金叉或死叉？
xUp = ta.crossover( ra, rb)
xDn = ta.crossunder(ra, rb)
// 若 RSI 双线交叉，则触发提醒
if xUp
    alert("Go long (RSI is " + str.tostring(ra, "#.00)"))
else if xDn
    alert("Go short (RSI is " + str.tostring(ra, "#.00)"))

plotchar(xUp, "Go Long",  "▲", location.bottom, color.lime, size = size.tiny)
plotchar(xDn, "Go Short", "▼", location.top,    color.red,  size = size.tiny)
hline(50)
plot(ra,color=color.yellow)
plot(rb,color=color.blue)
```

将脚本添加到图表中，以比特币（BTC）的 4 小时 K 线为例，运行结果如图 19-14 所示。

单击图表上的 "齿轮" 按钮，弹出 "Create Alert on BTCUSD" 对话框，如图 19-15 所示。

图 19-14　使用函数 alert 对 RSI 双线交叉指标创建提醒

图 19-15　"Create Alert on BTCUSD" 对话框

在"Create Alert on BTCUSD"对话框内配置提醒参数。例如我们将参数设置为当 RSI 金叉时发出提醒，单击"Create"按钮创建提醒，如图 19-16 所示。

在创建了提醒后，我们可以在用户界面的面板上查看提醒和提醒日志，如图 19-17 所示。

图 19-16   配置提醒参数

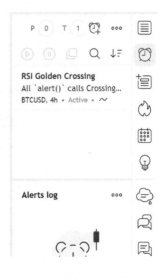

图 19-17   查看提醒和提醒日志

示例 4：在 RSI 策略脚本中使用函数 alert。下面的脚本是一个使用函数 alert 的交易策略，该策略使用 RSI 指标来分析价格并在 RSI 上穿 50 和下穿 50 时开仓买入或卖出。当持仓时，该策略还会通过检测 RSI 指标与交易方向的背离来触发提醒。如果 RSI 指标向下而账户持多头仓位，或者 RSI 指标向上而账户持空头仓位，则会触发相应的提醒。在该脚本中，设置参数 freq=alert.freq_once_per_bar_close，因此函数 alert 在每根 K 线收盘时都会触发一次提醒。该脚本还可以实现在图表上标记开仓点位和背离位置，并用绿色的▲和红色的▼分别表示买入点和卖出点，用红色的圆点•和绿色的圆点•分别表示顶背离位置和底背离位置，脚本如下所示。

```
//@version=5
strategy("Strategy with selective `alert()` calls")
r = ta.rsi(close, 20)

// 检测是否发生 RSI 上穿或下穿 50（中线）？
xUp = ta.crossover( r, 50)
xDn = ta.crossunder(r, 50)
// Place orders on crosses.
if xUp
    strategy.entry("Long", strategy.long)
else if xDn
    strategy.entry("Short", strategy.short)

// 当持仓时，检测 RSI 指标方向与交易方向是否背离，若背离则触发提醒
divInLongTrade  = strategy.position_size > 0 and ta.falling(r, 3)
divInShortTrade = strategy.position_size < 0 and ta.rising( r, 3)
if divInLongTrade
    alert("WARNING: Falling RSI", alert.freq_once_per_bar_close)
if divInShortTrade
    alert("WARNING: Rising RSI", alert.freq_once_per_bar_close)

plotchar(xUp, "Go Long",  "▲", location.bottom, color.lime, size = size.tiny)
plotchar(xDn, "Go Short", "▼", location.top,    color.red,  size = size.tiny)
plotchar(divInLongTrade,  "WARNING: Falling RSI", "•",
location.top,    color.red,  size = size.tiny)
plotchar(divInShortTrade, "WARNING: Rising RSI",  "•", location.bottom,
color.lime, size = size.tiny)
hline(50)
plot(r)
```

将该脚本添加到图表中，以比特币（BTC）的 4h 图为例，运行结果如图 19-18 所示。

单击"闹钟"按钮，弹出"Create Alert on BTCUSD"对话框，此时"Condition"的下拉列表内的选项内容发生变化。我们根据需求在该对话框内设置好参数值，并单击"Create"按钮创建提醒，如图 19-19 所示。

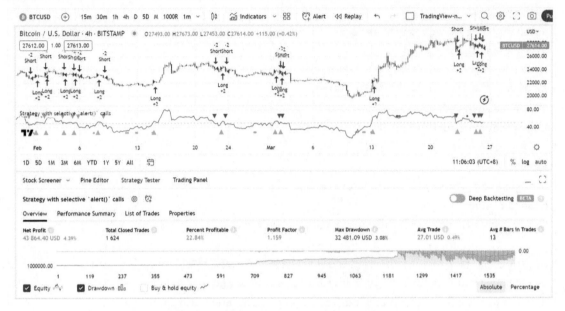

图 19-18　使用函数 alert 对 RSI 策略创建提醒

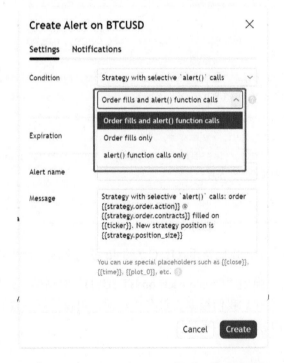

图 19-19　在 "Create Alert on BTCUSD" 对话框中配置提醒参数

经过比较可以发现示例 3 和示例 4 的参数不同。原因在于函数 strategy 与 indicator 创建提醒的条件是不同的，即两者有不同的触发事件。

19.5　使用函数 strategy.*的参数 alert_message 定制提醒信息

使用函数 strategy.*的参数 alert_message 定制提醒，只可以定制提醒信息内容，不可以定制触发条件。定制的提醒信息可以应用于策略函数的 Order Fill 事件。

下面举例说明：在函数 strategy 中，通过 Order Fill 事件和 alert_message 参数来定制交易提醒信息。

示例 5：创建一个名为"Strategy using alert_message"的交易策略。该策略使用 RSI 指标对价格进行分析，并将 RSI 上穿 50 作为买入信号，RSI 下穿 50 作为卖出信号来执行相应的交易操作。同时，在订单执行时使用了一个自定义的提醒信息（alert_message），其中包含了触发订单的止损价格，脚本如下所示。

```
//@version=5
strategy("Strategy using `alert_message`")
r = ta.rsi(close, 20)


// 检测是否发生 RSI 双线交叉，金叉或是死叉？
xUp = ta.crossover( r, 50)
xDn = ta.crossunder(r, 50)
// 若 RSI 双线交叉则下单，并定制用户自定义的提醒信息
if xUp
    strategy.entry("Long", strategy.long, stop = high, alert_message = "Stop-buy
executed (stop was " + str.tostring(high) + ")")
else if xDn
    strategy.entry("Short", strategy.short, stop = low, alert_message =
"Stop-sell executed (stop was " + str.tostring(low) + ")")

plotchar(xUp, "Go Long",  "▲", location.bottom, color.lime, size = size.tiny)
plotchar(xDn, "Go Short", "▼", location.top,    color.red,  size = size.tiny)
hline(50)
plot(r)
```

将该脚本添加到图表中，以比特币（BTC）为例，运行结果如图 19-20 所示。

BTCUSD
15m 30m 1h 4h D 5D M 1000R W
TradingView-n...
Bitcoin / U.S. Dollar · 4h · BITSTAMP
O27687.00 H27708.00 L27662.00 C27662.00 −24.00 (−0.09%)
27662.00 2.00 27664.00
USD
BTCUSD 27662.00
26000.00
24000.00
22000.00
20000.00
Strategy using `alert_message`
80.00
60.00
40.00
20.00
13 20 24 Mar 6 13 20 27

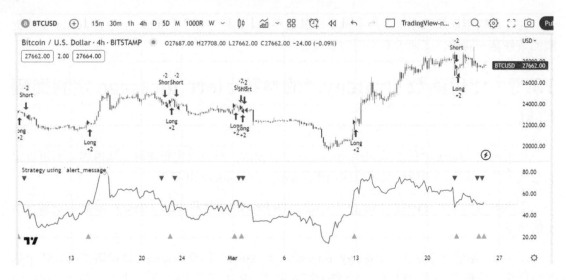

图 19-20　策略运行结果

单击图表上方的“闹钟”按钮，并在弹出的“Create Alert on BTC”对话框中填写相关参数，单击“Create”按钮，如图 19-21 所示。

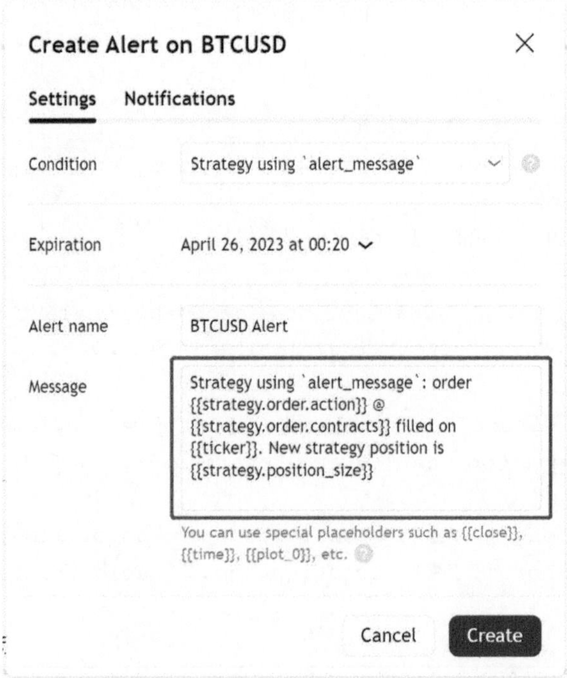

Create Alert on BTCUSD
Settings
Notifications
Condition
Strategy using `alert_message`
Expiration
April 26, 2023 at 00:20
Alert name
BTCUSD Alert
Message
Strategy using `alert_message`: order {{strategy.order.action}} @ {{strategy.order.contracts}} filled on {{ticker}}. New strategy position is {{strategy.position_size}}
You can use special placeholders such as {{close}}, {{time}}, {{plot_0}}, etc.
Cancel
Create

图 19-21　定制 RSI 策略的提醒信息

注

在定制提醒时，需要注意以下几点：

● 提醒信息既可以在用户界面上进行定制，也可以通过脚本进行定制。

● 在通过脚本定制提醒的触发条件和提醒信息后，仍需要在用户界面建立提醒并设置参数值，操作方法与创建一般类提醒相同。

● 定制提醒的触发条件/事件，只能通过 alert 系列函数来实现。除此之外的提醒定制，则需要使用已在系统内预设的触发条件。

19.6　小结

本章介绍了 TradingView 平台上的提醒服务，并详细讲解了如何应用 alert 系列函数定制提醒的触发条件和提醒信息，同时提供了具体示例。用户可以通过简单易用的界面创建和配置提醒服务，也可以通过 Pine Script 中的 alert 系列函数来定制提醒触发条件与提醒内容。此外，用户还可以通过函数 strategy.* 的参数 alert_message 定制提醒信息。无论使用哪种方式，用户都可以根据自己的需求设置提醒触发条件和提醒内容，以更好地掌握市场变化。利用 TradingView 平台的提醒服务，有助于交易者把握行情，适应市场变化。

第 20 章　数　　组

1. 数组简介

（1）数组的定义

数组（Array），又称数组数据结构（Array Data Structure），是由相同类型的元素（Element）的集合所组成的数据结构。

（2）数组的特点

Pine Script 中的数组是一维数组，其数据类型可以为 int、float、bool、color、string、line、label、box 或 table。

（3）数组的引用

可以使用数组下标（ID）来引用数组，类似于引用数据类型为 line 或 label 类型的变量。数组的下标从 0 开始。数组的最大长度是 100 000。

注

Pine Script 中的数组元素一定是 series 数据形式。

2. 数组声明（Declaring arrays）

数组声明的语句格式如下所示。

```
<type>[ ] <identifier> = <expression>
```

还有另一种语句格式，如下所示。

```
var <type>[ ] <identifier> = <expression>
```

3. 数组的相关函数

（1）数组的读与写

可以使用函数 array.get(id, index)读取数组数据，使用函数 array.set(id, index, value)向数组写数据，使用函数 array.size(id)获取数组的长度。

（2）用于插入（Inserting）数组元素的 3 个函数

● 函数 array.unshift：用于在数组头部插入新元素。

● 函数 array.insert：可以在数组的任何位置插入新元素。

● 函数 array.push：可以在数组尾部追加新的元素。

（3）用于删除（Removing）数组元素的 4 个函数

● 函数 array.remove：用于移除指定下标的数组中的元素，并返回该元素的值。

● 函数 array.shift：用于移除数组的头部元素并返回该元素的值。

● 函数 array.pop：用于移除数组的尾部元素并返回该元素的值。

● 函数 array.clear：用于清空数组。

（4）使用数组堆栈

堆栈使用 LIFO（Last In, First Out）构造。可以使用函数 array.push()在数组队列尾部追加元素，使用函数 array.pop()在数组队列尾部移除元素。

（5）使用数组队列

队列使用 FIFO（First In, First Out）构造。可以使用函数 array.push()在数组队列尾部追加元素，使用函数 array.shift()在数组队列头部移除元素。

（6）计算数组

在 Pine Script 中有多个用于计算数组的函数，如表 20-1 所示。

表 20-1　用于计算数组的函数

函　数	描　述
array.avg()	返回数组元素的均值
array.covariance()	返回两个数组元素的协方差
array.max()	返回数组元素的最大数
array.median()	返回数组元素的中位数
array.min()	返回数组元素的最小数
array.mode()	返回数组元素的最常见数
array.range()	返回数组元素的最大数与最小数的差值
array.standardize()	对原数组进行运算，返回一个新的标准化/归一化数组
array.stdev()	返回数组元素的标准差
array.sum()	返回对数组元素的求和数值
array.variance()	返回数组元素的方差

（7）操纵数组

在 Pine Script 中有多个用于操纵数组的函数，如表 20-2 所示。

表 20-2　用于操纵数组的函数

函　数	描　述
array.concat()	数组的合并/连接
array.copy()	数组的复制
array.join()	数组的连接
array.sort()	数组的排序
array. reverse()	数组的反转
array.slice()	数组的切片

（8）查找数组

用于查找数组的函数如表 20-3 所示。

表 20-3　用于查找数组的函数

函　数	描　述
array.includes()	用于检查数组是否包含指定的值，如果是则返回 true，否则返回 false
array.indexof()	用于查找数组中指定的值的索引位置，如果找到则返回该值的第一个索引，否则返回-1
array.lastindexof()	用于查找数组中指定的值的最后一个索引位置，如果找到则返回该值的最后一个索引，否则返回-1

4. 使用数组优化数据处理的 Gaps 指标

示例：TradingView 平台最新发布的内置指标 Gaps 的源码。该脚本使用了丰富的数组函数，是一个关于数组应用的很好的范例。该脚本用浅绿色水平通道标识跳空高开的缺口，用浅红色水平通道标识跳空低开的缺口。此外，该指标还提供了提醒功能，脚本如下所示。

```
//@version=5
indicator("Gaps", overlay = true, max_boxes_count = 500)

var allBoxesArray = array.new<box>()
var boxIsActiveArray = array.new<bool>()
var boxIsBullArray = array.new<bool>()

boxLimitInput = input.int(15, "Max Number of Gaps", minval = 1, maxval = 500)
minimalDeviationTooltip = "Specifies the minimal size of detected gaps, as a
percentage of the average high-low range for the last 14 bars."
```

```
minimalDeviationInput = nz(input.float(30.0, "Minimal Deviation (%)", tooltip
= minimalDeviationTooltip, minval=1, maxval=100) / 100 * ta.sma(high-low, 14))
limitBoxLengthBoolInput = input.bool(false, "Limit Max Gap Trail Length (bars)",
inline = "Length Limit")
limitBoxLengthIntInput = input.int(300, "", inline = "Length Limit", minval =
1)

groupName = "Border and fill colors"
colorUpBorderInput = input.color(color.green, "Up Gaps", inline = "Gap Up", group
= groupName)
colorUpBackgroundInput = input.color(color.new(color.green, 85), "", inline =
"Gap Up", group = groupName)
colorDownBorderInput = input.color(color.red, "Down Gaps", inline = "Gap Down",
group = groupName)
colorDownBackgroundInput = input.color(color.new(color.red, 85), "", inline =
"Gap Down", group = groupName)

// 检测缺口 gap
isGapDown = high < low[1] and low[1] - high >= minimalDeviationInput
isGapUp = low > high[1] and low - high[1] >= minimalDeviationInput
isGap = isGapDown or isGapUp
isGapClosed = false

// 检测缺口的回补
for [index, _box] in allBoxesArray
    if array.get(boxIsActiveArray, index)
        top = box.get_top(_box)
        bot = box.get_bottom(_box)
        isBull = array.get(boxIsBullArray, index)
        box.set_right(_box, bar_index)
        if ((high > bot and isBull) or (low < top and not isBull)) or
(limitBoxLengthBoolInput and bar_index - box.get_left(_box) >=
limitBoxLengthIntInput)
            box.set_extend(_box, extend.none)
            array.set(boxIsActiveArray, index, false)
            isGapClosed := true
```

```
// 若有新缺口则绘制 box，并根据实际情况移除时间最远的 box
if isGap
    box1 = box.new(
      bar_index[1],
      (isGapDown ? low[1] : low),
      bar_index,
      (isGapDown ? high : high[1]),
      border_color = isGapDown ? colorDownBorderInput : colorUpBorderInput,
      bgcolor = isGapDown ? colorDownBackgroundInput : colorUpBackgroundInput,
      extend = extend.right)

    array.push(allBoxesArray, box1)
    array.push(boxIsActiveArray, true)
    array.push(boxIsBullArray, isGapDown)
    if array.size(allBoxesArray) > boxLimitInput
        box.delete(array.shift(allBoxesArray))
        array.shift(boxIsActiveArray)
        array.shift(boxIsBullArray)

if barstate.islastconfirmedhistory and array.size(allBoxesArray) == 0
    noGapText = "No gaps found on the current chart. \n The cause could be that
some exchanges align the open of new bars on the close of the previous one, resulting
in charts with no gaps."
    var infoTable = table.new(position.bottom_right, 1, 1)
    table.cell(infoTable, 0, 0, text = noGapText, text_color = chart.bg_color,
bgcolor = chart.fg_color)

alertcondition(isGap, "New Gap Appeared", "A new gap has appeared.")
alertcondition(isGapClosed, "Gap Closed", "A gap was closed.")
```

将该指标添加到图表中，以上证指数（000001）为例，结果如图 20-1 所示。

图 20-1　使用数组优化数据处理的 Gaps 指标示例

5. 小结

　　本章介绍了在 Pine Script 中使用数组的方法，包括数组元素的查找、插入和删除，以及使用数组堆栈和队列等。此外，本章还提供了实例来演示如何使用数组。熟练掌握数组的使用可以帮助 Pine Script 用户更轻松地处理和分析数据，提高编程技能和效率。需要注意的是，数组是 Pine Script 中的高级功能，使用时需要具备一定的编程技能和对数据结构的深入了解。因此，初学者应该先掌握 Pine Script 的基础知识，并逐步学习和练习如何使用数组。总之，掌握数组的使用对于 Pine Script 编程来说至关重要，可以帮助用户更高效地编写脚本和处理数据。

第 21 章　调　　试

21.1　调试简介

Pine Script 作为 TradingView 平台上的一种轻量级脚本语言，并没有专门的调试工具，我们可以借助 Pine Script 的输出函数将变量的值或提示信息输出到屏幕上，这是一种简单经典、方便易用且直观高效的调试方法。此外，TradingView 平台还提供了数据窗口用于跟踪和查看变量的值。

1. Pine Script V5 常用的调试方法

方法一是借助输出函数将所跟踪变量的值或提示信息输出到屏幕上。经常用到的输出函数包括 plot、plotchar 和 label.new 等。

- 函数 plot：用于调试数值型变量。

- 函数 plotchar：用于调试字符型变量。

- 函数 label.new：既可以用于调试数值型变量，也可以用于调试字符型变量。

方法二是使用用户自定义函数输出一组信息到屏幕上，包含所跟踪的变量或提示信息。

对比两种方法可以看出，方法二在本质上是方法一的扩展。用户自定义函数内部都仍需要封装方法一中提到的输出函数、所跟踪的变量或提示信息。方法二的优点是增强了代码的模块化、可读性和可维护性，且更便于调试。

2. 使用辅助工具——数据窗口查看变量的值

除前面讲过的常用的调试方法外，TradingView 平台还提供了一个便捷的辅助工具——数据窗口，用户可以使用它查看变量的值。数据窗口可以通过图表界面右侧的面板打开。当用户将光标移动到 K 线、指标或策略上时，数据窗口将显示相关数据。数据窗口界面如图 21-1 所示。

图 21-1 数据窗口界面

21.2 使用输出函数将变量的值或提示信息输出到屏幕

1. 使用函数 plot

示例 1：使用函数 plot 在屏幕上输出数值变量的值。若用户想跟踪查看每次执行 for 循环体时变量 ta.tr[i]的值，则可以先在脚本中使用变量 val 存储 ta.tr[i]的值，然后使用 plot(val, "val", color.black)语句输出到屏幕，脚本如下所示。

```
//@version=5
indicator("Debugging from inside for loops", max_lines_count = 500,
max_labels_count = 500)
lookbackInput = input.int(20, minval = 0)

float val = na
```

```
float trBalance = 0
for i = 1 to lookbackInput
    trBalance := trBalance + math.sign(ta.tr - ta.tr[i])
    if i == lookbackInput
        val := ta.tr[i]
hline(0)
plot(trBalance)
plot(val, "val", color.black)
```

将该脚本添加到图表中，以苹果股票（AAPL）为例，运行结果如图 21-2 所示。

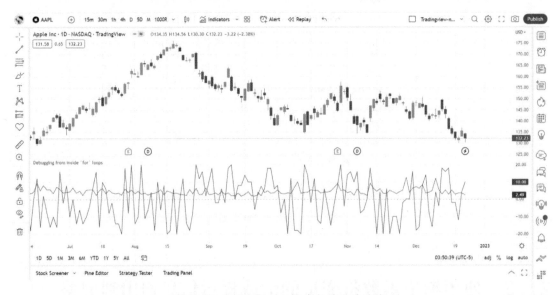

图 21-2　使用函数 plot 输出数值变量的值

2. 使用函数 plotchar

示例 2：使用函数 plotchar 输出字符型变量的值到屏幕，脚本如下所示。

```
//@version=5
indicator("Plot RSI and bar_index")
r = ta.rsi(close, 20)
plot(r, 'RSI', color.new(color.black, 0))
plotchar(bar_index, 'Bar index', '❋', location.top)
```

将该脚本添加到图表中，以苹果股票（AAPL）为例，运行结果如图 21-3 所示。

图 21-3　使用函数 plotchar 输出字符型变量的值

注

在图 21-3 中右侧的是数据窗口，可以在数据窗口中查看变量的值。

3. 使用函数 label.new

示例 3：使用函数 label.new 输出字符型变量的值，脚本如下所示。

```
//@version=5
indicator("Simple label", "", true)
label.new(bar_index, high, syminfo.ticker)
```

将该脚本添加到图表中，运行结果如图 21-4 所示。

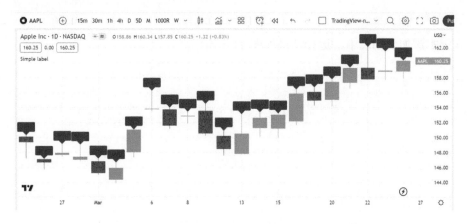

图 21-4　使用函数 label.new 输出字符型变量的值

说明：

如果要显示字符串变量的值，则可以使用函数 label.new()，例如 label.new(bar_index, high, text=syminfo.ticker)；也可以使用函数 label.new()显示数值变量的值，即使用函数 str.tostring() 将其转换为字符串，例如 label.new(bar_index, high, text=str.tostring(high))。

 注

函数 label.new 仅能显示变量的最近（或最后）50 个值。

示例 4：使用函数 label.new 输出数值型变量的值，脚本如下所示。

```
//@version=5
indicator("Debugging from inside `for` loops", max_lines_count = 500,
max_labels_count = 500)
lookbackInput = input.int(20, minval = 0)

string = ""
float trBalance = 0
for i = 1 to lookbackInput
    trBalance := trBalance + math.sign(ta.tr - ta.tr[i])
    string := string + str.tostring(i, "00") + "•" + str.tostring(ta.tr[i]) +
"\n"

label.new(bar_index, 0, string, style = label.style_none, size = size.small,
textalign = text.align_left)
hline(0)
plot(trBalance)
```

将该脚本添加到图表中，运行结果如图 21-5 所示。

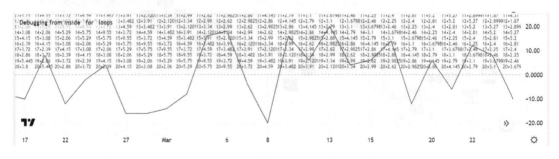

图 21-5　使用函数 label.new 输出数值型变量的值

21.3　使用用户自定义函数将变量值或提示信息输出到屏幕

示例 5：使用用户自定义函数 f_print 输出变量值或提示信息到屏幕上，该函数只有一个字符串类型的参数，并且代码比较简单。在使用该函数时，用户需要构造一个包含所跟踪的变量或提示信息的长字符串，这会相对麻烦一些。脚本如下所示。

```
//@version=5
indicator("f_print()", "", true)
f_print(txt) =>
    // 在右侧第一根 K 线上创建 label
    var lbl = label.new(bar_index, na, txt, xloc.bar_index, yloc.price,
color(na), label.style_none, color.gray, size.large, text.align_left)
    // 更新 label 的 x 和 y 坐标，并显示文本
    label.set_xy(lbl, bar_index, ta.highest(10)[1])
    label.set_text(lbl, txt)

f_print("Multiplier = " + str.tostring(timeframe.multiplier) + "\nPeriod = " +
timeframe.period + "\nHigh = " + str.tostring(high))
f_print("Hello world!\n\n\n\n")
```

将该脚本添加到图表中，以苹果股票（AAPL）为例，运行结果如图 21-6 所示。

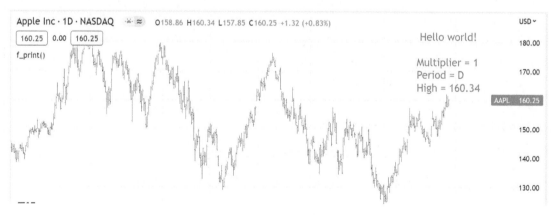

图 21-6　使用用户自定义函数（有一个字符串类型参数）将变量值或提示信息输出到屏幕

示例 6：使用用户自定义函数 f_print 输出变量值或提示信息到屏幕上，该函数有 4 个字符串类型的参数，并且代码也比较简单。在使用该函数时，用户会感觉更加方便，因为用户不需要构造并组合一个长字符串，只需将要跟踪的数值型变量直接传递给该函数的参数，以供调用该函数即可，脚本如下所示。

```
//@version=5
indicator("f_print() (Multi-line version)", "", true)
f_print(_txt, _y, _color, _offsetLabels) =>
    //
    var _timeDelta = 10e15
    _timeDelta := math.min(time - nz(time[1]), _timeDelta)
    _t = int(time + _timeDelta * _offsetLabels)
    //
    var label _lbl = label.new(_t, _y, _txt, xloc.bar_time, yloc.price,
#00000000, label.style_none, _color, size.large)
    if barstate.islast
        label.set_xy(_lbl, _t, _y)
        label.set_text(_lbl, _txt)
        label.set_textcolor(_lbl, _color)


//
y = ta.highest(10)[1]
//
t1 = 'Multiplier = ' + str.tostring(timeframe.multiplier) + '\n\n'
t2 = 'Period = ' + timeframe.period + '\n'
t3 = 'High = ' + str.tostring(high)
f_print(t1, y, color.teal, 3)
f_print(t2, y, color.orange, 9)
f_print(t3, y, color.fuchsia, 15)
```

将该脚本添加到图表中，以苹果股票（AAPL）为例，运行结果如图 21-7 所示。

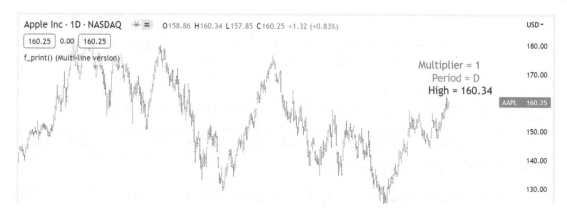

图 21-7　使用用户自定义函数（有 4 个字符串类型参数）将变量值或提示信息输出到屏幕

经过对比示例 5 和示例 6，我们可以得出结论：示例 5 的用户自定义函数更简单，而示例 6 的代码具有更好的封装性。

21.4　小结

本章介绍了 Pine Script 中的调试方法，包括向屏幕输出变量值和提示信息，以及通过数据窗口观测变量的值。这些方法可以帮助用户在编写脚本时识别和解决问题，从而提高编程效率和准确性。总之，掌握调试技巧是 Pine Script 编程中不可或缺的一部分，可以帮助用户更加高效地编写脚本。

第22章 发布脚本

当用户编写完代码后，可以通过以下两种方式来使用或分享自己的脚本。

（1）在"Pine Editor"页面保存：在"Pine Editor"页面编辑完成脚本后，选择"Save"选项将脚本保存在本地，仅供自己使用。

（2）发布到 TradingView 平台：将自己编写的脚本发布到 TradingView 平台，与平台其他成员分享。单击"Pine Editor"页面右上方的"Publish script"选项，填写完脚本的相关信息即可发布，如图 22-1 所示。

图 22-1 "Pine Editor"页面保存和发布脚本的选项

22.1 如何发布脚本

首先在"Pine Editor"页面中编写脚本，然后单击页面右上方的"Publish script"选项，如图 22-2 所示。最后在弹出"Publish Script"窗口后，填写待发布的脚本信息，如图 22-3 所示。

图 22-2　单击 "Publish script" 选项

图 22-3　填写待发布的脚本信息

用户需要在 "Publish Script" 窗口中填写或选择以下内容。

（1）脚本标题与描述（Script title and description）：系统默认使用脚本的 title 参数值。

（2）脚本的详细描述：包括脚本与其他已发布脚本的差异、使用方法，适用于哪些市场和适用条件等方面信息。

（3）隐私设置（Privacy settings）：选择公开（Public）或私有（Private）。

（4）可见性（Visibility）：选择开源（Open）、保护（Protected）或仅限邀请（Invite-only）。

（5）分类（Category）：在下拉列表中选择脚本所属的类别。

（6）标签（Tags）：添加与所发布脚本相关的关键词标签。

根据需求设置并填写好相关内容，如图 22-4 所示。

图 22-4　根据需求设置并填写好"Publish Script"窗口内容

如果用户希望将该脚本限制为私人使用，则选择"Publish Private Script"选项。如果希望将该脚本分享给平台其他成员，则选择"Publish Public Script"选项，并对应修改相关设置。因为 TradingView 平台对于 Public Script 有相关要求，所以在此示例中我们选择了"Publish Private Script"选项。

在选择"Publish Private Script"选项后，系统弹出窗口（如图 22-5 所示），表示已成功发布脚本。

图 22-5　成功发布脚本

22.2　脚本的访问控制

在 TradingView 平台上，对于所发布脚本的访问控制（Access Control）有两个维度：隐私设置（Private Settings）和可见性/发布模式（Visibility/Publishing Modes）。隐私设置是指应用层面的授权，即授权哪些用户可以使用该脚本所生成的指标/策略。可见性/发布模式是指代码层面的授权，即授权哪些用户可以查看所发布的代码。

1. 隐私设置

隐私设置有以下两种模式可供选择。

（1）Public（公开）：脚本对所有平台用户可见，任何用户都可以使用。发布公开脚本需要遵守如下规则：①发布脚本需要经过平台审核，而且所发布的脚本必须遵守平台准则和脚本发布规则。②脚本可以通过脚本搜索功能进行访问。③用户无法编辑原始描述和标题，也无法更改脚本的可见性/发布模式。④用户无法删除已公开发布的脚本。

（2）Private（私有）：脚本仅限于其作者和被邀请的用户可见和使用。发布私有脚本有如下特点：①发布私有脚本不需要平台审核。②用户可以通过选择"Profile Settings→SCRIPTS"选项查看其代码（如图 22-6 所示），但不能通过脚本搜索功能进行访问。③用户可以更新脚本原始描述和标题。④私有脚本可以被删除。⑤若想分享私有脚本给其他用户使用，则可以发送共享该脚本的 URL，如图 22-7 所示。⑥不能从任何公共 TradingView 内容（观点、脚本描述、评论、聊天等）中分享链接或引用私有脚本。

2. 可见性/发布模式

可见性/发布模式有以下三种。

- Open（开源）：所有用户都可以查看脚本的源码。

- Protected（保护）：只有脚本的作者可以查看源码。需要注意的是，只有 Pro、Pro+ 或 Premium 账户才能发布公共受保护脚本。

- Invite-only（仅限邀请）：仅限脚本作者和被邀请的用户才可以查看源码。需要注意的是，只有 Premium 用户可以发布仅限邀请的脚本。TradingView 平台支持此模式下的付费制，而且仅限于脚本提供者与使用者之间进行交易。

图 22-6　查看私有脚本

图 22-7　脚本的分享页面

22.3　如何更新/修改已发布的脚本

有以下两种方式更新/修改已发布的脚本。

（1）在"Publish Script"窗口，选择"Update Existing Script"选项，如图 22-8 所示。用户选择需要修改的脚本（例如，前面发布的脚本 MA Cross Strategy），即可进行更新。

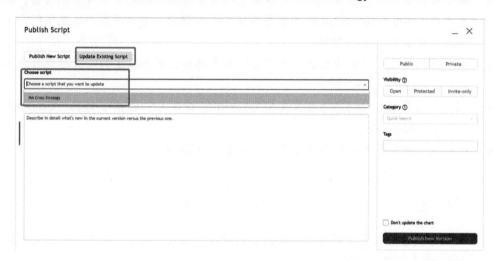

图 22-8　更新/修改脚本方式（1）

（2）单击用户头像，选择"Profile Settings→SCRIPTS"选项，选中需要修改的脚本，单击"Edit"按钮，如图 22-9 所示，在弹出的窗口更新/修改脚本。

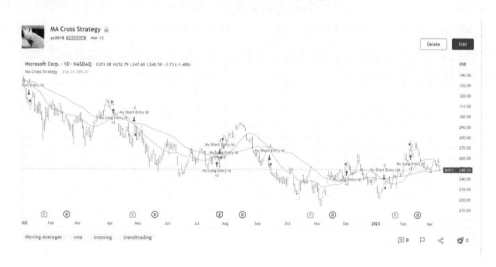

图 22-9　更新/修改脚本方式（2）

注

在发布脚本时需要注意以下事项。

● 提前准备好脚本的描述说明。因为系统只会给 15 分钟的等待时间，所以准备好脚本
的描述说明将有助于快速地完成操作。

● 在发布脚本之前，需要删除图表界面中与待发布的脚本无关的部分，因为，脚本在
发布后，当前界面上的图形/图表等内容会全部保留在窗口并展示，无关的内容会影
响用户对图形/图表的理解。

● 脚本的代码还可以后续更新，而且每次更新都会在原始描述的下面标注日期和发布
说明（Release Notes）。

● 已发布的脚本可以被其他用户点赞（Liked）、分享（Shared）、评论（Commented）
或报告（Reported）。

● 已发布的脚本会显示在 Profile 窗口中的 SCRIPTS 页面上。

22.4 小结

本章介绍了关于发布脚本的内容，包括发布脚本的步骤，对于已发布脚本的访问控制，
以及如何更新/修改已发布的脚本等。

发布脚本的重要性和意义体现在以下几个方面：①作者通过发布脚本可以获得其他用户
的反馈和建议，从而改进和完善自己的脚本，并提高自己的编程技能。②发布高质量、受欢
迎的脚本可以增加作者在平台中的影响力和知名度，吸引更多用户的关注和增加与用户的交
流机会。此外，平台还支持脚本的付费模式，这对于脚本的提供者和使用者之间的合作具有
激励作用。③平台中的其他用户也可以从脚本共享中受益，比如改进交易策略和提升 Pine
Script 应用技巧。

第23章 初试牛刀之小技巧集锦与实例分享

23.1 将多个指标合并到一个脚本

在 TradingView 平台上，不同级别的用户有着不同数量的指标使用权限。免费用户在一张图表上最多只能使用 3 个指标（同样适用于策略），而付费用户则可以使用 5~25 个指标。若要充分利用 TradingView 提供的指标，可以使用将多个指标合并到一个脚本的方法。使用这种方法不仅可以节省成本，还可以更有效地组织和分析数据。

示例 1：将多条均线（MAs）与布林带（Bollinger Band）合并为一个指标。假设我们要编写一个指标，该指标包含 MA5、MA10、MA20，以及布林带。首先可以从 TradingView 平台的"Technicals"板块的指标库中找到一段标准的 MA 脚本，然后复制该脚本并在其基础上编写一个脚本，内含三条均线（MA5、MA10 和 MA20）。此外，还需要对重复的变量名进行修改，并用不同的颜色以区分不同的均线，脚本如下所示。

```
//@version=5
indicator(title="MAs & BB", overlay=true, timeframe="", timeframe_gaps=true)

//均线 MA5/10/20
len5 = input.int(5, minval=1, title="Length5")
src5 = input(close, title="Source5")
offset5 = input.int(title="Offset5", defval=0, minval=-500, maxval=500)
out5 = ta.sma(src5, len5)
plot(out5, color=color.lime, title="MA5", offset=offset5)


len10 = input.int(10, minval=1, title="Length10")
src10 = input(close, title="Source10")
offset10 = input.int(title="Offset10", defval=0, minval=-500, maxval=500)
out10 = ta.sma(src10, len10)
plot(out10, color=color.maroon, title="MA10", offset=offset10)


len20 = input.int(20, minval=1, title="Length20")
src20 = input(close, title="Source20")
offset20 = input.int(title="Offset20", defval=0, minval=-500, maxval=500)
```

```
out20 = ta.sma(src20, len20)
plot(out20, color=color.orange, title="MA20", offset=offset20)
```

　　将三条均线与布林带指标的代码合并成一个指标。在本例中，我们可以将布林带指标的脚本追加到上面脚本的后面，脚本如下所示。

```
//@version=5
indicator(title="MAs & BB", overlay=true, timeframe="", timeframe_gaps=true)

//均线 MA5/10/20
len5 = input.int(5, minval=1, title="Length5")
src5 = input(close, title="Source5")
offset5 = input.int(title="Offset5", defval=0, minval=-500, maxval=500)
out5 = ta.sma(src5, len5)
plot(out5, color=color.lime, title="MA5", offset=offset5)

len10 = input.int(10, minval=1, title="Length10")
src10 = input(close, title="Source10")
offset10 = input.int(title="Offset10", defval=0, minval=-500, maxval=500)
out10 = ta.sma(src10, len10)
plot(out10, color=color.maroon, title="MA10", offset=offset10)

len20 = input.int(20, minval=1, title="Length20")
src20 = input(close, title="Source20")
offset20 = input.int(title="Offset20", defval=0, minval=-500, maxval=500)
out20 = ta.sma(src20, len20)
plot(out20, color=color.orange, title="MA20", offset=offset20)

//布林带
length = input.int(20, minval=1)
src = input(close, title="Source")
mult = input.float(2.0, minval=0.001, maxval=50, title="StdDev")
basis = ta.sma(src, length)
dev = mult * ta.stdev(src, length)
upper = basis + dev
lower = basis - dev
offset = input.int(0, "Offset", minval = -500, maxval = 500)
plot(basis, "Basis", color=color.orange, offset = offset)
p1 = plot(upper, "Upper", color=color.blue, offset = offset)
```

```
p2 = plot(lower, "Lower", color=color.blue, offset = offset)
fill(p1, p2, title = "Background", color=color.rgb(33, 150, 243, 95))
```

将该脚本添加到图表中，以特斯拉股票（TSLA）为例，运行结果如图 23-1 所示。其中 MA20 与布林带中轨重合，我们使用橙色线表示这条线。

图 23-1　将多条均线与布林带合并为一个指标

注

在合并代码时，若遇到变量名重复的情况，则需要对重复的变量名进行修改，甚至需要修改绘图的颜色以适应新指标的要求。

23.2　用脚本替代人工识别 K 线形态

K 线形态分析方法是一种常用的技术分析方法，能帮助交易者预测金融资产价格的走势，其中一些特殊的 K 线形态往往可以提示出未来行情的变化。下面以十字星（Doji）形态为例，编写一个脚本，用于自动识别已出现的十字星 K 线形态；再编写一个实例脚本，以涵盖多个经典 K 线形态的提示。通过运行这些脚本，交易者可以更加高效地进行 K 线形态分析。

实例 1：将所有十字星形态的 K 线用黄色标识出来。

十字星的 K 线形态如图 23-2 所示。

图 23-2 十字星的 K 线形态

将图表中所有十字星形态的 K 线用黄色标识出来，脚本如下所示。

```
//@version=5
indicator(title="Doji", overlay=true)
Precision = input.float(0.1, minval=0.001, title='Precision')
barcolor(math.abs(open - close) <= (high - low) * Precision ? color.yellow : na)
```

将该脚本添加到图表中，以特斯拉股票（TSLA）为例，运行结果如图 23-3 所示。在该图中，黄色箭头（手动添加）所指示的位置均为黄色十字星形态的 K 线。

图 23-3 将十字星指标运用于特斯拉股票的日线图中

实例 2：将多种特殊形态的 K 线标识出来。

多种特殊形态的 K 线如图 23-4 所示。

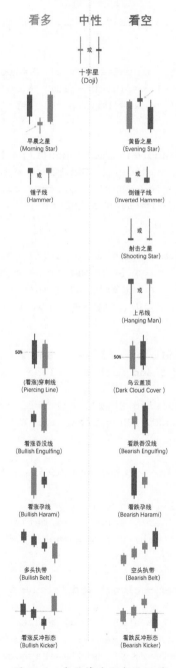

图 23-4 多种特殊形态的 K 线

将图 23-4 中所有特殊形态的 K 线标识出来，脚本如下所示。

```
//@version=5
indicator(title="Candles's Patterns", overlay=true)

//Doji 十字星
DojiSize = input.float(0.05, minval=0.01, title='Doji size')
data = math.abs(open - close) <= (high - low) * DojiSize
plotchar(data, title='Doji', text='Doji', color=color.new(color.silver, 0))

//Evening Star 黄昏之星
data2 = close[2] > open[2] and math.min(open[1], close[1]) > close[2] and
    open < math.min(open[1], close[1]) and close < open
plotshape(data2, title='Evening Star', color=color.new(color.red, 0),
    style=shape.arrowdown, text='Evening\nStar')

//Morning Star 早晨之星
data3 = close[2] < open[2] and math.max(open[1], close[1]) < close[2] and
    open > math.max(open[1], close[1]) and close > open
plotshape(data3, title='Morning Star', location=location.belowbar,
    color=color.new(color.lime, 0), style=shape.arrowup, text='Morning\nStar')

//Shooting Star 射击之星
data4 = open[1] < close[1] and open > close[1] and high - math.max(open, close) >=
    math.abs(open - close) * 3 and math.min(close, open) - low <= math.abs(open
- close)
plotshape(data4, title='Shooting Star', color=color.new(color.red, 0),
    style=shape.arrowdown, text='Shooting\nStar')

//Hammer 锤子线
data5 = high - low > 3 * (open - close) and (close - low) / (.001 + high - low) >
0.6
    and (open - low) / (.001 + high - low) > 0.6
plotshape(data5, title='Hammer', location=location.belowbar,
    color=color.new(color.silver, 0), style=shape.diamond, text='H')

//Inverted Hammer 倒锤子线
data5b = high - low > 3 * (open - close) and (high - close) / (.001 + high - low) >
0.6
    and (high - open) / (.001 + high - low) > 0.6
plotshape(data5b, title='Inverted Hammer', location=location.belowbar,
    color=color.new(color.silver, 0), style=shape.diamond, text='IH')

//Bearish Harami 看跌孕线
```

```
data6 = close[1] > open[1] and open > close and open <= close[1] and open[1] <=
close
    and open - close < close[1] - open[1]
plotshape(data6, title='Bearish Harami', color=color.new(color.red, 0),
    style=shape.arrowdown, text='Bearish\nHarami')

//Bullish Harami 看涨孕线
data7 = open[1] > close[1] and close > open and close <= open[1] and
    close[1] <= open and close - open < open[1] - close[1]
plotshape(data7, title='Bullish Harami', location=location.belowbar,
    color=color.new(color.lime, 0), style=shape.arrowup,
text='Bullish\nHarami')

//Bearish Engulfing 看跌吞没线
data8 = close[1] > open[1] and open > close and open >= close[1] and
    open[1] >= close and open - close > close[1] - open[1]
plotshape(data8, title='Bearish Engulfing', color=color.new(color.red, 0),
    style=shape.arrowdown, text='Bearish\nEngulfing')

//Bullish Engulfing 看涨吞没线
data9 = open[1] > close[1] and close > open and close >= open[1] and
    close[1] >= open and close - open > open[1] - close[1]
plotshape(data9, title='Bullish Engulfing', location=location.belowbar,
    color=color.new(color.lime, 0), style=shape.arrowup,
text='Bullish\nEngulfling')

//Piercing Line (看涨)穿刺线
data10 = close[1] < open[1] and open < low[1] and close > close[1] +
    (open[1] - close[1]) / 2 and close < open[1]
plotshape(data10, title=' Piercing Line', location=location.belowbar,
    color=color.new(color.lime, 0), style=shape.arrowup, text='Piercing\nLine')

//Dark Cloud Cover 乌云盖顶
data11 = close[1] > open[1] and (close[1] + open[1]) / 2 > close and open > close
and
    open > close[1] and close > open[1] and (open - close) / (.001 + high - low) >
0.6
plotshape(data11, title='Dark Cloud Cover', color=color.new(color.red, 0),
    style=shape.arrowdown, text='Dark\nCloudCover')

//Bullish Kicker 看涨反冲形态
data12 = open[1] > close[1] and open >= open[1] and close > open
plotshape(data12, title='Bullish Kicker', location=location.belowbar,
```

```
    color=color.new(color.lime, 0), style=shape.arrowup,
text='Bullish\nKicker')

//Bearish Kicker 看跌反冲形态
data13 = open[1] < close[1] and open <= open[1] and close <= open
plotshape(data13, title='Bearish Kicker', color=color.new(color.red, 0),
    style=shape.arrowdown, text='Bearish\nKicker')

//Hanging Man 上吊线
data14 = high - low > 4 * (open - close) and (close - low) / (.001 + high - low) >=
0.75 and
    (open - low) / (.001 + high - low) >= 0.75 and high[1] < open and high[2] <
open
plotshape(data14, title='Hanging Man', color=color.new(color.red, 0),
    style=shape.arrowdown, text='Hanging\nMan')

//Bullish Belt 多头执带
lower = ta.lowest(10)[1]
data15 = low == open and open < lower and open < close and close > (high[1] -
low[1]) / 2 + low[1]
plotshape(data15, title='Bullish Belt', location=location.belowbar,
    color=color.new(color.lime, 0), style=shape.arrowup, text='Bullish\nBelt')
```

将该脚本添加到图表中，以特斯拉股票（TSLA）为例，运行结果如图 23-5 所示。

图 23-5 将识别多种特殊 K 线形态的指标运用于特斯拉股票的图表中

23.3　定制指标实例

在 Pine Script 系统内置的脚本或社区用户所分享的脚本的基础上，定制自己的脚本是最常用的方法之一。本节实例 1 采用了此种方法，实例 2 则是一个全新脚本。

实例 1：定制/修改 RSI 指标。

在本例中，以系统内置的 RSI 指标脚本为基础，在该指标的背景上画上红柱、绿柱，对超买、超卖情况加以提示。Technicals 板块（系统内置）的 RSI 指标脚本如图 23-6 所示。

```
Stock Screener  ∨    Pine Editor    Strategy Tester    Trading Panel

Relative Strength In...  🔒 ☆ Q  32.0 ∨

1   //@version=5
2   indicator(title="Relative Strength Index", shorttitle="RSI", format=format.price, precision=2, timeframe="", timeframe_gaps=true)
3
4   ma(source, length, type) =>
5       switch type
6           "SMA" => ta.sma(source, length)
7           "Bollinger Bands" => ta.sma(source, length)
8           "EMA" => ta.ema(source, length)
9           "SMMA (RMA)" => ta.rma(source, length)
10          "WMA" => ta.wma(source, length)
11          "VWMA" => ta.vwma(source, length)
12
13  rsiLengthInput = input.int(14, minval=1, title="RSI Length", group="RSI Settings")
14  rsiSourceInput = input.source(close, "Source", group="RSI Settings")
15  maTypeInput = input.string("SMA", title="MA Type", options=["SMA", "Bollinger Bands", "EMA", "SMMA (RMA)", "WMA", "VWMA"], group="MA Settings")
16  maLengthInput = input.int(14, title="MA Length", group="MA Settings")
17  bbMultInput = input.float(2.0, minval=0.001, maxval=50, title="BB StdDev", group="MA Settings")
18
19  up = ta.rma(math.max(ta.change(rsiSourceInput), 0), rsiLengthInput)
20  down = ta.rma(-math.min(ta.change(rsiSourceInput), 0), rsiLengthInput)
21  rsi = down == 0 ? 100 : up == 0 ? 0 : 100 - (100 / (1 + up / down))
22  rsiMA = ma(rsi, maLengthInput, maTypeInput)
23  isBB = maTypeInput == "Bollinger Bands"
24
25  plot(rsi, "RSI", color=#7E57C2)
26  plot(rsiMA, "RSI-based MA", color=color.yellow)
27  rsiUpperBand = hline(70, "RSI Upper Band", color=#787B86)
28  hline(50, "RSI Middle Band", color=color.new(#787B86, 50))
29  rsiLowerBand = hline(30, "RSI Lower Band", color=#787B86)
30  fill(rsiUpperBand, rsiLowerBand, color=color.rgb(126, 87, 194, 90), title="RSI Background Fill")
31  bbUpperBand = plot(isBB ? rsiMA + ta.stdev(rsi, maLengthInput) * bbMultInput : na, title = "Upper Bollinger Band", color=color.green)
32  bbLowerBand = plot(isBB ? rsiMA - ta.stdev(rsi, maLengthInput) * bbMultInput : na, title = "Lower Bollinger Band", color=color.green)
33  fill(bbUpperBand, bbLowerBand, color= isBB ? color.new(color.green, 90) : na, title="Bollinger Bands Background Fill")
```

图 23-6　内置的 RSI 指标脚本

内置的 RSI 指标图如图 23-7 所示。

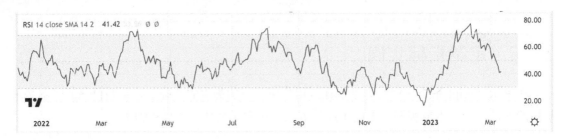

图 23-7　内置的 RSI 指标图

使用函数 bgcolor，在该指标的背景上画上红柱、绿柱，用以对超买、超卖情况加以提示。修改后的脚本如下所示。

```
//@version=5
indicator(title="Relative Strength Index", shorttitle="RSI",
format=format.price, precision=2, timeframe="", timeframe_gaps=true)

ma(source, length, type) =>
    switch type
        "SMA" => ta.sma(source, length)
        "Bollinger Bands" => ta.sma(source, length)
        "EMA" => ta.ema(source, length)
        "SMMA (RMA)" => ta.rma(source, length)
        "WMA" => ta.wma(source, length)
        "VWMA" => ta.vwma(source, length)

rsiLengthInput = input.int(14, minval=1, title="RSI Length", group="RSI
Settings")
rsiSourceInput = input.source(close, "Source", group="RSI Settings")
maTypeInput = input.string("SMA", title="MA Type", options=["SMA", "Bollinger
Bands", "EMA", "SMMA (RMA)", "WMA", "VWMA"], group="MA Settings")
maLengthInput = input.int(14, title="MA Length", group="MA Settings")
bbMultInput = input.float(2.0, minval=0.001, maxval=50, title="BB StdDev",
group="MA Settings")

up = ta.rma(math.max(ta.change(rsiSourceInput), 0), rsiLengthInput)
down = ta.rma(-math.min(ta.change(rsiSourceInput), 0), rsiLengthInput)
rsi = down == 0 ? 100 : up == 0 ? 0 : 100 - (100 / (1 + up / down))
rsiMA = ma(rsi, maLengthInput, maTypeInput)
isBB = maTypeInput == "Bollinger Bands"
```

```
plot(rsi, "RSI", color=#7E57C2)
plot(rsiMA, "RSI-based MA", color=color.yellow)

upLine = input.int(70, minval=50, maxval=90, title="RSI Upper Line Value")
lowLine = input.int(30, minval=10, maxval=50, title="RSI Lower Line Value")
rsiUpperBand = hline(upLine, "RSI Upper Band", color=#787B86)
rsiLowerBand = hline(lowLine, "RSI Lower Band", color=#787B86)

hline(50, "RSI Middle Band", color=color.new(#787B86, 50))
fill(rsiUpperBand, rsiLowerBand, color=color.rgb(126, 87, 194, 90), title="RSI
Background Fill")
bbUpperBand = plot(isBB ? rsiMA + ta.stdev(rsi, maLengthInput) * bbMultInput :
na, title = "Upper Bollinger Band", color=color.green)
bbLowerBand = plot(isBB ? rsiMA - ta.stdev(rsi, maLengthInput) * bbMultInput :
na, title = "Lower Bollinger Band", color=color.green)
fill(bbUpperBand, bbLowerBand, color= isBB ? color.new(color.green, 90) : na,
title="Bollinger Bands Background Fill")

bgcolor(rsi<=lowLine?color.new(color.green,70):rsi<upLine?na:color.new(color
.red,70))
bgcolor(rsi[1]<=lowLine and rsi>lowLine ? color.new(color.green,0) :
rsi[1]>=upLine and rsi <upLine ? color.new(color.red,0):na)
```

在此例中我们一共修改了 6 行代码，用于根据 RSI 的变化来改变背景颜色。

● 若 30<RSI<70，表示指标处于正常范围，不需要改变背景颜色（原脚本在图表上画了 30、50 和 70 三条虚线横线）。

● 若 RSI>70，则表示市场处于超买状态，此时背景颜色会变为浅红色；若 RSI 向下穿越 70 虚横线（即 RSI 值开始下跌，进入正常范围），背景颜色则会变为深红色。

● 若 RSI<30，则表示市场处于超卖状态，此时背景颜色会变为浅绿色；若 RSI 向上穿越 30 虚横线（市场从超卖状态转为正常范围，即 RSI 值开始上升，进入正常范围），背景颜色则会变为深绿色。

注

深绿色和深红色的背景颜色（呈现红/绿柱状）提示交易者要注意可能出现的市场反转，关注潜在的买卖机会。

改进后的 RSI 指标图如图 23-8 所示。

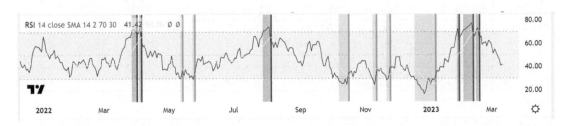

图 23-8　改进后的 RSI 指标图

此外，我们可以通过增加一些功能来进一步完善上述脚本。例如，在 RSI 指标出现超买或超卖时发出提醒，以及提供背离（Divergence）提示等。关于这些功能的更多内容将在应用篇详细讲解。

实例 2：定制新指标 ARBR。

指标 ARBR 是常见的人气情绪指标。对于比较情绪化的市场，该指标还是颇有用处的。国内的很多券商的 APP、财经软件都提供该指标供投资人使用。然而，在 TradingView 平台根据关键字"ARBR"搜索时，并不能搜索到可用的指标，但不排除社区内有类似 ARBR 功能的指标。其实指标 ARBR 算法简单，可以通过脚本自行定制。

指标 ARBR 的计算公式如下所示。

- AR 的计算公式：$\sum_{i=1}^{26}(high-open)/\sum_{i=1}^{26}(open-low)\times100$

- BR 的计算公式：$\sum_{i=1}^{26}Max(0,high-close[1])/\sum_{i=1}^{26}Max(0,close[1]-low)\times100$

 注

默认的时间周期长度为 26，并且该参数可以在用户界面定制修改。

依据指标 ARBR 的公式编写脚本，如下所示。

```
//@version=5
indicator("ARBR")
```

```
arbrLengthInput = input.int(26, minval=1, title="ARBR Length")

ar = math.sum(high-open, arbrLengthInput) / math.sum(open-low,
arbrLengthInput)*100
br = math.sum(math.max(0, high-close[1]), arbrLengthInput) /
math.sum(math.max(0,
 close[1]-low), arbrLengthInput)*100

hline(100, color = color.black)
plot(ar, color = color.orange)
plot(br, color = color.blue)
```

将该脚本添加到图表中，运行结果如图 23-9 所示。图中橙色线表示 AR，蓝色线表示 BR。

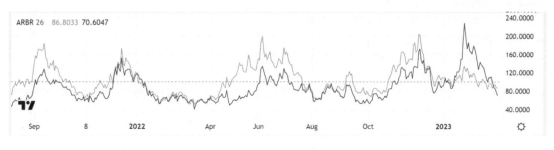

图 23-9　指标 ARBR 实例

23.4　indicator 脚本与 strategy 脚本之间的相互转换

在 TradingView 社区中有 10 多万个指标和策略供用户使用，其中既有平台提供的，也有社区用户分享的，而且绝大多数是开源的。

有时我们希望将好用的 indicator 脚本转换为 strategy 脚本，反之亦然，这种脚本之间进行相互转换的方法很简单。

将 indicator 转换为 strategy 的步骤是：①修改函数名及参数，将 indicator 函数声明语句修改为 strategy 函数声明语句，有时需要补充 strategy 参数。②将 indicator 脚本提示多头/空头信号的地方，改为使用函数 strategy.entry()开仓，使用函数 strategy.exit()平仓，使用函数 strategy.close()清仓，使用函数 strategy.entry()反向开仓（即为平仓）。③将 indicator 函数体内的条件表达式转换为 strategy 函数体内的条件语句。

将 strategy 转换为 indicator，则为上述步骤的逆向操作，操作步骤是：①修改函数名及参数：将 strategy 函数声明语句修改为 indicator 函数声明语句。②在前面章节中，我们讲过函数 strategy 除独有的回测与前测功能外，还兼有函数 indicator 的功能。在将 strategy 转换为 indicator 的过程中，需要去掉函数 strategy 独有的部分。具体说来，就是删除 strategy 函数体中的开仓、平仓、清仓交易，改为使用绘图展示或使用信息提示多头和空头信号。需要注意的是，在 strategy 函数体内可以不使用绘图函数（如 plot 和 plotshape 等），然而 indicator 函数体内至少要包含一个绘图函数。

示例：将 indicator 脚本 A 转换为 strategy 脚本 B。脚本 A 为有关均线交叉的指标脚本，脚本如下所示。

```
//@version=5
indicator("SMA Cross", overlay=true)
sma10=ta.sma(close, 10)
sma20=ta.sma(close, 20)
plot(sma10,color=color.orange)
plot(sma20,color=color.aqua)
longCondition = ta.crossover(sma10, sma20)
shortCondition = ta.crossunder(sma10, sma20)
plotshape(series=longCondition? sma10:na,text='buy',textcolor=color.green)
plotshape(series=shortCondition? sma10:na,text='sell',textcolor=color.red)
```

将该脚本添加到图表中，以微软股票（MSFT）为例，运行结果如图 23-10 所示。

图 23-10　原脚本的运行结果

　　脚本 B 是将上面的脚本 A 转换为均线交叉策略脚本，如下所示。

```
//@version=5
strategy("SMA Cross Strategy", overlay=true, margin_long=100, margin_short=100)
sma10=ta.sma(close, 10)
sma20=ta.sma(close, 20)
plot(sma10,color=color.orange)
plot(sma20,color=color.aqua)
longCondition = ta.crossover(sma10, sma20)
if (longCondition)
    strategy.entry("My Long Entry Id", strategy.long)
shortCondition = ta.crossunder(sma10, sma20)
if (shortCondition)
    strategy.entry("My Short Entry Id", strategy.short)
```

　　将该脚本添加到图表中，继续以微软股票（MSFT）为例，运行结果如图 23-11 所示。

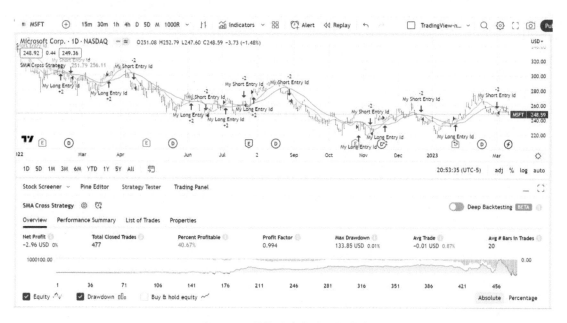

图 23-11　转换后脚本的运行结果

23.5　小结

本章主要介绍了在使用 Pine Script V5 编程时的一些小技巧和实例，旨在帮助用户更好地使用 TradingView 平台并提高编程效率。本章主要内容包括将多个指标合并到一个脚本以节省开支；使用脚本自动识别 K 线形态；定制指标实例以满足特定需求，以及如何在 indicator 和 strategy 脚本之间进行相互转换。用户掌握这些技巧和实例，可以更快捷、更方便地进行指标/策略开发和交易决策。

应用篇

第 24 章　趋势指标/策略

趋势交易是在金融市场中最容易获利的方法之一，也是中长线投资者的主要利润来源。趋势对于投资者来说至关重要，掌握趋势意味着秉要执本、驾驭方向。

趋势指标是辅助投资者进行交易决策的重要工具。趋势类的指标有很多，其中以均线类指标最为经典。均线类指标作为一种基础的技术分析工具，经常被借鉴或调用去构建复杂而精妙的新指标。此外，很多金融大师、业界高手还发明了很多有助于技术分析和市场预测的趋势指标。本章我们将讲解几个常见的趋势类指标，包括均线类（MAs）、支撑/压力位（Support/Resistance）、趋势线（Trend Lines）、趋势通道（Trend Channels）、一目均衡表（Ichimoku）和艾略特波浪（Elliot Wave）。

24.1　均线类

24.1.1　均线类指标简介

移动平均线指标（Moving Average，MA）是最早的技术分析指标之一。

TradingView 系统内置多种均线指标，包括 SMA（Simple Moving Average）、EMA（Exponential Moving Average）、WMA（Weighted Moving Average）、RMA（Relative Moving Average）等。

- SMA：即移动均线指标（也是国内投资者经常提到的均线 MA），算法是取周期为 n 的所有收盘价的算术平均数。

SMA 计算公式：$SMA(close, n) = \sum_{i=1}^{n} \dfrac{close[i-1]}{n}$

- EMA：即指数平滑移动平均线指标。

EMA 计算公式：$EMA(close, n) = (1-\alpha) \times EMA(close[1], n) + \alpha \times close[0]$，这里 $\alpha = \dfrac{2}{n+1}$

- WMA：即加权移动平均线指标。此外 WMA 还有 VWMA（Volume-Weighted Moving Average）和 SWMA（Symmetrically-Weighted Moving Average）等变体。

WMA 计算公式：$WMA(close, n) = \dfrac{\sum_{i=1}^{n} i \times close[i-1]}{\sum_{i=1}^{n} i}$

● RMA：即相对移动平均线指标。

RMA 计算公式：$\text{EMA}(\text{close}, n) = (1-\alpha) \times \text{EMA}(\text{close}[1], n) + \alpha \times \text{close}[0]$，这里 $\alpha = \dfrac{1}{n+1}$

下面对指标 SMA、EMA 与 RMA 进行比较。

SMA 与 EMA：它们的主要区别在于权重分配。EMA 给予当前 K 线的收盘价更高的权重，而 SMA 则对统计周期内的所有收盘价赋予同等的权重。因此，EMA 的曲线更加平滑，对当前价格变化的反应更灵敏，在国外分析师和交易员中应用更广泛。

EMA 与 RMA：它们的区别在于使用的系数 α 不同。

24.1.2　实例 1：均线彩虹指标

均线指标（MA Ribbon）是一个兼具艺术性与实用性的技术指标，颇受很多交易者的喜爱。它是由一组不同周期的均线，使用两种以上的颜色绘制而成的，并采用不同的颜色标识牛市与熊市的趋势，来提示潜在的交易机会。若均线组为死叉则提示市场看跌，若均线组为金叉则提示市场看涨。

在本实例中，均线组共包含 32 条均线。可选的均线类型为 SMA、EMA 和 WMA，默认为 SMA。图表的默认风格为 Theme2（青紫配色）：若均线为青绿色（teal），则表示趋势看涨；若均线为紫色（purple），则表示趋势看跌。此外在脚本中还提供风格 Theme1（红绿配色）和Theme3（黑白灰配色），如下所示。

```
//@version=5
indicator("Moving Average Ribbon", shorttitle="MAR", overlay=true)
// 输入
source = input(close, 'Source')
ma = input.string(title='Type', options=['SMA', 'EMA', 'WMA'], defval='SMA')
Theme = input.string(title='Theme', options=['Theme 1', 'Theme 2', 'Theme 3'],
defval='Theme 2')
length = input.int(defval=1, minval=1, title='Length')
start = input.int(defval=5, minval=1, title='Start')
maNumber = input.int(defval=32, minval=1, maxval=32, title='No. of MAs')
colourFrom = input(defval=false, title='Colour option')
// 设置颜色
colour1 = color.new(color.green, 25)
colour2 = color.new(color.red, 25)
colour3 = color.new(color.teal, 25)
colour4 = color.new(color.purple, 25)
```

```
colour5 = color.new(color.silver, 50)
colour6 = color.new(#353535, 25)


c1 = Theme == 'Theme 1' ? colour1 : Theme == 'Theme 2' ? colour3 : Theme == 'Theme
3' ? colour5 : na
c2 = Theme == 'Theme 1' ? colour2 : Theme == 'Theme 2' ? colour4 : Theme == 'Theme
3' ? colour6 : na


count = length * start
// 用户自定义函数，用于计算均线组
getMa(c) =>
    l = count + length * c
    if ma == 'SMA'
        ta.sma(source, l)
    else
        if ma == 'EMA'
            ta.ema(source, l)
        else
            if ma == 'WMA'
                ta.wma(source, l)
// 计算均线组
sma1 = maNumber >= 1 ? getMa(0) : na
sma2 = maNumber >= 2 ? getMa(1) : na
sma3 = maNumber >= 3 ? getMa(2) : na
sma4 = maNumber >= 4 ? getMa(3) : na
sma5 = maNumber >= 5 ? getMa(4) : na
sma6 = maNumber >= 6 ? getMa(5) : na
sma7 = maNumber >= 7 ? getMa(6) : na
sma8 = maNumber >= 8 ? getMa(7) : na
sma9 = maNumber >= 9 ? getMa(8) : na
sma10 = maNumber >= 10 ? getMa(9) : na
sma11 = maNumber >= 11 ? getMa(10) : na
sma12 = maNumber >= 12 ? getMa(11) : na
sma13 = maNumber >= 13 ? getMa(12) : na
sma14 = maNumber >= 14 ? getMa(13) : na
sma15 = maNumber >= 15 ? getMa(14) : na
sma16 = maNumber >= 16 ? getMa(15) : na
```

```
sma17 = maNumber >= 17 ? getMa(16) : na
sma18 = maNumber >= 18 ? getMa(17) : na
sma19 = maNumber >= 19 ? getMa(18) : na
sma20 = maNumber >= 20 ? getMa(19) : na
sma21 = maNumber >= 21 ? getMa(20) : na
sma22 = maNumber >= 22 ? getMa(21) : na
sma23 = maNumber >= 23 ? getMa(22) : na
sma24 = maNumber >= 24 ? getMa(23) : na
sma25 = maNumber >= 25 ? getMa(24) : na
sma26 = maNumber >= 26 ? getMa(25) : na
sma27 = maNumber >= 27 ? getMa(26) : na
sma28 = maNumber >= 28 ? getMa(27) : na
sma29 = maNumber >= 29 ? getMa(28) : na
sma30 = maNumber >= 30 ? getMa(29) : na
sma31 = maNumber >= 31 ? getMa(30) : na
sma32 = maNumber >= 32 ? getMa(31) : na
// 绘制均线组
plot(sma32, color=not colourFrom and sma32 <= source or colourFrom and
    sma32 <= sma31 ? c1 : c2, title='plot 32', linewidth=1, style=plot.style_line)
plot(sma31, color=not colourFrom and sma31 <= source or colourFrom and
    sma31 <= sma30 ? c1 : c2, title='plot 31', linewidth=1, style=plot.style_line)
plot(sma30, color=not colourFrom and sma30 <= source or colourFrom and
    sma30 <= sma29 ? c1 : c2, title='plot 30', linewidth=1, style=plot.style_line)
plot(sma29, color=not colourFrom and sma29 <= source or colourFrom and
    sma29 <= sma28 ? c1 : c2, title='plot 29', linewidth=1, style=plot.style_line)
plot(sma28, color=not colourFrom and sma28 <= source or colourFrom and
    sma28 <= sma27 ? c1 : c2, title='plot 28', linewidth=1, style=plot.style_line)
plot(sma27, color=not colourFrom and sma27 <= source or colourFrom and
    sma27 <= sma26 ? c1 : c2, title='plot 27', linewidth=1, style=plot.style_line)
plot(sma26, color=not colourFrom and sma26 <= source or colourFrom and
    sma26 <= sma25 ? c1 : c2, title='plot 26', linewidth=1, style=plot.style_line)
plot(sma25, color=not colourFrom and sma25 <= source or colourFrom and
    sma25 <= sma24 ? c1 : c2, title='plot 25', linewidth=1, style=plot.style_line)
plot(sma24, color=not colourFrom and sma24 <= source or colourFrom and
    sma24 <= sma23 ? c1 : c2, title='plot 24', linewidth=1, style=plot.style_line)
plot(sma23, color=not colourFrom and sma23 <= source or colourFrom and
    sma23 <= sma22 ? c1 : c2, title='plot 23', linewidth=1, style=plot.style_line)
```

```
plot(sma22, color=not colourFrom and sma22 <= source or colourFrom and
   sma22 <= sma21 ? c1 : c2, title='plot 22', linewidth=1, style=plot.style_line)
plot(sma21, color=not colourFrom and sma21 <= source or colourFrom and
   sma21 <= sma20 ? c1 : c2, title='plot 21', linewidth=1, style=plot.style_line)
plot(sma20, color=not colourFrom and sma20 <= source or colourFrom and
   sma20 <= sma19 ? c1 : c2, title='plot 20', linewidth=1, style=plot.style_line)
plot(sma19, color=not colourFrom and sma19 <= source or colourFrom and
   sma19 <= sma18 ? c1 : c2, title='plot 19', linewidth=1, style=plot.style_line)
plot(sma18, color=not colourFrom and sma18 <= source or colourFrom and
   sma18 <= sma17 ? c1 : c2, title='plot 18', linewidth=1, style=plot.style_line)
plot(sma17, color=not colourFrom and sma17 <= source or colourFrom and
   sma17 <= sma16 ? c1 : c2, title='plot 17', linewidth=1, style=plot.style_line)
plot(sma16, color=not colourFrom and sma16 <= source or colourFrom and
   sma16 <= sma15 ? c1 : c2, title='plot 16', linewidth=1, style=plot.style_line)
plot(sma15, color=not colourFrom and sma15 <= source or colourFrom and
   sma15 <= sma14 ? c1 : c2, title='plot 15', linewidth=1, style=plot.style_line)
plot(sma14, color=not colourFrom and sma14 <= source or colourFrom and
   sma14 <= sma13 ? c1 : c2, title='plot 14', linewidth=1, style=plot.style_line)
plot(sma13, color=not colourFrom and sma13 <= source or colourFrom and
   sma13 <= sma12 ? c1 : c2, title='plot 13', linewidth=1, style=plot.style_line)
plot(sma12, color=not colourFrom and sma12 <= source or colourFrom and
   sma12 <= sma11 ? c1 : c2, title='plot 12', linewidth=1, style=plot.style_line)
plot(sma11, color=not colourFrom and sma11 <= source or colourFrom and
   sma11 <= sma10 ? c1 : c2, title='plot 11', linewidth=1, style=plot.style_line)
plot(sma10, color=not colourFrom and sma10 <= source or colourFrom and
   sma10 <= sma9 ? c1 : c2, title='plot 10', linewidth=1, style=plot.style_line)
plot(sma9, color=not colourFrom and sma9 <= source or colourFrom and
   sma9 <= sma8 ? c1 : c2, title='plot 9', linewidth=1, style=plot.style_line)
plot(sma8, color=not colourFrom and sma8 <= source or colourFrom and
   sma8 <= sma7 ? c1 : c2, title='plot 8', linewidth=1, style=plot.style_line)
plot(sma7, color=not colourFrom and sma7 <= source or colourFrom and
   sma7 <= sma6 ? c1 : c2, title='plot 7', linewidth=1, style=plot.style_line)
plot(sma6, color=not colourFrom and sma6 <= source or colourFrom and
   sma6 <= sma5 ? c1 : c2, title='plot 6', linewidth=1, style=plot.style_line)
plot(sma5, color=not colourFrom and sma5 <= source or colourFrom and
   sma5 <= sma4 ? c1 : c2, title='plot 5', linewidth=1, style=plot.style_line)
plot(sma4, color=not colourFrom and sma4 <= source or colourFrom and
```

```
    sma4 <= sma3 ? c1 : c2, title='plot 4', linewidth=1, style=plot.style_line)
plot(sma3, color=not colourFrom and sma3 <= source or colourFrom and
    sma3 <= sma2 ? c1 : c2, title='plot 3', linewidth=1, style=plot.style_line)
plot(sma2, color=not colourFrom and sma2 <= source or colourFrom and
    sma2 <= sma1 ? c1 : c2, title='plot 2', linewidth=1, style=plot.style_line)
plot(sma1, color=not colourFrom and sma1 <= source or colourFrom and
    sma1 <= source ? c1 : c2, title='plot 1', linewidth=1, style=plot.style_line)
//
```

将该指标添加到图表中，以上证指数（000001）的周线图为例，运行结果如图 24-1 所示。

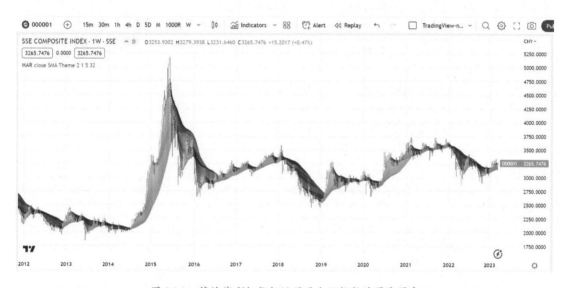

图 24-1　将均线彩虹指标运用于上证指数的周线图中

24.1.3　实例 2：均线带策略

传统的 MA Ribbon 指标已经演化出了许多变体,其中包括 GMMA（Guppy Multiple Moving Average）和 MA Bands（均线带）等。相对于 MA Ribbon，MA Bands 更加简洁和直观。

在本实例中,可选的均线类型为 SMA/EMA/VWMA/RMA,默认为 SMA。若均线为蓝色,则表示趋势看涨;若均线为红色,则表示趋势看跌。用户还可以根据起止日期进行回测/前测,默认起止日期为 1900 年—2100 年。在该脚本中,默认周期长度为 20。均线带的上轨或下轨的其中之一必然是 *MA（close, 20）。若为看涨趋势,则上轨是 *MA（close, 20）,下轨取值为 ta.lowest(ma, 20),均线带为蓝色;若为看跌趋势,则下轨是 *MA（close, 20）,上轨取值为 ta.highest(ma, 20),均线带为红色。而且在该脚本中,以趋势变量 trend 指示牛市和熊市的趋势。trend=1 表示市场为牛市；trend=−1 表示市场为熊市。初始值（默认值）src2=OHLC4，这里内置变量 OHLC4 = (Open + High + Low + Close)/4。脚本如下所示。

```
//@version=5
strategy(title="Trend Ribbon Strategy", shorttitle="TRS", overlay=true,
default_qty_type=
    strategy.percent_of_equity, default_qty_value=100, pyramiding=0,
commission_value=0.1)

//输入设置
needlong = input(true, defval=true, title='Long')
needshort = input(true, defval=true, title='Short')
type = input.string(defval='SMA', options=['SMA', 'EMA', 'VWMA', 'RMA'],
title='MA Type')
len = input.int(20, minval=5, title='MA Length (min. 5)')
src1 = input(ohlc4, title='MA Source')
src2 = input(ohlc4, title='Signal Source')
showrib = input(true, title='Show ribbon')
showbg = input(true, title='Show color')
fromyear = input.int(1900, defval=1900, minval=1900, maxval=2100, title='From
Year')
toyear = input.int(2100, defval=2100, minval=1900, maxval=2100, title='To Year')
frommonth = input.int(01, defval=01, minval=01, maxval=12, title='From Month')
tomonth = input.int(12, defval=12, minval=01, maxval=12, title='To Month')
fromday = input.int(01, defval=01, minval=01, maxval=31, title='From day')
today = input.int(31, defval=31, minval=01, maxval=31, title='To day')

//MA 均线计算
ma = type == 'SMA' ? ta.sma(src1, len) : type == 'EMA' ? ta.ema(src1, len) :
    type == 'VWMA' ? ta.vwma(src1, len) : ta.rma(src1, len)
colorma = showrib ? color.black : na
pm = plot(ma, color=colorma, title='MA')

//计算并绘制均线带通道的上轨与下轨
h = ta.highest(ma, len)
l = ta.lowest(ma, len)
colorpc = showrib ? color.blue : na
```

```
ph = plot(h, color=colorpc, title='Upper line')
pl = plot(l, color=colorpc, title='Lower Line')

//判断趋势 Trend
trend = 0
trend := src2 > h[1] ? 1 : src2 < l[1] ? -1 : trend[1]

//填充均线带的颜色
colorbg1 = showbg ? color.red : na
colorbg2 = showbg ? color.blue : na
fill(ph, pm, color=color.new(colorbg1, 50))
fill(pl, pm, color=color.new(colorbg2, 50))

//计算并交易下单
truetime = time > timestamp(fromyear, frommonth, fromday, 00, 00) and
    time < timestamp(toyear, tomonth, today, 23, 59)
if trend == 1 and needlong and truetime
    strategy.entry('Long', strategy.long)
if trend == -1 and needshort and truetime
    strategy.entry('Short', strategy.short)
if trend == 1 and needlong == false
    strategy.close_all()
if trend == -1 and needshort == false
    strategy.close_all()
if time > timestamp(toyear, tomonth, today, 23, 59)
    strategy.close_all()
```

在该脚本中，有一段比较重要的用于判定趋势的代码如下所示。

```
//判断趋势 Trend
trend = 0
trend := src2 > h[1] ? 1 : src2 < l[1] ? -1 : trend[1]
```

因为初学者常对此有疑问，所以我们对其解释一下，这段脚本的逻辑可以用流程图表示，如图 24-2 所示。

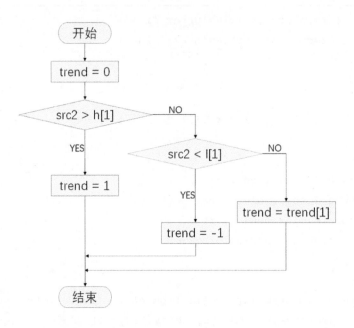

图 24-2 均线带策略中判定趋势的脚本的逻辑

  将该策略脚本添加到图表中，使用上证指数（000001）对该策略进行回测，以验证它的有效性，运行结果如图 24-3 所示。

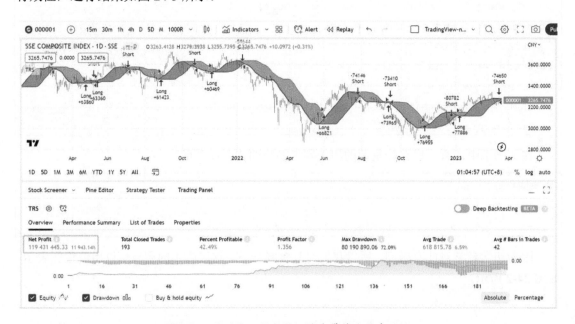

图 24-3 使用上证指数验证均线带策略的有效性

根据 Strategy Tester 的结果，我们可以看到净利润率 Net Profit Rate = 11943.14%，利润率非常可观。经过回测验证得出的结论是，该策略对于上证指数（000001）很有效。

24.2　支撑/压力

24.2.1　支撑/压力简介

（1）支撑线和压力线的含义

支撑线（Support Line）是指当金融资产的价格跌到某个价位附近时，价格会停止下跌，甚至有可能回升。支撑线所在的位置起着阻止或者暂时阻止价格继续下跌的作用。

压力线（Resistance Line）是指当金融资产的价格上涨到某个价位附近时，价格会停止上涨，甚至有可能回落。压力线所在的位置起着阻止或者暂时阻止价格继续上涨的作用。

（2）支撑线与压力线可以相互转化

支撑线和压力线之间存在一种相互转化的关系：当一条支撑线被向下跌破时，它将变成一条压力线；同样，当一条压力线被向上突破时，它将变成一条支撑线。这表明支撑线和压力线的角色不是一成不变的，而是可以相互转化的。要实现这种转化，条件是发生足够强大和有效的价格突破。一般来说，当价格穿过支撑线或压力线越远时，突破的结论就越可信，直到突破被确认。

24.2.2　实例：支撑/压力通道

本实例借鉴了 TradingView 社区的高手@LonesomeTheBlue 的脚本，并做了改进和优化。本实例可用于在图表上绘制支撑/压力通道，很有实用价值。

指标脚本的算法简述为：①查找并保存 Pivot Point（枢轴点），用 H 标注 Pivot High 位置，用 L 标注 Pivot Low 位置。②每当找到一个新的 Pivot Point 时，就清除旧的 S/R 通道，对于每个 Pivot Point 都用动态宽度搜索所在通道中的所有枢轴点。③在创建 S/R 通道时，脚本会计算其强度，然后根据强度对所有 S/R 通道进行排序；在图表中显示最强的 S/R 通道，在此之前它检查列表中的旧位置，并调整优化可见性。④如果价格突破 S/R 通道，则系统会发出提示。若是向下突破则将红色符号▼置于 K 线的上方，若是向上突破则将绿色符号▲置于 K 线的下方。⑤脚本支持 alert 功能，当价格突破 S/R 通道时系统发出提醒。⑥脚本根据当前价格自动调整 S/R 通道的颜色。

注

（1）这里的 S/R 通道是使用红色、绿色和灰色表示的水平通道。红色通道表示压力，绿色通道表示支撑，灰色通道表示当前价格恰好在通道内。通道的颜色可以在价格突破/进入/离开通道后转变。

（2）脚本支持提醒，但提醒功能仍需用户在图形界面配置才能完善。

脚本如下所示。

```
//@version=5
indicator("Support Resistance Channels", "S/R Channels", overlay=true,
max_bars_back=501)
prd = input.int(defval=10, title='Pivot Period', minval=4, maxval=30,
group='Settings ✏',
    tooltip='Used while calculating Pivot Points, checks left&right bars')
ppsrc = input.string(defval='High/Low', title='Source', options=['High/Low',
'Close/Open'],
    group='Settings ✏', tooltip='Source for Pivot Points')
ChannelW = input.int(defval=5, title='Maximum Channel Width %', minval=1,
maxval=8,
    group='Settings ✏', tooltip='Calculated using Highest/Lowest levels in 300
bars')
minstrength = input.int(defval=1, title='Minimum Strength', minval=1,
group='Settings ✏',
    tooltip='Channel must contain at least 2 Pivot Points')
maxnumsr = input.int(defval=6, title='Maximum Number of S/R', minval=1,
maxval=10,
    group='Settings ✏', tooltip='Maximum number of Support/Resistance Channels
to Show') - 1
loopback = input.int(defval=290, title='Loopback Period', minval=100,
maxval=400,
    group='Settings ✏', tooltip='While calculating S/R levels it checks Pivots
in Loopback Period')
res_col = input.color(defval=color.new(color.red, 75),
    title='Resistance Color', group='Colors 🎨🎨')
sup_col = input.color(defval=color.new(color.lime, 75),
    title='Support Color', group='Colors 🎨🎨')
inch_col = input.color(defval=color.new(color.gray, 75),
    title='Color When Price in Channel', group='Colors 🎨🎨')
showpp = input.bool(defval=false, title='Show Pivot Points', group='Extras 🔧')
showsrbroken = input.bool(defval=false, title='Show Broken Support/Resistance',
    group='Extras 🔧')
```

```
showthema1en = input.bool(defval=false, title='MA 1', inline='ma1')
showthema1len = input.int(defval=50, title='', inline='ma1')
showthema1type = input.string(defval='SMA', title='', options=['SMA', 'EMA'],
inline='ma1')
showthema2en = input.bool(defval=false, title='MA 2', inline='ma2')
showthema2len = input.int(defval=200, title='', inline='ma2')
showthema2type = input.string(defval='SMA', title='', options=['SMA', 'EMA'],
inline='ma2')

ma1 = showthema1en ? showthema1type == 'SMA' ? ta.sma(close, showthema1len) :
    ta.ema(close, showthema1len) : na
ma2 = showthema2en ? showthema2type == 'SMA' ? ta.sma(close, showthema2len) :
    ta.ema(close, showthema2len) : na

plot(ma1, color=not na(ma1) ? color.blue : na)
plot(ma2, color=not na(ma2) ? color.red : na)

// 获取枢轴点 pivot High/Low
float src1 = ppsrc == 'High/Low' ? high : math.max(close, open)
float src2 = ppsrc == 'High/Low' ? low : math.min(close, open)
float ph = ta.pivothigh(src1, prd, prd)
float pl = ta.pivotlow(src2, prd, prd)

// 绘制枢轴点 pivot points
plotshape(ph and showpp, text='H', style=shape.labeldown, color=na,
    textcolor=color.new(color.red, 0), location=location.abovebar, offset=-prd)
plotshape(pl and showpp, text='L', style=shape.labelup, color=na,
    textcolor=color.new(color.lime, 0), location=location.belowbar,
offset=-prd)

// 计算最宽的 S/R 通道的宽度
prdhighest = ta.highest(300)
prdlowest = ta.lowest(300)
cwidth = (prdhighest - prdlowest) * ChannelW / 100

// 获取 pivot levels
var pivotvals = array.new_float(0)
var pivotlocs = array.new_float(0)
if ph or pl
```

```pine
    array.unshift(pivotvals, ph ? ph : pl)
    array.unshift(pivotlocs, bar_index)
    for x = array.size(pivotvals) - 1 to 0 by 1
        if bar_index - array.get(pivotlocs, x) > loopback  // remove old pivot
points
            array.pop(pivotvals)
            array.pop(pivotlocs)
            continue
        break

//用户自定义函数，用于查找 S/R 通道的 pivot point
get_sr_vals(ind) =>
    float lo = array.get(pivotvals, ind)
    float hi = lo
    int numpp = 0
    for y = 0 to array.size(pivotvals) - 1 by 1
        float cpp = array.get(pivotvals, y)
        float wdth = cpp <= hi ? hi - cpp : cpp - lo
        if wdth <= cwidth  // fits the max channel width?
            if cpp <= hi
                lo := math.min(lo, cpp)
                lo
            else
                hi := math.max(hi, cpp)
                hi

            numpp += 20  // each pivot point added as 20
            numpp
    [hi, lo, numpp]

// 保持旧的 S/R 通道，并根据新的 pivot point 计算新通道
var suportresistance = array.new_float(20, 0)  // min/max levels
changeit(x, y) =>
    tmp = array.get(suportresistance, y * 2)
    array.set(suportresistance, y * 2, array.get(suportresistance, x * 2))
    array.set(suportresistance, x * 2, tmp)
```

```
        tmp := array.get(suportresistance, y * 2 + 1)
        array.set(suportresistance, y * 2 + 1, array.get(suportresistance, x * 2 +
1))
        array.set(suportresistance, x * 2 + 1, tmp)

if ph or pl
    supres = array.new_float(0)  // number of pivot, strength, min/max levels
    stren = array.new_float(10, 0)
    //
    for x = 0 to array.size(pivotvals) - 1 by 1
        [hi, lo, strength] = get_sr_vals(x)
        array.push(supres, strength)
        array.push(supres, hi)
        array.push(supres, lo)


    //
    for x = 0 to array.size(pivotvals) - 1 by 1
        h = array.get(supres, x * 3 + 1)
        l = array.get(supres, x * 3 + 2)
        s = 0
        for y = 0 to loopback by 1
            if high[y] <= h and high[y] >= l or low[y] <= h and low[y] >= l
                s += 1
                s
        array.set(supres, x * 3, array.get(supres, x * 3) + s)


    //
    array.fill(suportresistance, 0)
    //
    src = 0
    for x = 0 to array.size(pivotvals) - 1 by 1
        stv = -1. // value
        stl = -1  // location
        for y = 0 to array.size(pivotvals) - 1 by 1
            if array.get(supres, y * 3) > stv and array.get(supres, y * 3) >=
minstrength * 20
```

```
                    stv := array.get(supres, y * 3)
                    stl := y
                    stl
            if stl >= 0
                //
                hh = array.get(supres, stl * 3 + 1)
                ll = array.get(supres, stl * 3 + 2)
                array.set(suportresistance, src * 2, hh)
                array.set(suportresistance, src * 2 + 1, ll)
                array.set(stren, src, array.get(supres, stl * 3))

                //
                for y = 0 to array.size(pivotvals) - 1 by 1
                    if array.get(supres, y * 3 + 1) <= hh and array.get(supres, y *
3 + 1) >= ll
                        or array.get(supres, y * 3 + 2) <= hh and array.get(supres,
y * 3 + 2) >= ll
                        array.set(supres, y * 3, -1)

                src += 1
                if src >= 10
                    break

        for x = 0 to 8 by 1
            for y = x + 1 to 9 by 1
                if array.get(stren, y) > array.get(stren, x)
                    tmp = array.get(stren, y)
                    array.set(stren, y, array.get(stren, x))
                    changeit(x, y)

get_level(ind) =>
    float ret = na
    if ind < array.size(suportresistance)
        if array.get(suportresistance, ind) != 0
            ret := array.get(suportresistance, ind)
        ret
```

```
        ret

get_color(ind) =>
    color ret = na
    if ind < array.size(suportresistance)
        if array.get(suportresistance, ind) != 0
            ret := array.get(suportresistance, ind) > close and
                array.get(suportresistance, ind + 1) > close ? res_col :
                array.get(suportresistance, ind) < close and
                array.get(suportresistance, ind + 1) < close ? sup_col : inch_col
            ret
    ret


var srchannels = array.new_box(10)
for x = 0 to math.min(9, maxnumsr) by 1
    box.delete(array.get(srchannels, x))
    srcol = get_color(x * 2)
    if not na(srcol)
        array.set(srchannels, x, box.new(left=bar_index, top=get_level(x * 2),
            right=bar_index + 1, bottom=get_level(x * 2 + 1), border_color=srcol,
            border_width=1, extend=extend.both, bgcolor=srcol))


resistancebroken = false
supportbroken = false


// 检查当前价格是否不在通道中
not_in_a_channel = true
for x = 0 to math.min(9, maxnumsr) by 1
    if close <= array.get(suportresistance, x * 2) and close >=
        array.get(suportresistance, x * 2 + 1)
        not_in_a_channel := false
        not_in_a_channel


// 若当前价格不在再通道中，则检查是否突破通道
if not_in_a_channel
    for x = 0 to math.min(9, maxnumsr) by 1
```

```
        if close[1] <= array.get(suportresistance, x * 2) and
            close > array.get(suportresistance, x * 2)
            resistancebroken := true
            resistancebroken
        if close[1] >= array.get(suportresistance, x * 2 + 1) and
            close < array.get(suportresistance, x * 2 + 1)
            supportbroken := true
            supportbroken
// 若突破通道，则触发提醒
alertcondition(resistancebroken, title='Resistance Broken',
message='Resistance Broken')
alertcondition(supportbroken, title='Support Broken', message='Support
Broken')
plotshape(showsrbroken and resistancebroken, style=shape.triangleup,
    location=location.belowbar, color=color.new(color.lime, 0), size=size.tiny)
plotshape(showsrbroken and supportbroken, style=shape.triangledown,
    location=location.abovebar, color=color.new(color.red, 0), size=size.tiny)
```

将该指标脚本添加到图表中，以上证指数（000001）的双周线图为例，运行结果如图 24-4 所示。

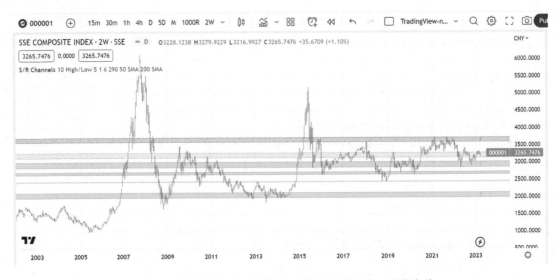

图 24-4　应用支撑/压力通道指标分析上证指数的双周线走势

可以看到该指标有效提示了上证指数的支撑/压力位,而这些支撑/压力通道所指示的位置往往又是交易密集区。

24.3　趋势线

24.3.1　趋势线简介

趋势线是指所绘制的金融资产的历史价格走势的直线。这条直线通过连接在一段特定时间内金融资产价格的波峰或波谷的点而成。上涨趋势线由连续上升的 K 线向下回撤的低点连接而成,下跌趋势线则由连续下降的 K 线向上反弹的高点连接而成。在图表技术分析中,趋势线作为最简单、最有价值的分析工具之一,用来预测未来金融资产价格的变化。

注

在通常情况下,趋势线需要与其他技术分析指标结合起来,才能更好地验证和研判其有效性。

24.3.2　实例:趋势线

使用函数 ta.pivothigh 和 ta.pivotlow 来查找周期内的 Pivot Point 高点和低点。然后使用这些 Pivot Point 点来检查是否存在可能的趋势线,如果存在,则将它们绘制在图表上。脚本如下所示。

```
//@version=5
indicator("Trend Lines" , overlay=true, max_bars_back=4000)
startyear = input(defval=2020, title='Start Year')
startmonth = input(defval=1, title='Start Month')
startday = input(defval=1, title='Start day')
prd = input.int(defval=20, title='Pivot Period', minval=10, maxval=50)
PPnum = input.int(defval=3, title='Number of Pivot Points to check', minval=2,
maxval=6)
utcol = input.color(defval=color.lime, title='Colors', inline='tcol')
dtcol = input.color(defval=color.red, title='', inline='tcol')

float ph = ta.pivothigh(prd, prd)
float pl = ta.pivotlow(prd, prd)
```

```
var tval = array.new_float(PPnum)
var tpos = array.new_int(PPnum)
var bval = array.new_float(PPnum)
var bpos = array.new_int(PPnum)

add_to_array(apointer1, apointer2, val) =>
    array.unshift(apointer1, val)
    array.unshift(apointer2, bar_index)
    array.pop(apointer1)
    array.pop(apointer2)

if ph
    add_to_array(tval, tpos, ph)

if pl
    add_to_array(bval, bpos, pl)

// 定义趋势线
maxline = 3
var bln = array.new_line(maxline, na)
var tln = array.new_line(maxline, na)

// 设置循环，根据 pivot points，检测是否有潜在的趋势线
countlinelo = 0
countlinehi = 0

starttime = timestamp(startyear, startmonth, startday, 0, 0, 0)

if time >= starttime
    for x = 0 to maxline - 1 by 1
        line.delete(array.get(bln, x))
        line.delete(array.get(tln, x))
    for p1 = 0 to PPnum - 2 by 1
        uv1 = 0.0
        uv2 = 0.0
        up1 = 0
        up2 = 0
```

```
if countlinelo <= maxline
    for p2 = PPnum - 1 to p1 + 1 by 1
        val1 = array.get(bval, p1)
        val2 = array.get(bval, p2)
        pos1 = array.get(bpos, p1)
        pos2 = array.get(bpos, p2)
        if val1 > val2
            diff = (val1 - val2) / (pos1 - pos2)
            hline = val2 + diff
            lloc = bar_index
            lval = low
            valid = true
            for x = pos2 + 1 - prd to bar_index by 1
                if close[bar_index - x] < hline
                    valid := false
                    break
                lloc := x
                lval := hline
                hline += diff
                hline

            if valid
                uv1 := hline - diff
                uv2 := val2
                up1 := lloc
                up2 := pos2
                break

dv1 = 0.0
dv2 = 0.0
dp1 = 0
dp2 = 0
if countlinehi <= maxline
    for p2 = PPnum - 1 to p1 + 1 by 1
        val1 = array.get(tval, p1)
        val2 = array.get(tval, p2)
        pos1 = array.get(tpos, p1)
```

```
        pos2 = array.get(tpos, p2)
        if val1 < val2
            diff = (val2 - val1) / float(pos1 - pos2)
            hline = val2 - diff
            lloc = bar_index
            lval = high
            valid = true
            for x = pos2 + 1 - prd to bar_index by 1
                if close[bar_index - x] > hline
                    valid := false
                    break
                lloc := x
                lval := hline
                hline -= diff
                hline

            if valid
                dv1 := hline + diff
                dv2 := val2
                dp1 := lloc
                dp2 := pos2
                break

    // 若出现持续的上涨趋势线, 则绘制趋势线
    if up1 != 0 and up2 != 0 and countlinelo < maxline
        countlinelo += 1
        array.set(bln, countlinelo - 1, line.new(up2 - prd, uv2, up1, uv1,
color=utcol))

    // 若出现持续的下跌趋势线, 则绘制趋势线
    if dp1 != 0 and dp2 != 0 and countlinehi < maxline
        countlinehi += 1
        array.set(tln, countlinehi - 1, line.new(dp2 - prd, dv2, dp1, dv1,
color=dtcol))
```

将该脚本添加到图表中, 以沪深 300 指数 (399300) 为例, 运行结果如图 24-5 所示。

图 24-5　运用 Trend Lines 指标分析沪深 300 指数日线图的走势

24.4　趋势通道

通道类指标既可以是趋势指标，也可以是波动率（Volatility）指标。本节我们讲解的是趋势通道指标。

24.4.1　趋势通道简介

通道类指标由两条以上的线组合而成，用于指示金融资产价格的波动范围和未来走势。这些指标通常融合了其他指标，并以通道的形式来展现。例如支撑/压力通道就是将支撑/压力线以通道的形式来展示。在实际应用中有很多种通道指标，如 Fibonacci Channel、Regression Channel、Donchian Channel、ENV（moving average ENVelopes）和 Keltner Channel 等。本节我们从实用性出发，对 ENV 指标进行详细讲解。

24.4.2　实例：ENV 指标

ENV 是一种带状通道指标，有助于识别趋势并确定超买/超卖条件。从形态上看，ENV 类似于管道线，但管道线由两条平行的直线组成，而 ENV 的上轨与下轨均为曲线。

要绘制 ENV，首先需要确定 ENV 的基线（Base line），也就是中轨。基线通常为一根均线，可以是 SMA、EMA 或 WMA 等，本例使用 EMA。然后设置 ENV 的上轨/下轨与基线距离的百分比（用户自定义）。最后根据基线以及它与上轨/下轨距离的百分比绘制 ENV 指标。

使用 EMA 和轨道宽（Bandwidth）来计算给定通道的上轨和下轨。轨道线以虚线形式绘制，并根据 close 和 EMA 之间的平均绝对误差（Mean Absolute Error，MAE）计算。当 close

穿过上轨线或下轨线时，分别用符号▲和▼提示，并发出提醒。用户自定义的窗口大小（Window Size）是指所计算的周期数，即指通道内包络多少根 K 线，最大值为 500，默认值也为 500。脚本如下所示。

```
//@version=5
indicator(title="ENVELOP",shorttitle="ENV",overlay=true,max_bars_back=1000,max_lines_count=500,max_labels_count=500)
length = input.float(500,'Window Size',maxval=500,minval=0)
h      = input.float(8.,'Bandwidth')
mult   = input.float(3.)
src    = input.source(close,'Source')

up_col = input.color(color.purple,'Colors',inline='col')
dn_col = input.color(color.blue,'',inline='col')
//----
n = bar_index
var k = 2
var upper = array.new_line(0)
var lower = array.new_line(0)

lset(l,x1,y1,x2,y2,col)=>
    line.set_xy1(l,x1,y1)
    line.set_xy2(l,x2,y2)
    line.set_color(l,col)
    line.set_width(l,2)

if barstate.isfirst
    for i = 0 to length/k-1
        array.push(upper,line.new(na,na,na,na))
        array.push(lower,line.new(na,na,na,na))
//----
line up = na
line dn = na
//----
cross_up = 0.
cross_dn = 0.
if barstate.islast
    y = array.new_float(0)
```

```
        sum_e = 0.
    for i = 0 to length-1
        sum = 0.
        sumw = 0.

        for j = 0 to length-1
            w = math.exp(-(math.pow(i-j,2)/(h*h*2)))
            sum += src[j]*w
            sumw += w

        y2 = sum/sumw
        sum_e += math.abs(src[i] - y2)
        array.push(y,y2)

    mae = sum_e/length*mult

    for i = 1 to length-1
        y2 = array.get(y,i)
        y1 = array.get(y,i-1)

        up := array.get(upper,i/k)
        dn := array.get(lower,i/k)

        lset(up,n-i+1,y1 + mae,n-i,y2 + mae,up_col)
        lset(dn,n-i+1,y1 - mae,n-i,y2 - mae,dn_col)

        if src[i] > y1 + mae and src[i+1] < y1 + mae
            label.new(n-i,src[i],'▼
',color=#00000000,style=label.style_label_down,textcolor=dn_col,textalign=te
xt.align_center)
        if src[i] < y1 - mae and src[i+1] > y1 - mae
            label.new(n-i,src[i],'▲
',color=#00000000,style=label.style_label_up,textcolor=up_col,textalign=text
.align_center)

    cross_up := array.get(y,0) + mae
```

```
    cross_dn := array.get(y,0) - mae

alertcondition(ta.crossover(src,cross_up),'Down','Down')
alertcondition(ta.crossunder(src,cross_dn),'Up','Up')
```

将指标脚本添加到图表中,以沪深 300 指数(399300)为例,运行结果如图 24-6 所示。

图 24-6　探究 ENV 指标在沪深 300 指数日线图中的应用效果

可以发现该指标用符号▲和▼所标识出的价格偏离通道的位置,都是较为理想的买入和卖出点位。

24.5　一目均衡表

24.5.1　Ichimoku 指标简介

Ichimoku 指标也称为一目均衡表,是由日本记者一目山人于 1936 年发明的技术分析方法。该指标可用于评估价格趋势、支撑和阻力水平以及提示交易机会。

Ichimoku 指标由 5 条线和一组"云带"组成,如图 24-7 所示。

图 24-7　Ichimoku 指标示意图

- 转换线（Conversion Line/Tenkan-Sen）：由过去 9 个交易日的最高价和最低价平均值所连成的折线，可用于衡量短线趋势。转换线＝（9 日内最高价＋9 日内最低价）÷2。

- 基准线（Base Line/Kijun-Sen）：由过去 26 个交易日的最高价和最低价的平均值所连成的折线，可用于衡量中线趋势。基准线＝（26 日内最高价＋26 日内最低价）÷2。

- 先行线 A（Leading Span A/Senkou Span A）：由转换线和基准线的平均值所连成的折线，再向右移动 26 个交易日而得，可用于衡量价格趋势和支持/阻力水平。

- 先行线 B（Leading Span B/Senkou Span B）：由过去 52 个交易日的最高价和最低价平均值所连成的折线，再向右移动 26 个交易日而得，可用于衡量价格趋势和支持/阻力水平。

- 迟行线（Lagging Span/Chinkou Span）：由收盘价连成的折线向左移动 26 个交易日而得。

- 云带（Cloud/Kumo）：指先行线 A 与先行线 B 之间的云带状的区域，可用于表示支撑/压力水平。云带的颜色根据先行线 A 与先行线 B 的位置关系而变化：当 B 在上方时，云带为绿色，表示趋势向上；当 A 在上方时，云带为红色，表示趋势向下。

24.5.2　实例：一目均衡表等多指标复合策略

在本例中借鉴了 TradingView 社区的高手 @Profit-Hunter 的脚本，并加以升级优化。下面的脚本综合运用了多个指标，包括 Ichimoku、MACD、RSI、SMA、EMA、SAR 和 BB 等，并选择了合适的参数。例如传统的一目均衡表的参数为 Ichimoku(9,26,52,26)，而在本例中使用的参数为一目均衡表(10,30,60,30)。该脚本会在图表上绘制 Ichimoku 云带、布林带、SAR 线和两条均线。最后综合以上指标给出的信号，制定了买入/卖出条件和交易策略。

本例中使用的 MACD、RSI、SMA、EMA、SAR 和 BB 指标，我们将在后面的章节详细讲解。脚本如下所示。

```
//@version=5
strategy(title="Ichimoku Compound Strategy", shorttitle="SCS", overlay=true,
 pyramiding=1, default_qty_type=strategy.percent_of_equity,
 default_qty_value=100, commission_type=strategy.commission.percent,
 commission_value=0.2)

// 绘制 Parabolic SAR
start = input(0.02)
increment = input(0.02)
maximum = input(0.2)
psar = request.security(syminfo.tickerid, 'D', ta.sar(start, increment,
maximum))
plot(psar, title='Par SAR', color=color.new(color.silver, 0), linewidth=2,
 style=plot.style_cross)

// 绘制 Ichimoku 云图
conversionPeriods = input.int(10, minval=1, title='Conversion Line Periods')
basePeriods = input.int(30, minval=1, title='Base Line Periods')
laggingSpan2Periods = input.int(60, minval=1, title='Lagging Span 2 Periods')
displacement = input.int(30, minval=1, title='Displacement')

donchian(len) =>
    math.avg(ta.lowest(len), ta.highest(len))

conversionLine = donchian(conversionPeriods)
baseLine = donchian(basePeriods)
leadLine1 = math.avg(conversionLine, baseLine)
leadLine2 = donchian(laggingSpan2Periods)
p1 = plot(leadLine1, offset=displacement, color=color.new(color.green,0),
title='Lead 1')
p2 = plot(leadLine2, offset=displacement, color=color.new(color.red,0),
title='Lead 2')
color_1 = color.new(color.green, 50)
```

```
color_2 = color.new(color.red, 50)
fill(p1, p2, color=leadLine1 > leadLine2 ? color_1 : color_2, transp=20)
bottomcloud = leadLine2[displacement - 1]
uppercloud = leadLine1[displacement - 1]

// RSI
rsilength = input(14, title='RSI Length')
overSold = input(20, title='RSI Overbought')
overBought = input(80, title='RSI Oversold')
rsiprice = close
vrsi = ta.rsi(rsiprice, rsilength)

// 布林带
length = input.int(20, minval=1, title='BB Length')
mult = 2
basis = ta.sma(close, length)
dev = mult * ta.stdev(close, length)
upperbb = request.security(syminfo.tickerid, 'D', basis + dev)
lowerbb = request.security(syminfo.tickerid, 'D', basis - dev)
plot(lowerbb, title='Lower BB')
plot(upperbb, title='Upper BB')
plot(basis, title='BB Basis', color=color.new(color.purple, 0))

// SMA200 均线，重要的牛熊标志线
SMA200 = ta.sma(close, input(200))
plot(SMA200, color=color.new(color.green, 0), linewidth=2)

//EMA21
EMA = ta.ema(close, input(21))
plot(EMA, color=color.new(color.orange, 0), linewidth=2)

//根据 MACD 指标获取看涨/看跌信号
fastLength = input(12)
slowlength = input(26)
MACDLength = input(9)
MACD = ta.ema(close, fastLength) - ta.ema(close, slowlength)
aMACD = ta.ema(MACD, MACDLength)
delta = MACD - aMACD
[main, signal, histo] = ta.macd(close, fastLength, slowlength, MACDLength)
```

```
stop_price = close

// 设置买/卖条件
buy_1 = if low > psar and vrsi < overBought and close < upperbb and close > EMA
 and (histo > histo[1] or delta > 0)
    true
buy_2 = if uppercloud >= bottomcloud and close > math.min(uppercloud, bottomcloud)
    true
buy_3 = if uppercloud < bottomcloud and close > math.max(uppercloud, bottomcloud)
    true
buy_4 = if close > math.max(uppercloud, bottomcloud)
    true

sell_1 = if vrsi > overSold and close > lowerbb and close < EMA and
 (histo < histo[1] or delta < 0)
    true
sell_2 = if uppercloud < bottomcloud and close < math.max(uppercloud, bottomcloud)
    true
sell_3 = if uppercloud >= bottomcloud and close < math.min(uppercloud,
bottomcloud)
    true
sell_4 = if close < math.min(uppercloud, bottomcloud)
    true

buy_entry = if buy_1 and (close > SMA200 and (buy_2 or buy_3) or close < SMA200
and buy_4)
    true

sell_entry = if sell_1 and (close < SMA200 and (sell_2 or sell_3) or close > SMA200
and sell_4)
    true

strategy.entry('Buy', strategy.long, comment='Buy', when=buy_entry and not
sell_entry)
strategy.close('Buy', when=sell_entry)
```

  首先以比特币（Bitstamp：BTCUSD）为例验证该策略的实用性，运行结果如图 24-8 所示。

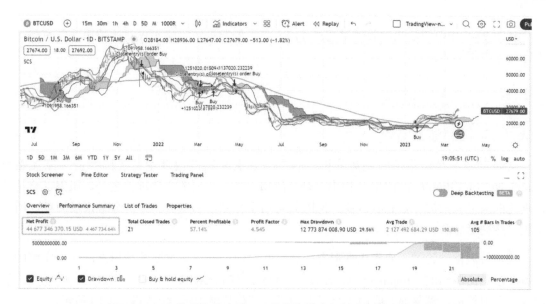

图 24-8　以比特币为例验证一目均衡表等多指标综合策略的实用性

从图 24-8 中可以看出净收益率超过 4.46 万倍。而有史以来比特币在 BITSTAMP 交易所的实际涨幅约为 2500 倍（从 2011 年 8 月到 2023 年 3 月）。经验证此策略对比特币非常有效。

然后以上证指数（000001）为例验证该策略的实用性，运行结果如图 24-9 所示。

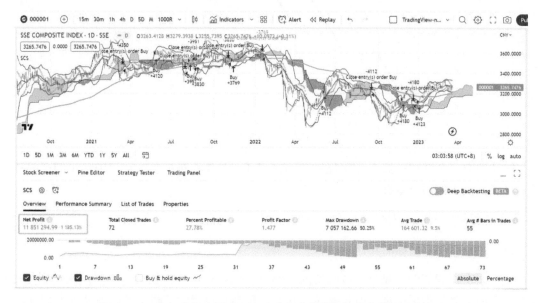

图 24-9　以上证指数为例验证一目均衡表等多指标综合策略的实用性

从图 24-9 中可以看出净收益率超过 11.85 倍。经验证该策略不仅对比特币非常有效，对上证指数也很适用。

24.6　艾略特波浪

24.6.1　艾略特波浪简介

艾略特波浪是最常用的趋势分析工具之一。艾略特波浪理论由美国经济学家艾略特（Ralph Nelson Elliott）于 1938 年提出，是金融市场技术分析的主要理论之一。虽然艾略特波浪理论的实证有效性一直充满争议，但因其可用于预测市场趋势，分析金融市场周期，所以仍被一些交易者和分析师所喜爱。

艾略特波浪理论的三要素包括形态、比率和时间，其中最重要的是形态。一个完整的艾略特波浪是由驱动浪（Impulsive Waves）与调整浪（Corrective Waves）组成的。驱动浪一般由 5 个子浪构成，调整浪一般由 3 个子浪构成。艾略特波浪示意图如图 24-10 所示。

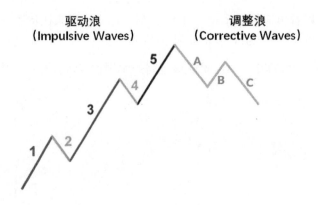

图 24-10　艾略特波浪示意图

驱动浪有三个铁律：浪 2 不可能完全回撤浪 1；浪 3 不可能是驱动浪中最短的；浪 4 的低点不能与浪 1 的顶点重叠。

24.6.2　实例：Elliot Wave Chart Pattern

（1）Elliot Wave 指标简介

在市面上，我们经常见到一些收费的艾略特波浪指标，且往往价格不菲，想找到免费且算法周密的艾略特指标很难，而若要寻找开源、精准且免费的艾略特指标则是难上加难。

近期笔者在 TradingView 平台上发现了一款系统内置的 BETA 版艾略特波浪指标 Elliot

Wave Chart Pattern（它显示在图表界面上的短名称为 Elliot Wave）。虽然目前该指标尚不开源，但笔者试用了一下，效果不错，在此将这个"意外收获"分享给大家。

在图表界面搜索"Elliot Wave Chart Pattern"指标，如图 24-11 所示。

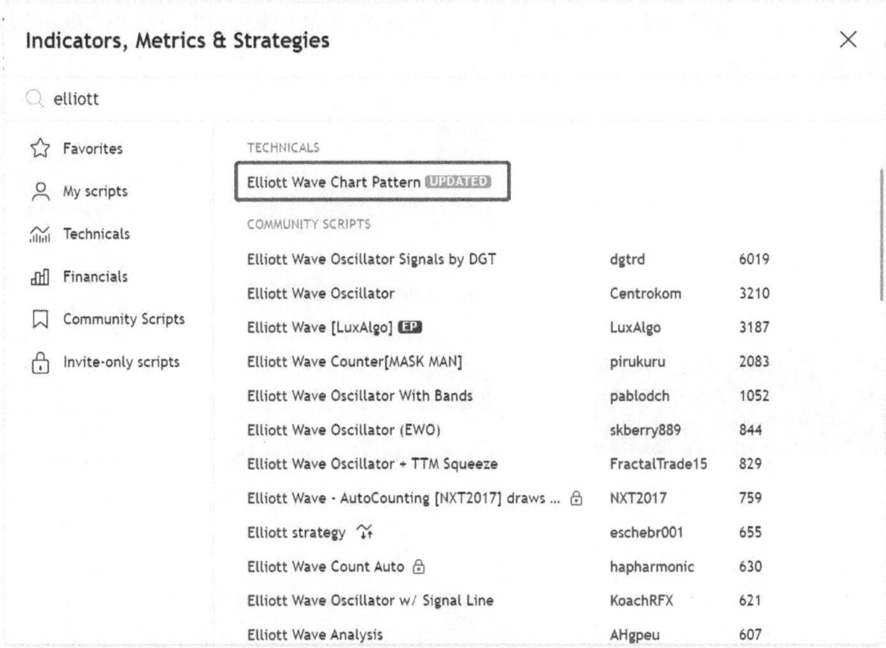

图 24-11　在图表界面搜索"Elliot Wave Chart Pattern"指标

（2）运用 Elliot Wave 指标分析所处的金融周期阶段

周期理论在经济、技术和金融领域都有重要意义。

● 在经济领域，经济周期是一种周期性的景气循环。经济周期包括经济增长期、高峰期、下滑期和萧条期。

● 在技术领域，技术周期是指技术发展的一种规律性变化，也就是在科技发展的过程中，某种技术或产业的发展过程所呈现出的周期性变化。

● 在金融领域，金融周期是指证券市场、商品市场和房地产市场的周期性波动，这些周期性的变化可以用来影响投资决策和控制风险。还可以通过周期性的变化，来预测未来市场的趋势。在金融技术分析领域，根据艾略特波浪理论，市场价格会形成波浪形的上升和下降，其中每个波浪包含若干个更小的波浪。了解金融市场的周期性可以更好地把握市场趋势，从而制定更合理的交易策略。

注

分析金融周期应综合考虑经济周期和基本面周期等因素，以提高分析的准确性和可靠性。

Elliott Wave 指标清晰地提示了 A 股和美股所处的金融周期阶段，这些信息可以用一张图概括，如图 24-12 所示。

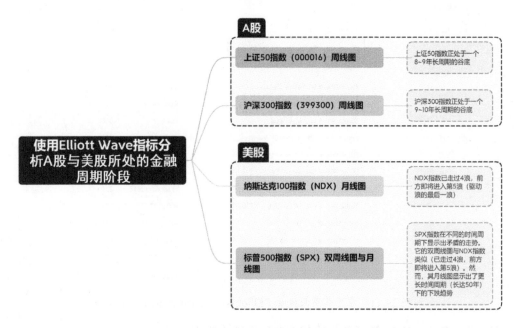

图 24-12　Elliot Wave 指标提示 A 股和美股所处的金融周期阶段

方案 1：使用 Elliott Wave 指标分析上证 50 指数（000016）所处的金融周期阶段

以上证 50 指数（000016）的周线图为例，将该指标添加到图表中，如图 24-13 所示。

可以看出自 2014 年 3 月至 2023 年 3 月，上证 50 指数已经完成了一个完整的艾略特波浪周期，其中包括 5 个上升浪组成的推动浪和 "abc" 调整浪。艾略特波浪指标显示上证 50 指数目前处于 8～9 年长周期的谷底。

方案 2：使用 Elliott Wave 指标分析沪深 300 指数（399300）所处的金融周期阶段

根据图 24-14 所示的艾略特波浪指标的提示可以看出，自 2013 年 6 月至 2023 年 3 月，沪深 300 指数已经完成了一个完整的艾略特波浪周期，其中包括 5 个上升浪组成的推动浪和 "abc" 调整浪。艾略特波浪指标显示沪深 300 指数目前处于 9～10 年长周期的谷底。

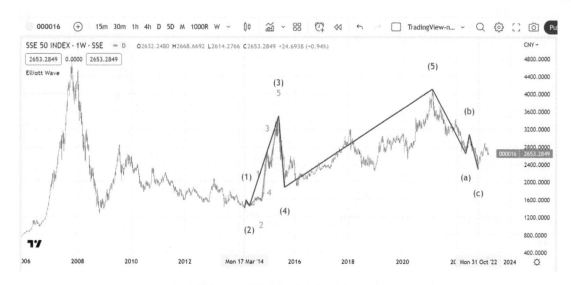

图 24-13　使用 Elliott Wave 指标分析上证 50 指数的周线图

图 24-14　使用 Elliott Wave 指标分析沪深 300 指数的周线图

方案 3：使用 Elliott Wave 指标分析纳斯达克 100 指数（NDX）所处的金融周期阶段

根据图 24-15 可以看出，纳斯达克 100 指数已走过 4 浪，预示着即将进入第 5 浪，也就是驱动浪的最后一浪。从 1987 年 10 月至 2023 年 3 月，这将近 35 年的时间正是信息技术蓬勃发展的时代，也印证了金融周期、经济周期和技术周期之间的相互作用和关联。

图 24-15　使用 Elliott Wave 指标分析纳斯达克 100 指数的月线图

方案 4：使用 Elliott Wave 指标分析标普 500 指数（SPX）所处的金融周期阶段（双周线图和月线图）

首先使用 Elliott Wave 指标分析标普 500 指数的双周线图（截图时间为 2023 年 3 月），如图 24-16 所示。

图 24-16　使用 Elliott Wave 指标分析标普 500 指数的双周线图（截图时间为 2023 年 3 月）

　　然后使用 Elliott Wave 指标分析标普 500 指数的月线图（截图时间为 2022 年 12 月），如图 24-17 所示。

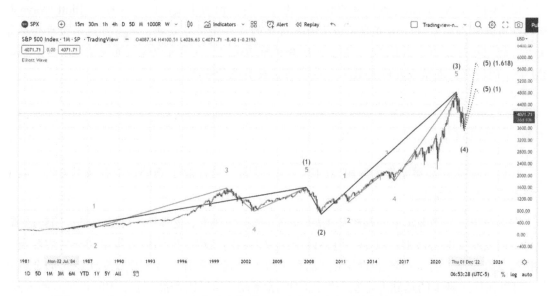

图 24-17　使用 Elliott Wave 指标分析标普 500 指数的月线图（截图时间为 2022 年 12 月）

　　最后使用 Elliott Wave 指标分析标普 500 指数的月线图（截图时间为 2023 年 3 月），如图 24-18 所示。

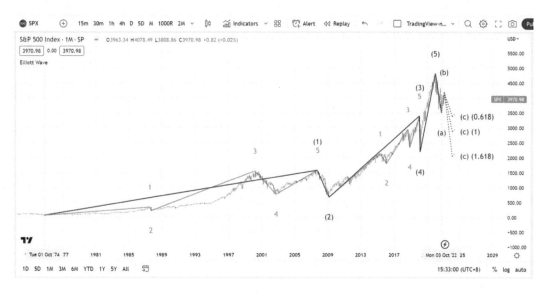

图 24-18　使用 Elliott Wave 指标分析标普 500 指数的月线图（截图时间为 2023 年 3 月）

注

图 24-17 和图 24-18 均为标普 500 指数的月线图，但由于截图时间不同，Elliott Wave 指标的分析结果存在差异。这可能是由于市场行情的动态变化导致的，也有可能是由于指标算法本身的调整导致的。因此，为了更全面地分析市场情况，我们可以查看其他周期（例如 2W、2M 等）的图表，或结合其他指数（如道琼斯指数）进行分析。

24.7　小结

我们将趋势指标/策略作为应用篇的第一章，是因为趋势指标/策略在所有技术分析工具中占据着举足轻重的地位。

在本章中，主要讲解了一些趋势指标/策略，包括均线类、支撑/压力、趋势线、趋势通道、一目均衡表和艾略特波浪。其中，包括两个绩效很高的策略，即均线带策略和一目均衡表等多指标复合策略。鉴于市场上的金融产品种类繁多、属性各异，我们建议对于特定的金融产品，可以在优质脚本的基础上定制个性化的指标/策略。通过因产品制宜、因时机制宜的方式，制定适合具体金融产品的进场、离场方案和合理的投资计划，以实现丰厚的投资回报。

第 25 章 反 转 指 标

25.1 反转指标简介

趋势指标很重要，因为趋势交易是中长线投资者的主要利润来源，而反转（Reversals）指标对趋势交易者同样不可或缺。反转指标会提示交易者适时止盈、守住利润，也会及时提醒交易者建仓的时机。常见的反转指标有 TD Sequential、ZIGZAG、SAR 和 FT（Fisher Transform，费舍尔转换）等。

25.2 德马克序列指标

25.2.1 德马克序列指标简介

（1）德马克序列指标的含义

德马克序列（TD Sequential）指标，简称为 TD 序列，由金融大师 Tom DeMark 于 1970 年提出。TD 序列是一款非常神奇而有效的反转指标，可用来推算趋势衰竭的时机，识别市场趋势或盘整过程中的潜在转折点，还可以提供关于买点、卖点的提示。

近年来，国内的金融软件中有一个比较火的指标叫"神奇九转"，其设计思想就是来源于 TD 指标。"神奇九转"的计数方法恰如其名，即计数到 9。

（2）TD 序列的计数方法

TD 序列由一串以独特方式计数的数字序列组成。TD 序列的计数方法简单说来就是，在下跌趋势中，当价格持续下跌连续出现数根 K 线时，这些 K 线的收盘价都比各自前面的第 4 根 K 线的收盘价低，就在这些 K 线下方标记相应的数字（通常为 1～13），当计数的最后 1 根 K 线标记为 9 或 13 时即结束。反之，在上涨趋势中，当价格持续上涨连续出现数根 K 线时，这些 K 线的收盘价都比各自前面的第 4 根 K 线的收盘价高，就在这些 K 线上方标记相应的数字（通常为 1～13），当计数的最后 1 根 K 线标记为 9 或 13 时即结束。如果计数途中失败，则计数终止，然后重新计数。

（3）TD 序列的优势与作用

TD 序列的优势是可以较早地给出反转信号，能帮助交易者先人一步做出决策。

TD 序列可用来推算趋势衰竭的时机，识别市场趋势或盘整过程中的潜在转折点，提示买入/卖出结构和支撑/压力线。

- 买入结构（Buy Setup）：如果价格连续下跌，当 TD 序列计数达到 9 时，则触发买入结构，暗示下跌趋势可能在不久之后衰竭；如果价格继续下跌，TD 计数超过 13，则表示此刻的行情为一个强化的买入结构。

- 卖出结构（Sell Setup）：如果价格连续上涨，当 TD 序列计数达到 9 时，则触发卖出结构，暗示上涨趋势可能在不久之后衰竭；如果价格继续上涨，TD 计数超过 13，则表示此刻的行情为一个强化的卖出结构。

- 支撑/压力线（Support/Resistance）：通常指标会在 TD 序列的第 9 根 K 线收盘价的地方绘制支撑/压力线。当 K 线价格在其下方运行时，则这条线为压力线；当 K 线价格在其上方运行时，则这条线为支撑线。

25.2.2　实例 1：指标 TD 9

我们精选了 TradingView 社区中获得最高点赞数的 TD 指标脚本（作者是@glaz），并对其进行升级，形成了下面的脚本。该脚本可以在上涨趋势中使用绿色数字在 K 线上方进行计数，在下跌趋势中使用红色数字在 K 线下方进行计数。此外，该脚本还会在 TD 计数为 9 的位置绘制支撑/压力位：在买入结构中，在 TD 计数为 9 的 K 线的最高价绘制压力线，为红色虚线；在卖出结构中，在 TD 计数为 9 的 K 线的最低价绘制支撑线，为绿色虚线。脚本如下所示。

```
//@version=5
indicator(title="TD Sequential", shorttitle ="TD 9", overlay=true)
transp0 = input(0)
Numbers = input(true)
SR = input(true)
Barcolor = input(true)
TD = 0
TS = 0
TD := close > close[4] ? nz(TD[1]) + 1 : 0
TS := close < close[4] ? nz(TS[1]) + 1 : 0

TDUp = TD - ta.valuewhen(TD < TD[1], TD, 1)
TDDn = TS - ta.valuewhen(TS < TS[1], TS, 1)

color1=color.new(color.green,transp0)
color2=color.new(color.red,transp0)

plotshape(Numbers ? TDUp == 1 ? true : na : na, style=shape.triangledown, text='1',
textcolor=color.green, color=color1, location=location.abovebar)
```

```
plotshape(Numbers ? TDUp == 2 ? true : na : na, style=shape.triangledown, text='2',
textcolor=color.green, color=color1, location=location.abovebar)
plotshape(Numbers ? TDUp == 3 ? true : na : na, style=shape.triangledown, text='3',
textcolor=color.green, color=color1, location=location.abovebar)
plotshape(Numbers ? TDUp == 4 ? true : na : na, style=shape.triangledown, text='4',
textcolor=color.green, color=color1, location=location.abovebar)
plotshape(Numbers ? TDUp == 5 ? true : na : na, style=shape.triangledown, text='5',
textcolor=color.green, color=color1, location=location.abovebar)
plotshape(Numbers ? TDUp == 6 ? true : na : na, style=shape.triangledown, text='6',
textcolor=color.green, color=color1, location=location.abovebar)
plotshape(Numbers ? TDUp == 7 ? true : na : na, style=shape.triangledown, text='7',
textcolor=color.green, color=color1, location=location.abovebar)
plotshape(Numbers ? TDUp == 8 ? true : na : na, style=shape.triangledown, text='8',
textcolor=color.green, color=color1, location=location.abovebar)
plotshape(Numbers ? TDUp == 9 ? true : na : na, style=shape.triangledown, text='9',
textcolor=color.green, color=color1, location=location.abovebar)

plotshape(Numbers ? TDDn == 1 ? true : na : na, style=shape.triangleup, text='1',
textcolor=color.red, color=color2, location=location.belowbar)
plotshape(Numbers ? TDDn == 2 ? true : na : na, style=shape.triangleup, text='2',
textcolor=color.red, color=color2, location=location.belowbar)
plotshape(Numbers ? TDDn == 3 ? true : na : na, style=shape.triangleup, text='3',
textcolor=color.red, color=color2, location=location.belowbar)
plotshape(Numbers ? TDDn == 4 ? true : na : na, style=shape.triangleup, text='4',
textcolor=color.red, color=color2, location=location.belowbar)
plotshape(Numbers ? TDDn == 5 ? true : na : na, style=shape.triangleup, text='5',
textcolor=color.red, color=color2, location=location.belowbar)
plotshape(Numbers ? TDDn == 6 ? true : na : na, style=shape.triangleup, text='6',
textcolor=color.red, color=color2, location=location.belowbar)
plotshape(Numbers ? TDDn == 7 ? true : na : na, style=shape.triangleup, text='7',
textcolor=color.red, color=color2, location=location.belowbar)
plotshape(Numbers ? TDDn == 8 ? true : na : na, style=shape.triangleup, text='8',
textcolor=color.red, color=color2, location=location.belowbar)
plotshape(Numbers ? TDDn == 9 ? true : na : na, style=shape.triangleup, text='9',
textcolor=color.red, color=color2, location=location.belowbar)

//
//--------------------//
// Sell Setup 卖方结构 //
```

```
//--------------------//
priceflip = ta.barssince(close < close[4])
sellsetup = close > close[4] and priceflip
sell = sellsetup and ta.barssince(priceflip != 9)
sellovershoot = sellsetup and ta.barssince(priceflip != 13)
sellovershoot1 = sellsetup and ta.barssince(priceflip != 14)
sellovershoot2 = sellsetup and ta.barssince(priceflip != 15)
sellovershoot3 = sellsetup and ta.barssince(priceflip != 16)

//--------------------//
// Buy setup 买方结构//
//--------------------//
priceflip1 = ta.barssince(close > close[4])
buysetup = close < close[4] and priceflip1
buy = buysetup and ta.barssince(priceflip1 != 9)
buyovershoot = ta.barssince(priceflip1 != 13) and buysetup
buyovershoot1 = ta.barssince(priceflip1 != 14) and buysetup
buyovershoot2 = ta.barssince(priceflip1 != 15) and buysetup
buyovershoot3 = ta.barssince(priceflip1 != 16) and buysetup

//----------//
// TD lines //
//----------//
TDbuyh = ta.valuewhen(buy, high, 0)
TDbuyl = ta.valuewhen(buy, low, 0)
TDsellh = ta.valuewhen(sell, high, 0)
TDselll = ta.valuewhen(sell, low, 0)

//----------//
//   绘图   //
//----------//

plot(SR ? TDbuyh ? TDbuyl : na : na, style=plot.style_circles, linewidth=1,
color=color.new(color.red, 0))
plot(SR ? TDselll ? TDsellh : na : na, style=plot.style_circles, linewidth=1,
color=color.new(color.lime, 0))
barcolor(Barcolor ? sell ? #FF0000 : buy ? #00FF00 : sellovershoot ? #FF66A3 :
sellovershoot1 ? #FF3385 : sellovershoot2 ? #FF0066 : sellovershoot3 ?
```

```
#CC0052 : buyovershoot ? #D6FF5C : buyovershoot1 ? #D1FF47 : buyovershoot2 ?
#B8E62E : buyovershoot3 ? #8FB224 : na : na)
//
```

  将该脚本添加到图表中，以标普 500 指数（SPX）的年线图为例，运行结果如图 25-1 所示。从图中可以看出，在 2020 年 TD 计数到 9 之后，市场行情持续强势上涨至 2021 年，然而在 2022 年，市场几乎"跌去了" 2021 年的全部涨幅。因此，在 TD 计数到 9 时，需要特别注意行情可能会出现反转的情况。

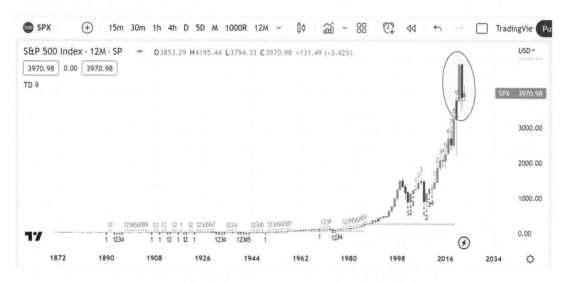

图 25-1   使用指标 TD 9 分析标普 500 指数的年线图走势

25.2.3   实例 2：指标 TD 13

  相较于指标 TD 9，我们更推荐指标 TD 13。从功能上讲，TD13 对 TD9 "向下兼容"且"版本更高"。我们对上例指标 TD 9 加以修改，并加入提醒功能，脚本如下所示。

```
//@version=5
indicator(title="TD DC 13", shorttitle="TD 13", overlay=true)

transp0 = input(0)
Numbers = input(true)
SR = input(true)
Barcolor = input(true)
showBuyTDs = input(true, title='Show TD Buy')
showSellTDs = input(true, title='Show TD Sell')
```

```
TD = 0
TS = 0
TD := close > close[4] ? nz(TD[1]) + 1 : 0
TS := close < close[4] ? nz(TS[1]) + 1 : 0


TDUp = TD - ta.valuewhen(TD < TD[1], TD, 1)
TDDn = TS - ta.valuewhen(TS < TS[1], TS, 1)


color1=color.new(color.teal, transp0)
color2=color.new(color.red, transp0)


plotshape(Numbers ? TDUp == 1 ? true : na : na, style=shape.triangledown, text='1',
textcolor=color.teal,color=color1,location=location.abovebar)
plotshape(Numbers ? TDUp == 2 ? true : na : na, style=shape.triangledown, text='2',
textcolor=color.teal,color=color1, location=location.abovebar)
plotshape(Numbers ? TDUp == 3 ? true : na : na, style=shape.triangledown, text='3',
textcolor=color.teal,color=color1, location=location.abovebar)
plotshape(Numbers ? TDUp == 4 ? true : na : na, style=shape.triangledown, text='4',
textcolor=color.teal,color=color1, location=location.abovebar)
plotshape(Numbers ? TDUp == 5 ? true : na : na, style=shape.triangledown, text='5',
textcolor=color.teal,color=color1, location=location.abovebar)
plotshape(Numbers ? TDUp == 6 ? true : na : na, style=shape.triangledown, text='6',
textcolor=color.teal,color=color1, location=location.abovebar)
plotshape(Numbers ? TDUp == 7 ? true : na : na, style=shape.triangledown, text='7',
textcolor=color.teal,color=color1, location=location.abovebar)
plotshape(Numbers ? TDUp == 8 ? true : na : na, style=shape.triangledown, text='8',
textcolor=color.teal,color=color1, location=location.abovebar)
plotshape(Numbers ? TDUp == 9 ? true : na : na, style=shape.triangledown, text='9',
textcolor=color.teal,color=color1, location=location.abovebar)
plotshape(Numbers ? TDUp == 10 ? true : na : na, style=shape.triangledown,
text='10', textcolor=color.teal,color=color1, location=location.abovebar)
plotshape(Numbers ? TDUp == 11 ? true : na : na, style=shape.triangledown,
text='11', textcolor=color.teal,color=color1, location=location.abovebar)
plotshape(Numbers ? TDUp == 12 ? true : na : na, style=shape.triangledown,
text='12', textcolor=color.teal,color=color1, location=location.abovebar)
plotshape(Numbers ? TDUp == 13 ? true : na : na, style=shape.triangledown,
text='13', textcolor=color.teal,color=color1, location=location.abovebar)


plotshape(Numbers ? TDDn == 1 ? true : na : na, style=shape.triangleup, text='1',
textcolor=color.red,color=color2, location=location.belowbar)
```

```
plotshape(Numbers ? TDDn == 2 ? true : na : na, style=shape.triangleup, text='2',
textcolor=color.red,color=color2, location=location.belowbar)
plotshape(Numbers ? TDDn == 3 ? true : na : na, style=shape.triangleup, text='3',
textcolor=color.red,color=color2, location=location.belowbar)
plotshape(Numbers ? TDDn == 4 ? true : na : na, style=shape.triangleup, text='4',
textcolor=color.red,color=color2, location=location.belowbar)
plotshape(Numbers ? TDDn == 5 ? true : na : na, style=shape.triangleup, text='5',
textcolor=color.red,color=color2, location=location.belowbar)
plotshape(Numbers ? TDDn == 6 ? true : na : na, style=shape.triangleup, text='6',
textcolor=color.red,color=color2, location=location.belowbar)
plotshape(Numbers ? TDDn == 7 ? true : na : na, style=shape.triangleup, text='7',
textcolor=color.red,color=color2, location=location.belowbar)
plotshape(Numbers ? TDDn == 8 ? true : na : na, style=shape.triangleup, text='8',
textcolor=color.red,color=color2, location=location.belowbar)
plotshape(Numbers ? TDDn == 9 ? true : na : na, style=shape.triangleup, text='9',
textcolor=color.red,color=color2, location=location.belowbar)
plotshape(Numbers ? TDDn == 10 ? true : na : na, style=shape.triangleup, text='10',
textcolor=color.red,color=color2, location=location.belowbar)
plotshape(Numbers ? TDDn == 11 ? true : na : na, style=shape.triangleup, text='11',
textcolor=color.red,color=color2, location=location.belowbar)
plotshape(Numbers ? TDDn == 12 ? true : na : na, style=shape.triangleup, text='12',
textcolor=color.red,color=color2, location=location.belowbar)
plotshape(Numbers ? TDDn == 13 ? true : na : na, style=shape.triangleup, text='13',
textcolor=color.red,color=color2, location=location.belowbar)

//-------------------//
// Sell Setup 卖方结构 //
//-------------------//
priceflip = ta.barssince(close < close[4])
sellsetup = close > close[4] and priceflip
sell = sellsetup and ta.barssince(priceflip != 9)
sellovershoot = sellsetup and ta.barssince(priceflip != 13)
sellovershoot1 = sellsetup and ta.barssince(priceflip != 14)
sellovershoot2 = sellsetup and ta.barssince(priceflip != 15)
sellovershoot3 = sellsetup and ta.barssince(priceflip != 16)

//-------------------//
// Buy setup 买方结构//
//-------------------//
priceflip1 = ta.barssince(close > close[4])
```

```
buysetup = close < close[4] and priceflip1
buy = buysetup and ta.barssince(priceflip1 != 9)
buyovershoot = ta.barssince(priceflip1 != 13) and buysetup
buyovershoot1 = ta.barssince(priceflip1 != 14) and buysetup
buyovershoot2 = ta.barssince(priceflip1 != 15) and buysetup
buyovershoot3 = ta.barssince(priceflip1 != 16) and buysetup

//----------//
// TD lines //
//----------//
TDbuyh = ta.valuewhen(buy, high, 0)
TDbuyl = ta.valuewhen(buy, low, 0)
TDsellh = ta.valuewhen(sell, high, 0)
TDselll = ta.valuewhen(sell, low, 0)

//----------//
//   绘图   //
//----------//

plot(SR ? TDbuyh ? TDbuyl : na : na, style=plot.style_circles, linewidth=1,
color=color.new(color.red, 0))
plot(SR ? TDselll ? TDsellh : na : na, style=plot.style_circles, linewidth=1,
color=color.new(color.lime, 0))
barcolor(Barcolor ? sell ? color.aqua : buy ? color.orange : sellovershoot ?
color.blue : sellovershoot1 ? color.black : sellovershoot2 ? color.black :
sellovershoot3 ? color.black : buyovershoot ? color.purple : buyovershoot1 ?
color.black : buyovershoot2 ? color.black : buyovershoot3 ? color.black : na :
na)

// // TD 计算
////////////////////////////////////////////////////////////////////////////
////////////////////////////////////////////////////////////////////////////
/////////

buySignals = 0
buySignals := close < close[4] ? buySignals[1] == 9 ? 1 : buySignals[1] + 1 :
0
buySignals := close < close[4] ? buySignals[1] == 13 ? 1 : buySignals[1] + 1 :
0
```

```
sellSignals = 0
sellSignals := close > close[4] ? sellSignals[1] == 9 ? 1 : sellSignals[1] + 1 :
0
sellSignals := close > close[4] ? sellSignals[1] == 13 ? 1 : sellSignals[1] +
1 : 0

BuyOrSell = math.max(buySignals, sellSignals)

TD8buy = showBuyTDs and buySignals and BuyOrSell == 8
TD9buy = showBuyTDs and buySignals and BuyOrSell == 9
TD12buy = showBuyTDs and buySignals and BuyOrSell == 12
TD13buy = showBuyTDs and buySignals and BuyOrSell == 13

TD8sell = showSellTDs and sellSignals and BuyOrSell == 8
TD9sell = showSellTDs and sellSignals and BuyOrSell == 9
TD12sell = showSellTDs and sellSignals and BuyOrSell == 12
TD13sell = showSellTDs and sellSignals and BuyOrSell == 13

// 提醒
///////////////////////////////////////////////////////////////////////////////
///////////////////////////////////////////////////////////////////////////////
/////////

alertcondition(TD8buy, 'TD 8 Buy', 'TD 8 Buy')  // Once per bar close
alertcondition(TD9buy, 'TD 9 Buy', 'TD 9 Buy')  // Once per bar close
alertcondition(TD12buy, 'TD 12 Buy', 'TD 12 Buy')  // Once per bar close
alertcondition(TD13buy, 'TD 13 Buy', 'TD 13 Buy')  // Once per bar close

alertcondition(TD8sell, 'TD 8 Sell', 'TD 8 Sell')  // Once per bar close
alertcondition(TD9sell, 'TD 9 Sell', 'TD 9 Sell')  // Once per bar close
alertcondition(TD12sell, 'TD 12 Sell', 'TD 12 Sell')  // Once per bar close
alertcondition(TD13sell, 'TD 13 Sell', 'TD 13 Sell')  // Once per bar close
```

下面介绍 3 种验证 TD 指标的方案。

方案 1：使用纳斯达克 100 指数（NDX）验证指标 TD 13。

我们以纳斯达克 100 指数（NDX）的年线图为例，将该指标添加到图表中，运行结果如图 25-2 所示，可以看出 2021 年的 TD 计数为 13。通过历史数据的验证，指标 TD 13 对于纳斯达克 100 指数的年线非常有效。

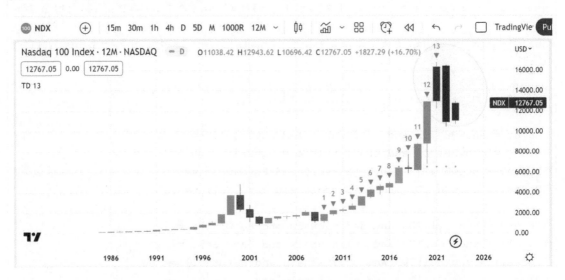

图 25-2　使用指标 TD 13 分析纳斯达克 100 指数的年线图走势

方案 2：使用标普 500 指数（SPX）验证指标 TD 13。

对照前面的指标 TD 9，将指标 TD 13 运用于标普 500 指数（SPX）的年线图，运行结果如图 25-3 所示。通过比较图 25-1 与图 25-3，我们发现对于标普 500 指数而言，指标 TD 13 比 TD 9 更有效。

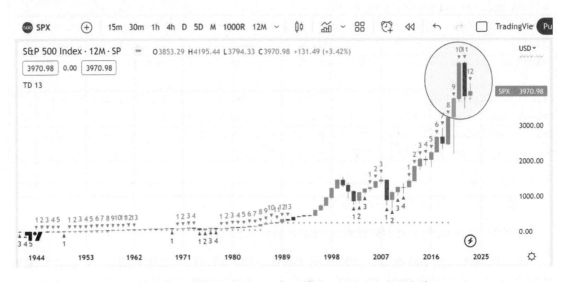

图 25-3　使用指标 TD 13 分析标普 500 指数的年线图走势

方案 3：使用上证 50 指数验证指标 TD 13。

将指标 TD 13 运用于上证 50 指数（000016）的月线图，运行结果如图 25-4 所示。蓝圈提示卖出机会，黄圈提示买入机会。通过历史数据的验证，指标 TD 13 对上证 50 指数（月线）比较有效。需要说明的是，指标 TD 不仅适用于长周期，同样适用于短周期。然而，由于技术分析在长周期上相对于短周期更为可靠，因此在本节中我们选择了长周期作为例子。

图 25-4　使用指标 TD 13 分析上证 50 指数的月线图走势

25.3　之字转向指标

25.3.1　之字转向指标简介

之字转向指标（ZigZag）是连接一系列阶段性的价格高点和低点形成的趋势线，可以反映价格从波峰到波谷的相互转变。之字转向指标可以用来过滤掉相对较小的价格波动，其仅在相对价格波动大于设定偏差时才画出一条线，从而通过消除市场噪声和忽略横向波动来优化图表。交易者可以单独使用它来观察当前趋势，也可以与其他技术分析指标一起使用，例如艾略特波浪、支撑/压力位和 K 线形态（如双顶或平行通道）等。

25.3.2　实例 1：ZigZag++指标

我们借鉴 TradingView 平台上由用户@lucemanb 分享的点赞数很高的脚本，并加以升级优化。本实例脚本用于绘制 ZigZag++指标并进行交易分析，该指标通过在价格曲线上标记高点与低点来显示趋势的变化。该脚本包含输入参数，例如深度、偏差和回撤等，以控制指标的灵敏度和准确性，可以帮助交易者识别市场趋势的变化和反转机会，并辅助交易者进行交易决策。此外，该脚本还有提醒功能，可供交易者灵活配置交易提醒。脚本如下所示。

```
//@version=5
indicator(title="ZigZag++", overlay=true, format=format.price,
max_labels_count=51, max_lines_count=50)
// 输入设置
Depth = input.int(12, 'Depth', minval=1, step=1)
Deviation = input.int(5, 'Deviation', minval=1, step=1)
Backstep = input.int(2, 'Backstep', minval=2, step=1)
line_thick = input.int(2, 'Line Thickness', minval=1, maxval=4)
upcolor = input(color.aqua, 'Bull Color')
dncolor = input(color.fuchsia, 'Bear Color')
repaint = input(true, 'Repaint Levels')
// 计算 K 线价格上的高点与低点，并标记出来
var last_h = 1
last_h += 1
var last_l = 1
last_l += 1
var lw = 1
var hg = 1
lw += 1
hg += 1
p_lw = -ta.lowestbars(Depth)
p_hg = -ta.highestbars(Depth)
lowing = lw == p_lw or low - low[p_lw] > Deviation * syminfo.mintick
highing = hg == p_hg or high[p_hg] - high > Deviation * syminfo.mintick
lh = ta.barssince(not highing[1])
ll = ta.barssince(not lowing[1])
down = ta.barssince(not(lh > ll)) >= Backstep
lower = low[lw] > low[p_lw]
higher = high[hg] < high[p_hg]
if lw != p_lw and (not down[1] or lower)
    lw := p_lw < hg ? p_lw : 0
    lw
if hg != p_hg and (down[1] or higher)
    hg := p_hg < lw ? p_hg : 0
    hg
```

```
line zz = na
label point = na
x1 = down ? lw : hg
y1 = down ? low[lw] : high[hg]

if down == down[1]
    if repaint
        label.delete(point[1])
        line.delete(zz[1])
    down
if down != down[1]
    if down
        last_h := hg
        last_h
    else
        last_l := lw
        last_l
    if not repaint
        nx = down ? last_h : last_l
        zz := line.new(bar_index - nx, down ? high[nx] : low[nx], bar_index -
(down ? last_l : last_h),
            down ? low[last_l] : high[last_h], width=line_thick, color=down ?
upcolor : dncolor)
        point := label.new(bar_index - nx, down ? high[nx] : low[nx], down ?
            high[nx] > high[last_h[1]] ? 'HH' : 'LH' : low[nx] < low[last_l[1]] ?
            'LL' : 'HL', style=down ? label.style_label_down :
label.style_label_up,
            size=size.tiny, color=down ? dncolor : upcolor, textcolor=color.black,
            tooltip=down ? high[nx] > high[last_h[1]] ? 'Higher High' : 'Lower
High' :
            low[nx] < low[last_l[1]] ? 'Lower Low' : 'Higher Low')
        point
    down
if repaint
    zz := line.new(bar_index - (down ? last_h : last_l), down ? high[last_h] :
low[last_l],
        bar_index - x1, y1, width=line_thick, color=down ? dncolor : upcolor)
    point := label.new(bar_index - x1, y1, down ? low[x1] < low[last_l] ?
        'LL' : 'HL' : high[x1] > high[last_h] ? 'HH' : 'LH', style=down ?
```

```
     label.style_label_up : label.style_label_down, size=size.tiny,
color=down ?
     upcolor : dncolor, textcolor=color.black, tooltip=down ? low[x1] <
low[last_l] ?
     'Lower Low' : 'Higher Low' : high[x1] > high[last_h] ? 'Higher High' : 'Lower
High')
    point
// 设置背景色
bear = down
bgcolor(bear ? color.red : color.lime, title='Scanning Direction', transp=95)
// 设置提醒
alertcondition(bear != bear[1], 'Direction Changed', 'Zigzag on {{ticker}}
direction changed at {{time}}')
alertcondition(bear != bear[1] and not bear, 'Bullish Direction', 'Zigzag on
{{ticker}} bullish direction at {{time}}')
alertcondition(bear != bear[1] and bear, 'Bearish Direction', 'Zigzag on
{{ticker}} bearish direction at {{time}}')
```

将该脚本添加到图表中，以贵州茅台（600519）为例，运行结果如图 25-5 所示。

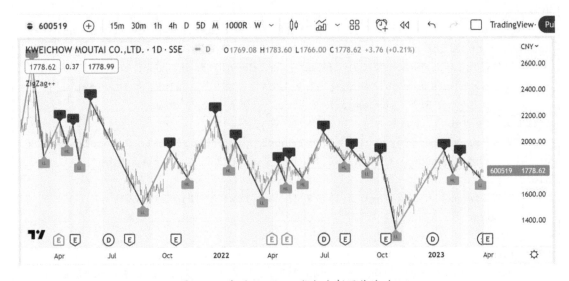

图 25-5   应用 ZigZag++指标分析股价波动

25.3.3   实例 2：Zigzag Trend/Divergence Detector 指标

除前面提到的 ZigZag++指标之外，TradingView 平台编辑推荐（Editors Pick）的 Zigzag

Trend/Divergence Detector 指标也很值得借鉴。但是由于该指标源码较长，而本书篇幅有限，我们将不在本书中引用。如果读者对该指标感兴趣，可以自行查阅和使用。具体使用方法是首先在主图上方的菜单栏中单击"Indicators, Metrics & Strategies"选项，然后在弹出窗口的搜索栏中输入该指标脚本名称，最后选中并使用该指标，如下图 25-6 所示。

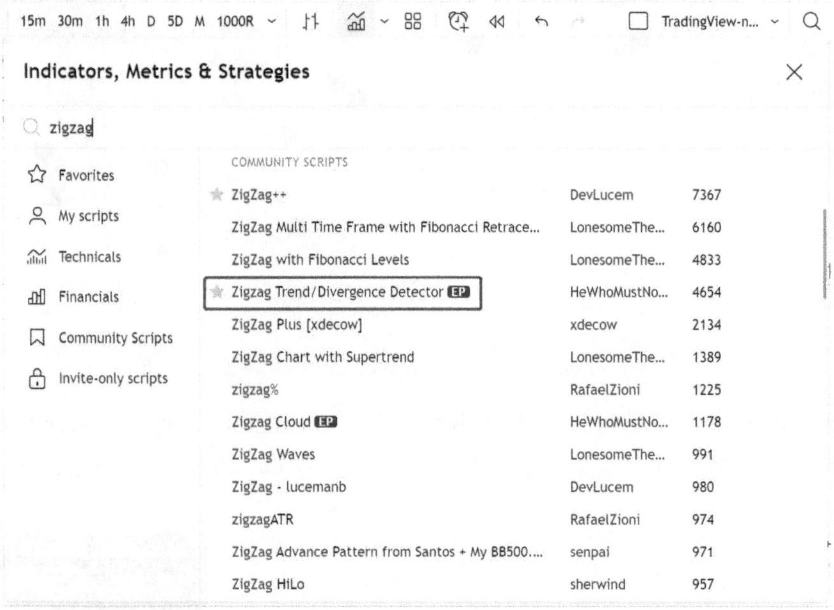

图 25-6　在"Indicators, Metrics & Strategies"菜单栏中搜索对应指标

该指标的功能主要有两个。一个是在 ZigZag 节点上用标签（如图 25-7 所示）提示趋势和背离信息，其中：

- C（Continuation）：表示价格趋势延续。

- D（Divergence）：表示价格和技术指标之间出现背离。

- H（Hidden Divergence）：表示价格和技术指标之间出现隐含背离。

- I（Indeterminate）：表示趋势不确定。

另一个是在图表右上角用表格信息提示对近期的行情进行综合研判。

将该指标添加到图表中，以标普 500 指数 ETF（SPY）为例，运行结果如图 25-7 所示。

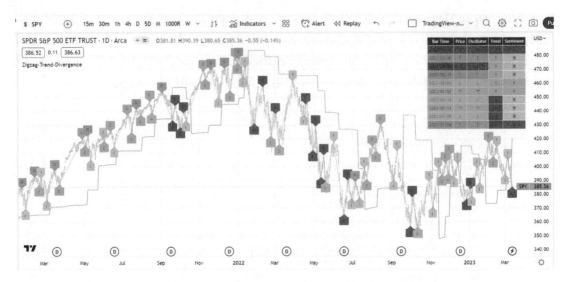

图 25-7　Zigzag Trend/Divergence Detector 指标-全局图

该指标的特色和优势是可以对近期市场震荡（Oscillator）、趋势（Trend）、市场情绪（Sentiment）给出研判，并将结果显示在图中的一个表格里，如图 25-8 和图 25-9 所示。

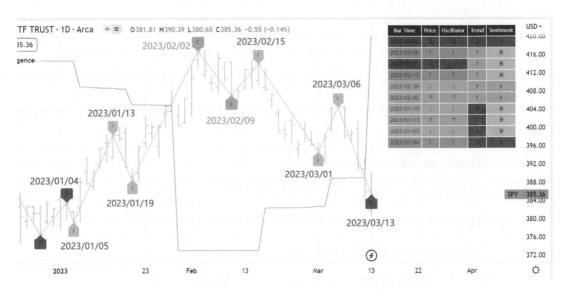

图 25-8　Zigzag Trend/Divergence Detector 指标-局部图

Bar Time	Price	Oscillator	Trend	Sentiment
2023/03/13	↓↓	↓↓	⇓	↓
2023/03/06	↑	↑	⇑	▣
2023/03/01	↓↓	↓↓	⇑	▣
2023/02/15	↑	↑	⇑	▣
2023/02/09	↓	↓	⇑	↑
2023/02/02	↑↑	↑↑	⇑	↑
2023/01/19	↓	↓	⇓	▣
2023/01/13	↑↑	↑↑	⇓	▣
2023/01/05	↓	↓	⇓	▣
2023/01/04	↑	↑	⇓	↓

图 25-9　Zigzag Trend/Divergence Detector 指标图中显示结果的表格

在图 25-8 和图 25-9 中，表格显示最近的 10 个 ZigZag 转折点和所对应的震荡、趋势、市场情绪的研判结果。

 注

图 25-8 上的转折点的日期是我们手动标注的，用于将左侧 K 线上的转折点与右侧表格的日期相对应，便于查看表格的分析结果。

通过查看图 25-8 和图 25-9 中的表格，我们发现最近的转折点的日期是"2023/03/13"，上一个转折点的日期是"2023/03/06"。在这段时间价格大幅下跌，表格中的"Oscillator"和"Trend"项也显示了快速下跌的行情，表示趋势向下，而且市场情绪较差。

25.4　小结

本章主要介绍了 TD 序列和之字转向指标这两类反转指标，并提供了一些实例来说明它们的使用方法。同时，本章还详细讲解了如何使用这些反转指标来确定市场趋势的反转点，以及如何在趋势反转时做出交易决策。总之，反转指标是一种重要的技术分析工具，可以帮助交易者预测市场趋势的反转，并为交易者提供决策支持。

第 26 章 动量指标

26.1 动量指标简介

动量（Momentum）指标是一种用于测量价格或成交量变化速度和强度的技术分析工具，可以用来分析市场趋势，判断价格的变化方向和强度，以及寻找市场的买入和卖出机会。

动量指标种类有很多，常用的指标有：MACD（Moving Average Convergence Divergence）、RSI（Relative Strength Index）、ROC（Rate Of Change）、Stochastic Oscillator、ADX（Average Directional Index）、CCI（Commodity Channel Index）、MTM（Momentum）和 OBV（On-Balance Volume）等。这些指标根据不同的计算方法和应用场景，可以用来反映价格趋势、市场情绪、超买和超卖状态等市场特征，从而帮助交易者做出更准确的交易决策。

> 注
>
> - 全部动量指标是一个集合，包含多个不同类型的动量指标，其中之一是 MTM（Momentum）指标（也被称为动量指标）。因此在使用动量指标时，需要注意区分动量指标集合和 MTM 指标，以避免混淆或误解。
> - 振荡指标（Oscillator，OSC），是动量指标的另一种表现方式，以振荡量的百分比来表示，也称为变动率（Rate of Change，ROC）。
> - 随机震荡指标（Stochastic Oscillator），常见的 KDJ 指标是由其衍生的指标。

26.2 MACD 指标

TradingView 平台有内置的 MACD（Moving Average Convergence Divergence）指标（在 Technicals 板块）。本节的实例将以此内置的 MACD 指标脚本为基础，编写 MACD Divergence 脚本。这里的 Divergence 是技术分析的重要方法之一，我们将在后面的章节进行详细讲解。

26.2.1 MACD 指标的含义

MACD 指标是跟踪趋势的动量指标，也是金融资产交易中一种常见的技术分析工具，于 20 世纪 70 年代由美国的基金经理、金融大师 Gerald Appel 提出。该指标可用于研判价格变化的趋势、量能和强度，以便交易者把握金融资产的买进和卖出的时机。

MACD 指标由三部分组成，即两条曲线（MACD Line 和 Signal Line）和柱状图（MACD Histogram）：①有快、慢两条线围绕零轴交叉缠绕，快线是 MACD Line（又称 DIF 线），慢线是 Signal Line（又称 DEA 线）；②沿着零轴排列的柱状图（MACD Histogram），一般用红、绿两种颜色区分正、负值的情况。

MACD 指标的计算与绘图方法如下，我们使用最传统且最常用的参数，以 MACD (close,12,26,9)为例。

（1）计算 DIF 值，并绘制 MACD Line

先根据 12 日、26 日的收盘价的 EMA 值计算出 DIF 值。公式为：

$$DIF = EMA(close,12) - EMA(close,26)$$

根据计算出的 DIF 值，绘制 MACD Line。

（2）计算 DEA 值，并绘制 Signal Line

计算出 DIF 值后，再根据 EMA(DIF,9)计算 DEA 的值。公式为：

$$DEA = EMA(DIF,9)$$

根据计算出的 DEA 值，绘制 Signal Line。

（3）计算并绘制柱状图

以 DIF 与 DEA 之差的 2 倍为高度（若差值为正值，则画在零轴上方；若差值为负值，则画在零轴下方）画柱状图。

柱状图的高度 $= 2 \times (DIF-DEA)$

最后，沿着水平轴绘出柱状图。

这里 MACD Histogram 可以单独作为 oscillator 指标使用，可用于帮助交易者确认趋势变化、识别潜在的趋势反转和价格波段。

26.2.2　实例：MACD Divergence

本例采用 Technicals 板块的 MACD（移动平均收敛/发散指标）脚本作为基础，并增加了当发生背离时在图表上显示相关信息并触发提醒的功能。脚本如下所示。

```
//@version=5
indicator(title="MACD Divergences")
// 设置输入参数

fast_length = input(title='Fast Length', defval=12)
slow_length = input(title='Slow Length', defval=26)
```

```
src = input(title='Source', defval=close)
signal_length = input.int(title='Signal Smoothing', minval=1, maxval=50,
defval=9)
sma_source = input.string(title='Oscillator MA Type', defval='EMA',
options=['SMA', 'EMA'])
sma_signal = input.string(title='Signal Line MA Type', defval='EMA',
options=['SMA', 'EMA'])
// Plot colors
col_macd = input.color(#2962FF, 'MACD Line ', group='Color Settings',
inline='MACD')
col_signal = input.color(#FF6D00, 'Signal Line ', group='Color Settings',
inline='Signal')
col_grow_above = input.color(#26A69A, 'Above Grow', group='Histogram',
inline='Above')
col_fall_above = input.color(#B2DFDB, 'Fall', group='Histogram',
inline='Above')
col_grow_below = input.color(#FFCDD2, 'Below Grow', group='Histogram',
inline='Below')
col_fall_below = input.color(#FF5252, 'Fall', group='Histogram',
inline='Below')
// 计算
fast_ma = sma_source == 'SMA' ? ta.sma(src, fast_length) : ta.ema(src,
fast_length)
slow_ma = sma_source == 'SMA' ? ta.sma(src, slow_length) : ta.ema(src,
slow_length)
macd = fast_ma - slow_ma
signal = sma_signal == 'SMA' ? ta.sma(macd, signal_length) : ta.ema(macd,
signal_length)
hist = macd - signal
plot(hist, title='Histogram', style=plot.style_columns, color=hist >= 0 ?
hist[1] < hist ? col_grow_above : col_fall_above : hist[1] < hist ?
col_grow_below : col_fall_below)
plot(macd, title='MACD', color=col_macd)
plot(signal, title='Signal', color=col_signal)

donttouchzero = input(title='Don\'t touch the zero line?', defval=true)

lbR = input(title='Pivot Lookback Right', defval=5)
lbL = input(title='Pivot Lookback Left', defval=5)
```

```
rangeUpper = input(title='Max of Lookback Range', defval=60)
rangeLower = input(title='Min of Lookback Range', defval=5)
plotBull = input(title='Plot Bullish', defval=true)
plotHiddenBull = false
plotBear = input(title='Plot Bearish', defval=true)
plotHiddenBear = false
bearColor = color.red
bullColor = color.green
hiddenBullColor = color.new(color.green, 80)
hiddenBearColor = color.new(color.red, 80)
textColor = color.white
noneColor = color.new(color.white, 100)
osc = macd

plFound = na(ta.pivotlow(osc, lbL, lbR)) ? false : true
phFound = na(ta.pivothigh(osc, lbL, lbR)) ? false : true
_inRange(cond) =>
    bars = ta.barssince(cond == true)
    rangeLower <= bars and bars <= rangeUpper


//-------------------------------------------------------------------------
// 标记底背离 Regular Bullish
// Osc: Higher Low

oscHL = osc[lbR] > ta.valuewhen(plFound, osc[lbR], 1) and _inRange(plFound[1])
and osc[lbR] < 0


// Price: Lower Low

priceLL = low[lbR] < ta.valuewhen(plFound, low[lbR], 1)
priceHHZero = ta.highest(osc, lbL + lbR + 5)
//plot(priceHHZero,title="priceHHZero",color=color.green)
blowzero = donttouchzero ? priceHHZero < 0 : true
bullCond = plotBull and priceLL and oscHL and plFound and blowzero

plot(plFound ? osc[lbR] : na, offset=-lbR, title='Regular Bullish', linewidth=2,
color=bullCond ? bullColor : noneColor, transp=0)
```

```
plotshape(bullCond ? osc[lbR] : na, offset=-lbR, title='Regular Bullish Label',
text=' Bull ', style=shape.labelup, location=location.absolute,
color=color.new(bullColor, 0), textcolor=color.new(textColor, 0))


//-------------------------------------------------------------------
// 标记顶背离 Regular Bearish
// Osc: Lower High

oscLH = osc[lbR] < ta.valuewhen(phFound, osc[lbR], 1) and _inRange(phFound[1])
and osc[lbR] > 0

priceLLZero = ta.lowest(osc, lbL + lbR + 5)
//plot(priceLLZero,title="priceLLZero", color=color.red)
bearzero = donttouchzero ? priceLLZero > 0 : true

// Price: Higher High

priceHH = high[lbR] > ta.valuewhen(phFound, high[lbR], 1)

bearCond = plotBear and priceHH and oscLH and phFound and bearzero

plot(phFound ? osc[lbR] : na, offset=-lbR, title='Regular Bearish', linewidth=2,
color=bearCond ? bearColor : noneColor, transp=0)

plotshape(bearCond ? osc[lbR] : na, offset=-lbR, title='Regular Bearish Label',
text=' Bear ', style=shape.labeldown, location=location.absolute,
color=color.new(bearColor, 0), textcolor=color.new(textColor, 0))


alertcondition(bullCond, title='Bull', message='Regular Bull Div')
alertcondition(bearCond, title='Bear', message='Regular Bear Div')

//================================================================//
```

将该脚本添加到图表中，以上证指数（000001）为例，运行结果如图 26-1 所示。

图 26-1 使用 MACD Divergence 指标分析上证指数周线图中的趋势转折点

为了便于查看，我们手动用蓝色虚竖线标识发生顶背离的位置，并用黄色虚竖线标识发生底背离的位置。可以看出，黄色虚竖线提示的位置是很好的买入点，蓝色虚竖线提示的位置是很好的卖出点。这证明该指标的提示对上证指数周线图非常有效。

另外，红色箭头所指的位置，虽然在周线图上没有明显的 MACD 指标背离的提示，但是其他指标已经出现明显的超买。**强烈推荐采用多指标验证研判，而不是只使用一个指标判定。**

26.3 RSI 指标

26.3.1 RSI 指标的含义

RSI（Relative Strength Index）指标，即相对强弱指标，由世界著名的技术分析派大师韦尔斯·怀尔德（Welles Wilder）于 1978 年首次提出。RSI 指标是根据一定时期内上涨和下跌幅度之和的比率制作出的一种技术曲线，它能够反映出市场在一定时期内的景气程度。

计算公式为：

$$n \text{ 日 RSI} = \frac{A}{A+B} \times 100$$

这里的 A=n 日内收盘涨幅之和，B=n 日内收盘跌幅之和（取正值）。该公式的含义为计算在 n 个交易日内，金融资产的涨幅占涨幅与跌幅绝对值之和的百分比。

该指标将向上的力量与向下的力量进行比较。若向上的力量较大，则计算出来的指标上升；若向下的力量较大，则计算出来的指标下降，由此测算出市场走势的强弱。

26.3.2　实例：带有超买/超卖提示的 RSI 指标

在下面的脚本中，我们将进一步改进第 23.3 节中的实例，除了使用红色和绿色竖线标识超买和超卖位置，还会添加提醒功能，脚本如下所示。

```
//@version=5
indicator(title="Relative Strength Index", shorttitle="RSI",
format=format.price, precision=2, timeframe="", timeframe_gaps=true)

ma(source, length, type) =>
    switch type
        "SMA" => ta.sma(source, length)
        "Bollinger Bands" => ta.sma(source, length)
        "EMA" => ta.ema(source, length)
        "SMMA (RMA)" => ta.rma(source, length)
        "WMA" => ta.wma(source, length)
        "VWMA" => ta.vwma(source, length)

rsiLengthInput = input.int(14, minval=1, title="RSI Length", group="RSI
Settings")
rsiSourceInput = input.source(close, "Source", group="RSI Settings")
maTypeInput = input.string("SMA", title="MA Type", options=["SMA", "Bollinger
Bands", "EMA", "SMMA (RMA)", "WMA", "VWMA"], group="MA Settings")
maLengthInput = input.int(14, title="MA Length", group="MA Settings")
bbMultInput = input.float(2.0, minval=0.001, maxval=50, title="BB StdDev",
group="MA Settings")

up = ta.rma(math.max(ta.change(rsiSourceInput), 0), rsiLengthInput)
down = ta.rma(-math.min(ta.change(rsiSourceInput), 0), rsiLengthInput)
rsi = down == 0 ? 100 : up == 0 ? 0 : 100 - (100 / (1 + up / down))
rsiMA = ma(rsi, maLengthInput, maTypeInput)
isBB = maTypeInput == "Bollinger Bands"

plot(rsi, "RSI", color=#7E57C2)
plot(rsiMA, "RSI-based MA", color=color.yellow)

upLine = input.int(70, minval=50, maxval=90, title="RSI Upper Line Value")
lowLine = input.int(30, minval=10, maxval=50, title="RSI Lower Line Value")
```

```
rsiUpperBand = hline(upLine, "RSI Upper Band", color=#787B86)
rsiLowerBand = hline(lowLine, "RSI Lower Band", color=#787B86)

hline(50, "RSI Middle Band", color=color.new(#787B86, 50))
fill(rsiUpperBand, rsiLowerBand, color=color.rgb(126, 87, 194, 90), title="RSI
Background Fill")
bbUpperBand = plot(isBB ? rsiMA + ta.stdev(rsi, maLengthInput) * bbMultInput :
na, title = "Upper Bollinger Band", color=color.green)
bbLowerBand = plot(isBB ? rsiMA - ta.stdev(rsi, maLengthInput) * bbMultInput :
na, title = "Lower Bollinger Band", color=color.green)
fill(bbUpperBand, bbLowerBand, color= isBB ? color.new(color.green, 90) : na,
title="Bollinger Bands Background Fill")
//设置超买、超卖情况的背景色
bgcolor(rsi<=lowLine?color.new(color.green,70):rsi<upLine?na:color.new(color
.red,70))
bgcolor(rsi[1]<=lowLine and rsi>lowLine ? color.new(color.green,0) :
rsi[1]>=upLine and rsi <upLine ? color.new(color.red,0):na)
//设置提醒
alertcondition(rsi<=lowLine,'RSI oversold','Oversold! RSI is {{plot("RSI")}}')
alertcondition(rsi>=upLine,'RSI overbought','Oversbought! RSI is
{{plot("RSI")}}')
```

将该指标添加到图表中，以上证指数（000001）为例，运行结果如图 26-2 所示。

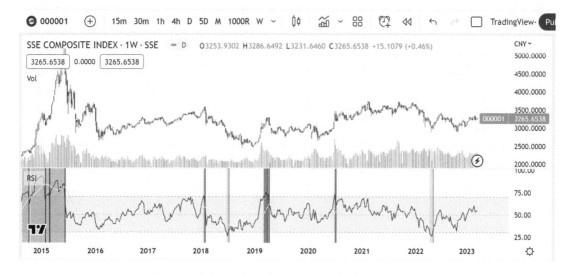

图 26-2 探究 RSI 指标在上证指数周线图中的运用效果

26.4　小结

动量指标是一种用于测量价格或成交量变化速度和强度的技术分析工具，可以用来分析市场趋势，判断价格的变化方向和强度，以及寻找市场的买入和卖出机会。

在本章中我们重点介绍了两个广泛使用的动量指标——MACD 和 RSI，并提供了实例来帮助读者更好地理解它们的使用方法。此外，我们还探讨了如何使用这些指标来分析金融资产的价格趋势并做出交易决策。

第 27 章　成交量指标

27.1　成交量指标简介

成交量（Volume）数据是最有价值、最值得研究的交易数据之一，几乎所有的交易软件都提供最基础的成交量指标。执着于在金融市场淘金的交易者总是不断地追求更高效、更称手的淘金利器，以便于更好地观测、分析交易数据，提高盈利和风控能力。

成交量类指标有很多，比如最常见、最基础的成交量指标，还有很受欢迎的 Volume Profile 类指标（在 TradingView 平台上的 VRVP 指标即为此指标，它为付费用户专享），另外还有很多其他指标也融合使用了成交量数据，比如 VWAP（Volume-Weighted Average Price）、OBV（On Balance Volume）、MFI（Money flow index）和 Accumulation/ Distribution 等。

27.2　实例 1：成交量分布图

TradingView 平台上的 VRVP（Visible Range Volume Profile，成交量分布图）指标是一款颇受欢迎的成交量指标。该指标可以展示在指定的时间段内、指定的价格水平上的交易活动。运用 VRVP 指标在图表上绘制直方图，可以凸显基于成交量的显著或重要的价格水平。实际上，VRVP 指标呈现的是在特定时间段内、特定价格水平交易的总成交量，它还将总成交量分为买入量和卖出量，并使用不同颜色标识。

VRVP 指标的优点是直观、可视化，用户可以直观地看出成交量的分布和交易密集区，而交易密集区往往是压力/支撑位。美中不足的是该指标仅供付费用户使用，且不开源。

以上证指数（000001）为例，将 VRVP 指标添加到图表中，运行结果如图 27-1 所示。可以发现上证指数正处于大周期下的交易密集区，我们期待上证指数可以实现向上突破。

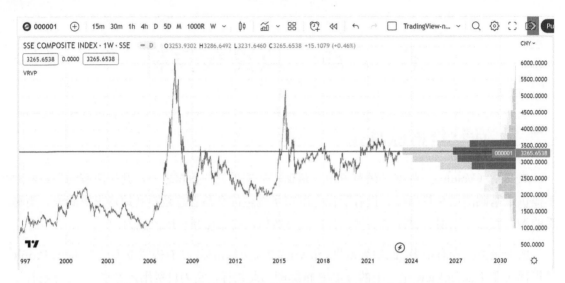

图 27-1　运用 VRVP 指标分析周线图中的成交量和价格的关系

27.3　实例 2：自动锚定成交量分布指标

TradingView 平台最新提供了自动锚定成交量分布指标（Auto Anchored Volume Profile, AAVP），可以在图表的锚定的位置添加成交量分布指标。如图 27-2 所示，橙色箭头所指的即为自动锚定成交量分布指标。

图 27-2　以 AAVP 指标分析上证指数周线图中的趋势变化和成交量变化的关系

27.4 实例 3：Volume Level & Breakout

本例融合了成交量和布林带指标的算法，应用布林带的算法（使用方差函数）筛选出成交量激增、放量的情况，并可以发出提醒。脚本如下所示。

说明：布林带指标就是应用方差函数计算布林带的上轨与下轨。

```
//@version=5
indicator(title="Volume Level & Breakout", shorttitle="Volume", overlay=false)

length = input.int(30, minval=1)
src = ta.sma(volume, 2)
mult = input.float(2.5, minval=0.001, maxval=50, title="StdDev")
basis = ta.sma(src, length)
dev = mult * ta.stdev(src, length)
upper = basis + dev
lower = basis - dev
offset = input.int(0, "Offset", minval=-500, maxval=500)

p0 = plot(0, color=na, display=display.none, editable=false)
p1 = plot(basis, color=na, display=display.none, editable=false)
p2 = plot(upper, color=na, display=display.none, editable=false)
p3 = plot(upper * 1.2, color=na, display=display.none, editable=false)

fill(p0, p1, color.new(#a0d6dc,85), title="Low Volume Zone")
fill(p1, p2, color.new(#ff7800,85), title="Normal Volume Zone")
fill(p2, p3, color.new(#ff0000,85), title="High Volume Zone")

color_vol = src > upper ? #ff0000 : src > basis ? #a0d6dc : #1f9cac

plot(src, style=plot.style_columns, color=color_vol)

alertcondition(src > upper, title="Volume Breakout", message="Detected Volume
Breakout at Price : {{close}}")
```

将该指标添加到副图中，以腾讯股票（700）为例，运行结果如图 27-3 所示。当成交量激增时，指标用红色柱标出。我们手动添加一些黄色虚竖线到图表上，用于将当日的成交量与 K 线对应起来。我们可以得出结论，当成交量激增或放量时，往往是止盈或抄底的好时机。

图 27-3   利用 Volume Level & Breakout 指标分析成交量和股价的关系

27.5   实例 4：VWAP 指标

说明：本例是成交量、均线和一目均衡表的合成指标，会引用到前面讲过的均线类指标。

VWAP（Volume-Weighted Average Price）即成交量加权平均价格指标。其类似于移动平均线，是将一定时间段内的收盘价按成交量加权计算之后得出的价格。成交量加权平均价格指标通常用于日内交易的技术分析，用来预测价格趋势。公式如下：

$$VWAP(TP, n) = \frac{\sum_{i=1}^{n} Volume(i-1) \times TP(i-1)}{\sum_{i=1}^{n} Volume(i-1)}$$

这里的 TP 指 Typical Price。一般情况下

$$Typical\ Price = \frac{High + Low + Close}{3}$$

说明：指标 VWAP 与 VWMA 的区别在于虽然两者的公式类似，但公式中所使用的价格不同。指标 VWMA 通常使用收盘价 Close，而指标 VWAP 使用的是 Typical Price。

成交量加权平均价格指标算法可分为三部分。第一部分是红绿相间的云图。红色云图表示趋势看空，绿色云图表示趋势看多。此处引用了一目均衡图的算法。第二部分是均线组。VWAP 线用橙色粗线表示，两根 EMA 线用蓝色和栗红色表示，MVWAP 用紫红色表示。第三部分是多/空位置，分别用"Long"和"Short"表示。

成交量加权平均价格指标的脚本如下所示。

```
//@version=5
indicator("VWAP/MVWAP/EMA CROSSOVER-yancy", overlay=true)

// 设置输入参数
vwaplength = input(title='VWAP Length', defval=1)
emaSource1 = input(title='EMA 1 Source', defval=close)
emaLength1 = input(title='EMA 1 Length', defval=7)
emaSource2 = input(title='EMA 2 Source', defval=close)
emaLength2 = input(title='EMA 2 Length', defval=25)
rsilimit = input(title='RSI Limit (RISKY)', defval=65)
rsiminimum = input(title='RSI Minimum (WAIT FOR DIP)', defval=51)

/// 计算 MVWAP ///
avlength = input(title='MVWAP Length', defval=21)
av = ta.ema(ta.vwap, avlength)
plotav = plot(av, color=color.new(color.fuchsia, 0), title='MVWAP')
mvwap = av

// 计算 ema
ema1 = ta.ema(emaSource1, emaLength1)
ema2 = ta.ema(emaSource2, emaLength2)

/// 计算 VWAP ///
cvwap = ta.ema(ta.vwap, vwaplength)
plotvwap = plot(cvwap, color=color.new(color.orange, 0), title='VWAP',
linewidth=2)

Check1 = ema1 >= mvwap
Check2 = ema2 >= mvwap
Check3 = cvwap >= mvwap


Cross = Check1 and Check2
Crossup = Cross and Check3


Buy = Crossup and ta.rsi(close, 14)
Risky = Crossup and ta.rsi(close, 14) > rsilimit
BuyDip = Crossup and ta.rsi(close, 14) < rsiminimum
GoodBuy = Buy and ta.rsi(close, 14) < rsilimit
GreatBuy = GoodBuy and ta.rsi(close, 14) > rsiminimum
```

```
//
Long = Buy == 1 ? 1 : 0
Short = Buy != 1 ? 1 : 0

Longtrigger = ta.crossover(Long, 0.5)
Shorttrigger = ta.crossover(Short, 0.5)
//绘图，给出买卖信号
plotshape(Longtrigger, title='Long Entry', location=location.belowbar,
color=color.new(color.green, 0), style=shape.triangleup, text='Long')
plotshape(Shorttrigger, title='Short Entry', location=location.abovebar,
color=color.new(color.red, 0), style=shape.triangledown, text='Short')

// 绘图
plotshape(Buy, title='Buy Alert', location=location.belowbar,
color=color.new(color.white, 100), style=shape.triangleup, text='')
plotshape(Risky, title='Risky', location=location.abovebar,
color=color.new(color.red, 100), style=shape.triangledown, text='')
plotshape(BuyDip, title='WAIT', location=location.abovebar,
color=color.new(color.orange, 100), style=shape.triangledown, text='')
plotshape(GreatBuy, title='Enter Here', location=location.belowbar,
color=color.new(color.green, 100), style=shape.triangleup, text='')
plot(ta.ema(emaSource1, emaLength1), color=color.new(color.blue, 0),
linewidth=1, title='EMA1')
plot(ta.ema(emaSource2, emaLength2), color=color.new(color.maroon, 0),
linewidth=1, title='EMA2')

// 设置提醒
alertcondition(Longtrigger, title='Long Alert', message='Long Alert')
alertcondition(Shorttrigger, title='Short Alert', message='Short Alert')

//设置 K 线颜色 Barcolor
barcolor(Long == 1 ? color.green : color.red, title='Bar Color')

// 计算并绘制云图
displacement_A = 26
displacement_B = 26
conversion_len = 9
base_line_len = 26
senkou_B_len = 51
```

```
f(x) =>
    total_volume = math.sum(volume, x)
    volume_weighted_high = math.sum(high * volume, x) / total_volume
    volume_weighted_low = math.sum(low * volume, x) / total_volume
    (volume_weighted_high + volume_weighted_low) / 2

conversion_line = f(conversion_len)
base_line = f(base_line_len)
senkou_A = (conversion_line + base_line) / 2
senkou_B = f(senkou_B_len)

p1 = plot(senkou_A, offset=displacement_A, color=color.new(color.green, 100),
title='Senkou A', linewidth=2)
p2 = plot(senkou_B, offset=displacement_B, color=color.new(color.red, 100),
title='Senkou B', linewidth=2)
fill(p1, p2, color=senkou_A > senkou_B ? color.green : color.red, transp=73)
```

　　将指标添加到图表中，以贵州茅台（600519）的周线图为例，运行结果如图 27-4 所示，可以发现该指标在贵州茅台的周线图上具有一定的可靠性。若综合考虑市场的看多、看空趋势并应用该指标，则预计胜率会更高。

图 27-4　VWAP 指标在贵州茅台周线图中的应用效果

27.6　小结

成交量数据是最有价值、最值得研究的交易数据之一。成交量指标是衡量市场活跃程度的重要指标之一，反映了交易市场上买卖双方的力量对比。

本章介绍了可用于成交量分析的四个实用指标，包括 TradingView 平台自带的两款成交量分布指标，此外还有 Volume Level&Breakout 和 Volume-Weighted Average Price 指标。这些成交量分析指标可以帮助交易者更好地理解市场趋势和价格行为，并做出相应的交易决策。

第 28 章　背离技术分析

28.1　背离简介

背离（Divergence）指金融资产的价格与技术指标的走势相反，通常是一个反转信号。

背离的分类通常从两个维度划分，如图 28-1 所示。

- 常规/隐含（Regular/ Hidden）：可以分为 Regular Divergence（常规背离） 和 Hidden Divergence（隐含背离）两类，其中，常规背离更常用。

- 看涨/看跌（Bullish/Bearish）：可以分为 Bullish Divergence（看涨背离） 和 Bearish Divergence（看跌背离）两类。

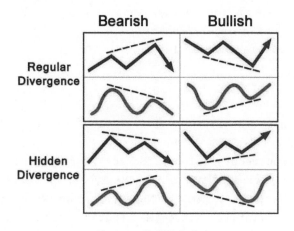

图 28-1　背离的分类

常规背离又可分为两种情况，即底背离（Regular Bullish Divergence）和顶背离（Regular Bearish Divergence）。

- 底背离：指价格持续下跌，但是指标却不能支持下跌走势，通常是看多信号。具体来说是价格呈现 Lower Low，而指标却呈现 Higher Low。

- 顶背离：指价格持续上涨，但是指标却不能支持上涨走势，通常是看空信号。具体来说是价格呈现 Higher High，而指标却呈现 Lower High。

下面给出 RSI Divergence 例子，此例可以提示价格与 RSI 指标背离的情况。另外，我们再介绍一款通用性广、实用性强的可提示多指标背离的脚本（适用于任何 oscillator 类指标）。

28.2　实例 1：RSI Divergence

我们对前面 26.3 小节的 RSI 实例增加了背离功能，脚本如下所示。

```
// @version=5
indicator(title="RSI Divergence",shorttitle="RSI Divergence", overlay=false,
timeframe='')

// {用户自定义函数 ma
ma(source, length, type) =>
    switch type
        "SMA" => ta.sma(source, length)
        "Bollinger Bands" => ta.sma(source, length)
        "EMA" => ta.ema(source, length)
        "SMMA (RMA)" => ta.rma(source, length)
        "WMA" => ta.wma(source, length)
        "VWMA" => ta.vwma(source, length)
//}

//{界面菜单选项
rsiLengthInput = input.int(14, minval=1, title="RSI Length", group="RSI
Settings")
rsiSourceInput = input.source(close, "Source", group="RSI Settings")
maTypeInput = input.string("SMA", title="MA Type", options=["SMA", "Bollinger
Bands", "EMA", "SMMA (RMA)", "WMA", "VWMA"], group="MA Settings")
maLengthInput = input.int(14, title="MA Length", group="MA Settings")
bbMultInput = input.float(2.0, minval=0.001, maxval=50, title="BB StdDev",
group="MA Settings")
//}

upLine = input.int(70, minval=50, maxval=90, title="RSI Upper Line Value")
lowLine = input.int(30, minval=10, maxval=50, title="RSI Lower Line Value")
rsiUpperBand = hline(upLine, "RSI Upper Band", color=#787B86)
rsiLowerBand = hline(lowLine, "RSI Lower Band", color=#787B86)

up = ta.rma(math.max(ta.change(rsiSourceInput), 0), rsiLengthInput)
down = ta.rma(-math.min(ta.change(rsiSourceInput), 0), rsiLengthInput)
rsi = down == 0 ? 100 : up == 0 ? 0 : 100 - (100 / (1 + up / down))
```

```
rsiMA = ma(rsi, maLengthInput, maTypeInput)
isBB = maTypeInput == "Bollinger Bands"

// {有关背离的参数输入
lbR = 5,lbL = 5, rangeUpper = 60, rangeLower = 5
plotBull = input(title='Plot Bullish', defval=true,group="Toggle Divergence
Plotting"), plotBear = input(title='Plot Bearish', defval=true)
plotHiddenBull = input(title='Plot Hidden Bullish', defval=false),
plotHiddenBear = input(title='Plot Hidden Bearish', defval=false)
// }


osc = rsi
plFound = na(ta.pivotlow(osc, lbL, lbR)) ? false : true,phFound =
na(ta.pivothigh(osc, lbL, lbR)) ? false : true

// {用户自定义函数，用于 RSI 的趋势识别
_inRange(cond) =>
    bars = ta.barssince(cond == true)
    rangeLower <= bars and bars <= rangeUpper

oscHL = osc[lbR] > ta.valuewhen(plFound, osc[lbR], 1) and _inRange(plFound[1]),
oscLL = osc[lbR] < ta.valuewhen(plFound, osc[lbR], 1) and _inRange(plFound[1])
oscHH = osc[lbR] > ta.valuewhen(phFound, osc[lbR], 1) and
_inRange(phFound[1]),oscLH = osc[lbR] < ta.valuewhen(phFound, osc[lbR], 1) and
_inRange(phFound[1])

// }

// {价格的趋势识别
priceLL = low[lbR] < ta.valuewhen(plFound, low[lbR], 1), priceHL = low[lbR] >
ta.valuewhen(plFound, low[lbR], 1)
priceHH = high[lbR] > ta.valuewhen(phFound, high[lbR], 1),priceLH = high[lbR]
< ta.valuewhen(phFound, high[lbR], 1)
//}

//{背离识别
bullCond = plotBull and priceLL and oscHL and plFound, hiddenBullCond =
plotHiddenBull and priceHL and oscLL and plFound
```

```
bearCond = plotBear and priceHH and oscLH and phFound, hiddenBearCond =
plotHiddenBear and priceLH and oscHH and phFound
// }

// { 配色
bearColor = color.maroon, bullColor = color.teal, hiddenBullColor =
color.new(color.teal, 0), hiddenBearColor = color.new(color.maroon, 0)
textColor = color.gray,noneColor = color.new(color.white, 100)
//}

// { 绘图
plot(osc, title='RSI', linewidth=1, color=color.rgb(128,128,128))
plot(rsiMA, "RSI-based MA", color=color.yellow)

hline(50, "RSI Middle Band", color=color.new(#787B86, 50))

fill(rsiUpperBand, rsiLowerBand, color=color.rgb(126, 87, 194, 90), title="RSI
Background Fill")
bbUpperBand = plot(isBB ? rsiMA + ta.stdev(rsi, maLengthInput) * bbMultInput :
na, title = "Upper Bollinger Band", color=color.green)
bbLowerBand = plot(isBB ? rsiMA - ta.stdev(rsi, maLengthInput) * bbMultInput :
na, title = "Lower Bollinger Band", color=color.green)
fill(bbUpperBand, bbLowerBand, color= isBB ? color.new(color.green, 90) : na,
title="Bollinger Bands Background Fill")
plot(plFound ? osc[lbR] : na, offset=-lbR, title='Regular Bullish', linewidth=3,
color=bullCond ? bullColor : noneColor, transp=0)
plot(plFound ? osc[lbR] : na, offset=-lbR, title='Hidden Bullish', linewidth=3,
color=hiddenBullCond ? hiddenBullColor : noneColor, transp=0)
plot(phFound ? osc[lbR] : na, offset=-lbR, title='Regular Bearish', linewidth=3,
color=bearCond ? bearColor : noneColor, transp=0)
plot(phFound ? osc[lbR] : na, offset=-lbR, title='Hidden Bearish', linewidth=3,
color=hiddenBearCond ? hiddenBearColor : noneColor, transp=0)
// }
plotshape(bullCond ? osc[lbR] : na, offset=-lbR,title='Regular Bullish Label',
text=' 底背离 ', style=shape.labelup, location=location.absolute,
color=color.new(bullColor, 0), textcolor=color.new(color.white, 0))
plotshape(bearCond ? osc[lbR] : na, offset=-lbR,title='Regular Bearish Label',
text=' 顶背离 ', style=shape.labeldown, location=location.absolute,
color=color.new(bearColor, 0), textcolor=color.new(color.white, 0))
```

```
alertcondition(bullCond,title='底背离',message='Bullish Divergence Detected on
{{ticker}}')
alertcondition(bearCond,title='顶背离',message='Bearish Divergence Detected on
{{ticker}}')

//根据超买/超卖情况绘制背景色及设置提醒
bgcolor(rsi<=lowLine?color.new(color.green,70):rsi<upLine?na:color.new(color
.red,70))
bgcolor(rsi[1]<=lowLine and rsi>lowLine ? color.new(color.green,0) :
rsi[1]>=upLine and rsi <upLine ? color.new(color.red,0):na)

alertcondition(rsi<=lowLine,"RSI oversold","")
alertcondition(rsi<=upLine,"RSI overbought","")
```

将该脚本添加到图表中，以苹果股票（AAPL）为例，运行结果如图 28-2 所示。

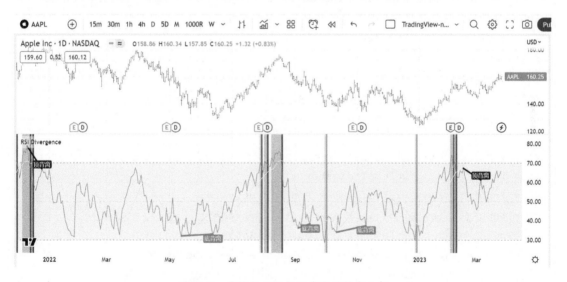

图 28-2 价格与 RSI 指标背离的技术分析

可以看出在 RSI 指标中，使用深红色线和文字标识了顶背离的位置，使用青绿色线和文字标识了底背离的位置，该指标还可以在发生背离时发送提醒。此外，该指标还保留了对于 RSI 指标超买、超卖时的提示（红色竖线标识超买，绿色竖线表示超卖）。

28.3　实例 2：多指标背离提示——适用于任何震荡类指标

我们精选了 TradingView 平台上点赞数很高的@yatrader2 的脚本，并进行了升级。该脚本适用于任何震荡（Oscillator）类指标，可叠加到任何震荡类指标上（推荐），也可以直接添加到主图上，如下所示。

```
//@version=5
indicator(title="Divergence Indicator (any oscillator)", format=format.price,
overlay=true, timeframe='')
// "Divergence Indicator" 可叠加到任何震荡类指标上，也可以直接添加到主图上
// Usage:
// Add your favorite oscillator, klinger, tsi, whatever to a chart.
// Click the little ... (More)
// Then add this indicator "Divergence Indicator (any oscillator)" on your
oscillator of choice.
// Click the settings on this indicator and make sure the source is set to the
right plot from your oscillator.
// Watch for it to plot divergences...
// Add it a second time on the price chart (and select the same indicator), but
check the box
// "plot on price (rather than on indicator)"
// See you divergence plotted on price and on indicator


overlay_main = input(false, title='Plot on price (rather than on indicator)')
osc = input(ohlc4, title='Indicator')
lbR = input(title='Pivot Lookback Right', defval=5)
lbL = input(title='Pivot Lookback Left', defval=5)
rangeUpper = input(title='Max of Lookback Range', defval=60)
rangeLower = input(title='Min of Lookback Range', defval=5)
plotBull = input(title='Plot Bullish', defval=true)
plotHiddenBull = input(title='Plot Hidden Bullish', defval=false)
plotBear = input(title='Plot Bearish', defval=true)
plotHiddenBear = input(title='Plot Hidden Bearish', defval=false)
delay_plot_til_closed = input(title='Delay plot until candle is closed (don\'t
repaint)', defval=false)
bearColor = color.red
```

```
bullColor = color.green
hiddenBullColor = color.new(color.green, 80)
hiddenBearColor = color.new(color.red, 80)
textColor = color.white
noneColor = color.new(color.white, 100)


repaint = not delay_plot_til_closed or barstate.ishistory or
barstate.isconfirmed


plFound = na(ta.pivotlow(osc, lbL, lbR)) ? false : true
phFound = na(ta.pivothigh(osc, lbL, lbR)) ? false : true
_inRange(cond) =>
    bars = ta.barssince(cond == true)
    rangeLower <= bars and bars <= rangeUpper


//------------------------------------------------------------------
// 底背离 Regular Bullish
// Osc: Higher Low


oscHL = osc[lbR] > ta.valuewhen(plFound, osc[lbR], 1) and _inRange(plFound[1])


// Price: Lower Low


priceLL = low[lbR] < ta.valuewhen(plFound, low[lbR], 1)
bullCond = plotBull and priceLL and oscHL and plFound and repaint

plot(plFound ? overlay_main ? low[lbR] : osc[lbR] : na, offset=-lbR,
title='Regular Bullish',
  linewidth=2, color=bullCond ? bullColor : noneColor, transp=0)

plotshape(bullCond ? overlay_main ? low[lbR] : osc[lbR] : na, offset=-lbR,
  title='Regular Bullish Label', text=' Bull ', style=shape.labelup,
location=location.absolute,
  color=color.new(bullColor, 0), textcolor=color.new(textColor, 0))


//------------------------------------------------------------------
// 隐含看涨背离 Hidden Bullish
```

```
// Osc: Lower Low

oscLL = osc[lbR] < ta.valuewhen(plFound, osc[lbR], 1) and _inRange(plFound[1])

// Price: Higher Low

priceHL = low[lbR] > ta.valuewhen(plFound, low[lbR], 1)
hiddenBullCond = plotHiddenBull and priceHL and oscLL and plFound and repaint

plot(plFound ? overlay_main ? low[lbR] : osc[lbR] : na, offset=-lbR, title='Hidden
Bullish',
    linewidth=2, color=hiddenBullCond ? hiddenBullColor : noneColor, transp=0)

plotshape(hiddenBullCond ? overlay_main ? low[lbR] : osc[lbR] : na, offset=-lbR,
    title='Hidden Bullish Label', text=' H Bull ', style=shape.labelup,
location=location.absolute,
    color=color.new(bullColor, 0), textcolor=color.new(textColor, 0))

//-----------------------------------------------------------------------
// 顶背离 Regular Bearish
// Osc: Lower High

oscLH = osc[lbR] < ta.valuewhen(phFound, osc[lbR], 1) and _inRange(phFound[1])

// Price: Higher High

priceHH = high[lbR] > ta.valuewhen(phFound, high[lbR], 1)

bearCond = plotBear and priceHH and oscLH and phFound and repaint

plot(phFound ? overlay_main ? high[lbR] : osc[lbR] : na, offset=-lbR,
title='Regular Bearish',
    linewidth=2, color=bearCond ? bearColor : noneColor, transp=0)

plotshape(bearCond ? overlay_main ? high[lbR] : osc[lbR] : na, offset=-lbR,
    title='Regular Bearish Label', text=' Bear ', style=shape.labeldown,
location=location.absolute,
```

```
   color=color.new(bearColor, 0), textcolor=color.new(textColor, 0))

//------------------------------------------------------------------
// 隐含看跌背离 Hidden Bearish
// Osc: Higher High

oscHH = osc[lbR] > ta.valuewhen(phFound, osc[lbR], 1) and _inRange(phFound[1])

// Price: Lower High

priceLH = high[lbR] < ta.valuewhen(phFound, high[lbR], 1)

hiddenBearCond = plotHiddenBear and priceLH and oscHH and phFound and repaint

plot(phFound ? overlay_main ? high[lbR] : osc[lbR] : na, offset=-lbR,
title='Hidden Bearish',
  linewidth=2, color=hiddenBearCond ? hiddenBearColor : noneColor, transp=0)

plotshape(hiddenBearCond ? overlay_main ? high[lbR] : osc[lbR] : na, offset=-lbR,
  title='Hidden Bearish Label', text=' H Bear ', style=shape.labeldown,
location=location.absolute,
  color=color.new(bearColor, 0), textcolor=color.new(textColor, 0))
```

该指标的应用方法是，首先单击震荡类指标的右上角的图标"°°°"，如图 28-3 所示。这里以 RSI 指标为例。

图 28-3　单击"°°°"图标

其次在弹出的菜单项中选择"Add indicator/strategy on RSF..."选项，如图 28-4 所示。

然后对多个震荡类型指标重复上述操作。用户也可以根据个人偏好添加任何震荡类型指标。

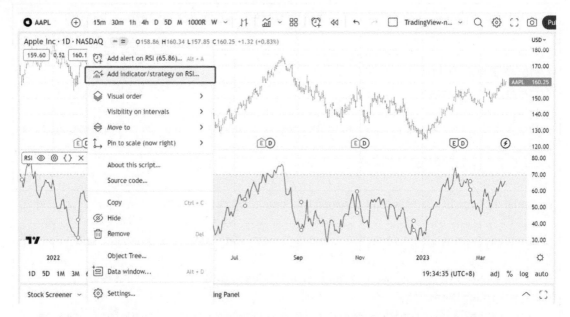

图 28-4　将 Divergence Indicator (any oscillator)叠加到其他指标上的方法图示

以苹果股票（AAPL）为例，先将多个震荡指标添加到图表中，再将 Divergence Indicator (any oscillator)指标叠加到多个震荡指标上。这里除选择 RSI 外，还选取了 OBV 和 TTM Squeeze，如图 28-5 所示。

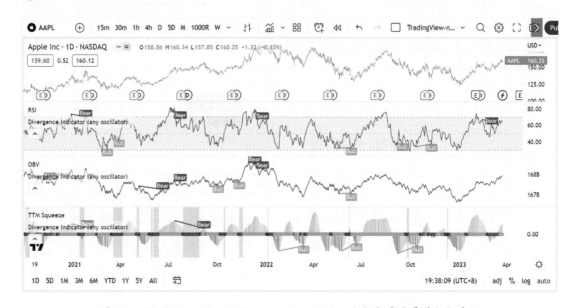

图 28-5　运用 Divergence Indicator (any oscillator) 指标与多重震荡指标叠加

注

多指标相互验证的背离，通常被视为更可靠的反转信号。我们强烈推荐使用多指标相互验证的交易信号。

28.4　小结

背离通常被认为是交易者的好朋友，因为它可以提示即将出现的趋势反转。本章介绍了背离的概念，并给出两款提示背离的脚本实例，即 RSI Divergence 和多指标背离提示。多指标相互验证的背离，通常被视为更可靠的反转信号。总之，背离是一种有实用意义的技术分析工具，可以提示交易者更好地把握市场走势，特别是在趋势反转时，交易者可以通过背离现象来制定更有效的交易策略。

第 29 章 K 线形态与分形技术分析

29.1 K 线形态简介

在技术分析中，K 线形态是指 K 线的价格波动变化所呈现的某些特定的图形，其形态的规律性经常被技术分析师用于预测价格走势。当然，K 线形态的识别是主观的，需要依赖预定义的规则来匹配形态。通常有几十个公认的 K 线形态，它们或简单或复杂。K 线形态既可以是一根 K 线的形态，也可以是一组 K 线的形态，如图 29-1 所示。

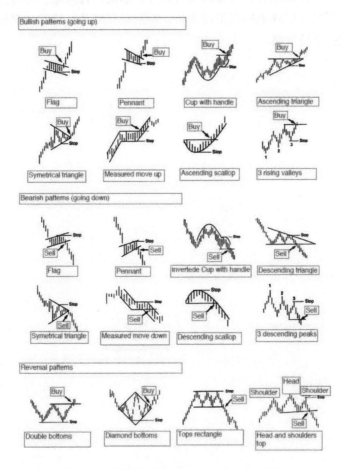

图 29-1 常见的 K 线形态（来源：Reddit）

注

截至本书完稿时，TradingView 平台推出了 10 多个新的形态识别指标，如图 29-2 所示。这些指标可以帮助交易者用软件代替人工来识别特定的 K 线形态，从而辅助交易。这些指标设计精美、功能实用，值得推荐。

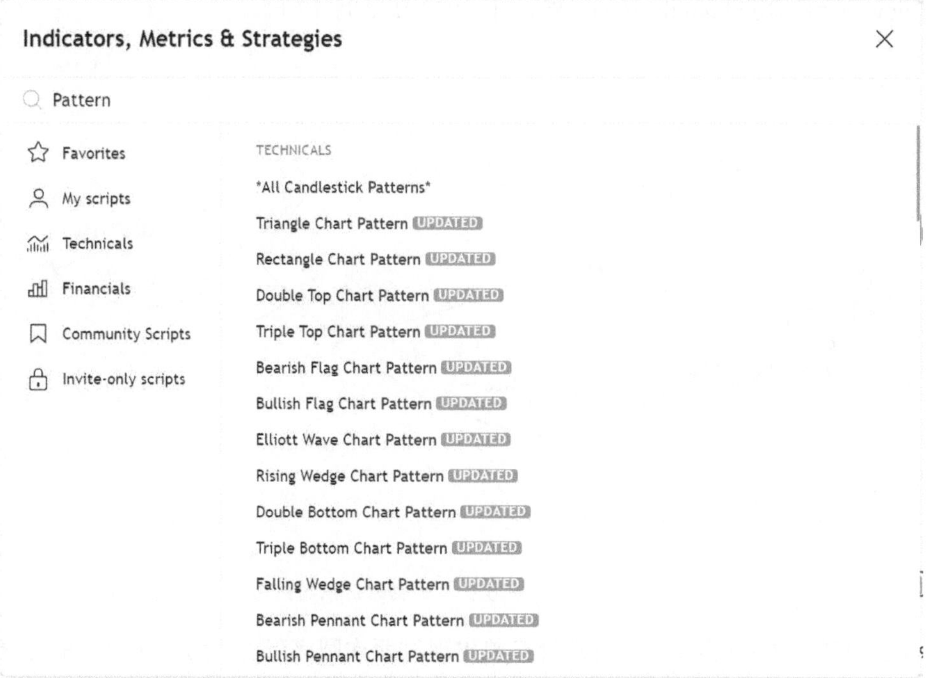

Indicators, Metrics & Strategies　　　　　　　　　　　×

Pattern

☆ Favorites

👤 My scripts

📈 Technicals

📊 Financials

🔖 Community Scripts

🔒 Invite-only scripts

TECHNICALS

All Candlestick Patterns

Triangle Chart Pattern UPDATED

Rectangle Chart Pattern UPDATED

Double Top Chart Pattern UPDATED

Triple Top Chart Pattern UPDATED

Bearish Flag Chart Pattern UPDATED

Bullish Flag Chart Pattern UPDATED

Elliott Wave Chart Pattern UPDATED

Rising Wedge Chart Pattern UPDATED

Double Bottom Chart Pattern UPDATED

Triple Bottom Chart Pattern UPDATED

Falling Wedge Chart Pattern UPDATED

Bearish Pennant Chart Pattern UPDATED

Bullish Pennant Chart Pattern UPDATED

图 29-2　TradingView 平台新推出的形态识别指标

在市场价格波动中，有些 K 线形态会重复出现，这就是我们要讲的分形。

29.2　分形

分形（Fractal）：这个术语在不同领域有多种解释，本书指的是"Recurring pattern that occurs amid larger more chaotic price movements."，其含义为：看似杂乱无章的价格波动中，重复出现的 K 线形态。本节将从 K 线技术分析角度讲解分形。

分形是金融市场中的重复模式，交易员使用它作为技术分析的一种形式，以识别潜在的趋势或反转点。分形技术分析是指通过洞察在不同时间段内重复出现的、自相似的形态，来帮助交易者识别潜在的趋势或反转点。用于分形技术分析的一组 K 线可以包括多根，但最少是 5 根。

分形技术可用于波段交易。有几种交易策略以分形技术为基础，每种策略都有自己的一套进出规则。交易大师比尔·威廉姆斯曾在他的交易系统中使用了分形技术，并开发了分形指标。分形指标既可以单独使用，也可以与其他技术（如 Fibonacci Levels、Support 和 Resistance 等）结合使用，是技术交易者得心应手的工具。

举一个有代表性的例子，图 29-3 是运用分形技术所绘制的白银周线图，作者是 TradingView 平台的用户@mikeavon，绘制于 2023 年 2 月 17 日。

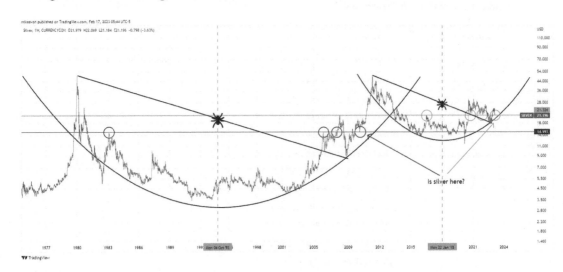

图 29-3　运用分形技术绘制的白银周线图

可以看出在过去 40 多年中，白银价格曾出现过两次圆底形态。第一次出现的时间跨度是 1980 年至 2010 年前后；而第二次则是从 2014 年左右一直延续至今（截稿时 2023 年 3 月）。如果未来的白银走势能够遵循这个分形形态，那么就可能会迎来一波大周期的牛市行情。

29.2.1　实例 1：威廉姆斯分形

下面的脚本是 TradingView 平台提供的一款内置指标（在 Technicals 板块）——威廉姆斯分形（Williams Fractals）指标。该指标是一种基于价格波动的技术分析工具，旨在识别股价图表上的转折点和趋势。威廉姆斯分形指标通过寻找高低价位的变化来确定市场趋势的转折点，其应用是通过观察分形点是否形成，以及分形点的位置和方向来判断市场的趋势和反转点。若市场形成一个上涨分形，则意味着可能发生价格的上涨趋势，交易者可以考虑进入多头头寸。相反，若市场形成一个下跌分形，则意味着可能发生价格的下跌趋势，交易者可以考虑进入空头头寸。在下面这段脚本中，通过定义"n"为时间周期数，以及上涨和下跌分形变量来实现识别分形形态的逻辑，最后使用▼和▲将分形发生趋势反转的位置绘制在价格图表上。

注

　　威廉姆斯分形指标并不适用于所有的市场情况，该指标更适合在趋势不明显或震荡市场中使用。因此，交易者需要在使用该指标时结合其他分析工具进行综合分析。

```
//@version=5
indicator("Williams Fractals", shorttitle="Fractals", format=format.price,
precision=0, overlay=true)
// Define "n" as the number of periods and keep a minimum value of 2 for error
handling.
n = input.int(title="Periods", defval=2, minval=2)

// 向上分型 UpFractal
bool upflagDownFrontier = true
bool upflagUpFrontier0 = true
bool upflagUpFrontier1 = true
bool upflagUpFrontier2 = true
bool upflagUpFrontier3 = true
bool upflagUpFrontier4 = true

for i = 1 to n
    upflagDownFrontier := upflagDownFrontier and (high[n-i] < high[n])
    upflagUpFrontier0 := upflagUpFrontier0 and (high[n+i] < high[n])
    upflagUpFrontier1 := upflagUpFrontier1 and (high[n+1] <= high[n] and high[n+i
+ 1] < high[n])
    upflagUpFrontier2 := upflagUpFrontier2 and (high[n+1] <= high[n] and
high[n+2] <= high[n] and high[n+i + 2] < high[n])
    upflagUpFrontier3 := upflagUpFrontier3 and (high[n+1] <= high[n] and
high[n+2] <= high[n] and high[n+3] <= high[n] and high[n+i + 3] < high[n])
    upflagUpFrontier4 := upflagUpFrontier4 and (high[n+1] <= high[n] and
high[n+2] <= high[n] and high[n+3] <= high[n] and high[n+4] <= high[n] and high[n+i
+ 4] < high[n])
flagUpFrontier = upflagUpFrontier0 or upflagUpFrontier1 or upflagUpFrontier2 or
upflagUpFrontier3 or upflagUpFrontier4

upFractal = (upflagDownFrontier and flagUpFrontier)
```

```
// 向下分型 downFractal
bool downflagDownFrontier = true
bool downflagUpFrontier0 = true
bool downflagUpFrontier1 = true
bool downflagUpFrontier2 = true
bool downflagUpFrontier3 = true
bool downflagUpFrontier4 = true

for i = 1 to n
    downflagDownFrontier := downflagDownFrontier and (low[n-i] > low[n])
    downflagUpFrontier0 := downflagUpFrontier0 and (low[n+i] > low[n])
    downflagUpFrontier1 := downflagUpFrontier1 and (low[n+1] >= low[n] and
low[n+i + 1] > low[n])
    downflagUpFrontier2 := downflagUpFrontier2 and (low[n+1] >= low[n] and
low[n+2] >= low[n] and low[n+i + 2] > low[n])
    downflagUpFrontier3 := downflagUpFrontier3 and (low[n+1] >= low[n] and
low[n+2] >= low[n] and low[n+3] >= low[n] and low[n+i + 3] > low[n])
    downflagUpFrontier4 := downflagUpFrontier4 and (low[n+1] >= low[n] and
low[n+2] >= low[n] and low[n+3] >= low[n] and low[n+4] >= low[n] and low[n+i +
4] > low[n])
flagDownFrontier = downflagUpFrontier0 or downflagUpFrontier1 or
downflagUpFrontier2 or downflagUpFrontier3 or downflagUpFrontier4

downFractal = (downflagDownFrontier and flagDownFrontier)

plotshape(downFractal, style=shape.triangledown, location=location.belowbar,
offset=-n, color=#F44336, size = size.small)
plotshape(upFractal, style=shape.triangleup,  location=location.abovebar,
offset=-n, color=#009688, size = size.small)
```

将该指标添加到图表中，以十年期美国美债（US10Y）为例，运行结果如图 29-4 所示。

图 29-4　使用威廉姆斯分形指标分析十年期美国国债周线图的走势

可以看出使用威廉姆斯分形指标分析十年期美国国债的走势，对于探究其价格趋势和价格震荡的变化规律还是有帮助的。

29.2.2　实例 2：Fractals（适用于多种常规分形和威廉姆斯分形）

我们推荐一款在 TradingView 社区中收获点赞数很高的由用户@RicardoSantos 写的脚本，该脚本名为"[RS]Fractals V9"，它的主要功能如下：

- 允许用户在图表上识别和显示多种分形类型，并提供了过滤或选择不同类型分形的选项。

- 提供了显示更高高点（Higher High）、更低高点（Lower High）、更高低点（Higher Low）和更低低点（Lower Low）等分形变体的选项。

- 可以在屏幕的顶部和底部添加有关分形的注释，使用户更易于识别和理解。

说明：更高高点（Higher High）、更低高点（Lower High）、更高低点（Higher Low）和更低低点（Lower Low）的概念，是技术分析中的常用内容，这些术语的名称已经很清晰地表明了它们的含义，初学者可以查阅相关参考资料了解更多信息。

由于该指标源码较长，而本书篇幅有限，我们将不在本书中引用。如果读者对该指标感兴趣，可以自行查阅和使用。具体的使用方法是，首先在主图上方的菜单栏中单击"Indicators, Metrics & Strategies"选项，然后在弹出窗口的搜索栏输入该指标脚本名称"[RS]Fractals V9"，再选中并使用该指标，如图 29-5 所示。

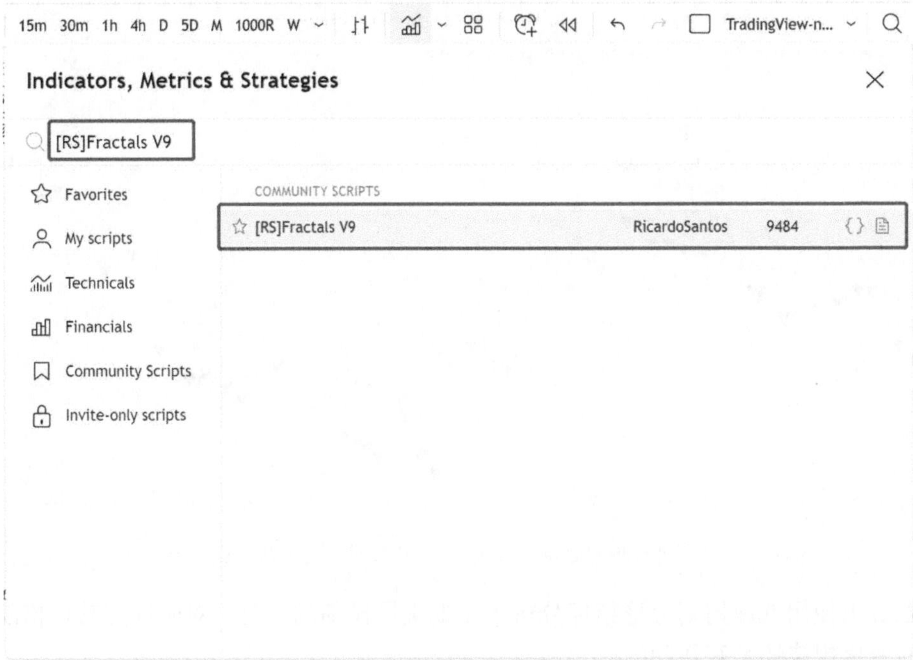

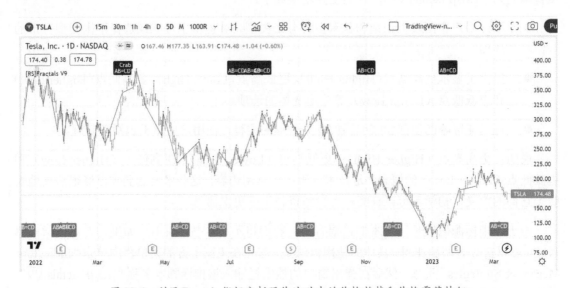

图 29-5　搜索指标脚本名称

　　将"[RS]Fractals V9"指标添加到图表中，以特斯拉股票（TSLA）为例，运行结果如图 29-6 所示。

图 29-6　利用 Fractals 指标分析股价波动中的价格趋势和价格震荡特征

29.3　小结

　　本章主要介绍了 K 线形态和分形技术分析两种技术分析方法，并通过具体实例进行了详细的讲解和应用。分析 K 线形态的目的是通过识别和分析不同的 K 线形态，帮助交易者了解市场的趋势和变化，从而更好地把握市场的走势和机会。而分形技术分析则是通过寻找市场中的规律和模式，帮助交易者更好地掌握市场的走势，从而制定更有效的交易策略。此外，本章还介绍了 TradingView 平台提供的 10 多款非常好用的 K 线形态识别指标，它们可以帮助交易者更方便地识别和分析不同的 K 线形态。同时，本章还给出了两个分形技术分析的脚本实例，它们可以帮助交易者更好地发现市场中的规律和模式。综上所述，K 线形态和分形技术分析是技术分析中常用的方法，能够帮助交易者更好地把握市场的走势和机会。在实际交易中，交易者可以根据自己的需求和实际情况，灵活运用这些方法，制定出更有效的交易策略。

第 30 章　波动率指标

波动率是指金融资产价格的波动程度，也是对资产收益率不确定性的衡量，用于反映金融资产的风险水平。波动率指标（Volatility Indicator）是用来衡量金融资产的价格高于或低于其平均价格的偏离程度的一种技术分析工具。波动率越高，金融资产价格的波动越剧烈，资产收益率的不确定性就越强；波动率越低，金融资产价格的波动越平缓，资产收益率的确定性就越强。观测和分析波动率对于投资交易十分重要，交易者需要根据市场的波动率来制定合理的投资策略和风险管理计划。

常见的波动率指标包括：布林带（Bollinger Bands，BB）、均幅指标（Average True Range，ATR）、肯特纳通道（Keltner Channel，KC）、TTM Squeeze、唐奇安通道（Donchian Channel）、VIX（Volatility Index）和隐含波动率（Implied Volatility，IV）等。

波动率指标一直以来都是期权交易者的良朋挚友，是期权交易不可或缺的技术分析工具。众所周知，期权交易有三个维度：时间价值、方向和波动率。这就像冲浪者需要根据海浪周期、海浪方向和海浪高度规划冲浪路线一样，而波动率就像波浪高度，波浪越高意味着存在着越多的机会和挑战，这着实让人兴奋不已。合理地运用波动率指标可以帮助期权交易者有效地防范风险并提高利润率。

30.1　均幅指标

1. 均幅指标简介

均幅指标（Average True Range，ATR）是表示金融资产价格变化率的指标，主要用于研判买卖时机。该指标由美国知名技术分析师 Welles Wilder 于 1978 年提出。均幅指标的算法是取一定时间周期内的金融资产价格的波动幅度的移动平均值，公式如下：

$$\text{ATR} = \frac{1}{n}\sum_{i=0}^{n-1}\text{TR}[i]$$

这里的 TR[i] = max (high[i] - low[i], abs (high[i] – close [i+1]), abs (low[i] - close[i+1])), 其中 n 表示时间周期，系统默认为 14。

2. 均幅指标说明

TradingView 平台有内置的均幅指标，如图 30-1 所示。该指标开源，感兴趣的读者可以自行查看源码。

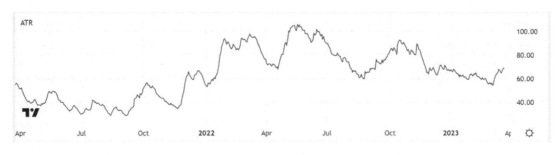

图 30-1   均幅指标图示

 注

在后面的小节中，我们将要讲解的肯特纳通道和 TTM Squeeze 指标都融合了均幅指标的算法。

30.2   肯特纳通道

1. 肯特纳通道简介

肯特纳通道（Keltner Channel，KC）指标由一位极为出色的操盘手 Chester Keltner 于 1960 年提出，它是基于波动性的带状指标，类似布林带和移动平均包络线。肯特纳通道是一个移动平均通道，由三条线（上轨、中轨及下轨）组合而成。

肯特纳通道指标公式如下。

- 中轨：EMA(close,20)

- 上轨：EMA(close,20)+n×ATR

- 下轨：EMA(close,20)-n×ATR

这里的 n 表示倍数/乘数，可以取值为 1、1.5 和 2 等。系统默认肯特纳通道指标的周期为 14。

2. 肯特纳通道说明

TradingView 平台内置有肯特纳通道指标，如图 30-2 所示。该指标开源，感兴趣的读者可以自行查看源码。

图 30-2　肯特纳通道指标图示

30.3　TTM Squeeze 指标

30.3.1　TTM Squeeze 指标简介

TTM Squeeze 指标由华尔街的顶级交易员 John F. Carter 于 2005 年提出。TTM Squeeze 指标既是波动率指标，也是动量指标。

TTM Squeeze 指标从外形上看，有点像 MACD 指标除去两条线（MACD Line 和 Signal Line）后剩下的柱状图，而两者的实际含义却完全不同，如图 30-3 所示。

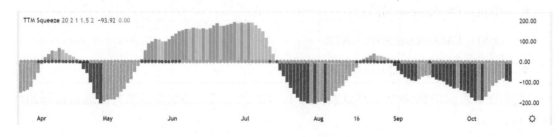

图 30-3　TTM Squeeze 指标图示

对初学者来说，TTM Squeeze 指标比较抽象。实际上，该指标通过零轴上的点（Squeeze Dot）和零轴上下方的红/蓝柱状图（Momentum Histogram）两部分来提示交易参考信息。

TTM Squeeze 指标融合了布林带、肯特纳通道、唐奇安通道和简单移动平均线几个技术指标，并应用了线性回归算法，用以量化金融资产波动率的相对水平。该指标的含义分为两部分，一部分是用零轴上的点标识受挤压的程度（即波动率水平）；另一部分是用零轴上下两侧的红/蓝柱状图表示波动率加剧/减弱的振幅和趋势方向。

TTM Squeeze 指标的设计思想与含义如下。

（1）零轴上的点：通过使用不同颜色的点，来标识受挤压的程度。

通常，交易者通过修改肯特纳通道的参数 Multiplier（即 ATR 的乘数），将 2～3 级肯特纳通道用于指标算法。这里，我们使用 3 级肯特纳通道。

零轴上不同颜色的点的含义如下。

- 橙色点：表示高度挤压。算法逻辑为有 1 条或 2 条布林带轨道在第一级肯特纳通道内（参数 Multiplier=1.0 ATR）。

- 红色点：表示中度挤压。算法逻辑为有 1 条或 2 条布林带轨道在第二级肯特纳通道内（参数 Multiplier=1.5 ATR）。

- 黑色点：表示低度挤压。算法逻辑为有 1 条或 2 条布林带轨道在第三级肯特纳通道内（参数 Multiplier=2.0 ATR）。

- 绿色点：表示没有挤压。算法逻辑为有 1 条或 2 条布林带轨道在第三级肯特纳通道外（参数 Multiplier=2.0 ATR）。

这里使用布林带、肯特纳通道表示受挤压程度。当布林带进入到肯特纳通道里面时，表明市场进入安静期，进行盘整，波动率降低，开始为下一次大波动蓄势积累能量；而当布林带从肯特纳通道里走出来的时候，表明市场已完成盘整，波动率升高，蓄积的能量开始爆发，即将选择方向并展开趋势。

（2）零轴上下两侧的红/蓝柱状图：用柱状图表示波动率加剧/减弱的振幅和趋势方向。蓝色柱状图在零轴之上，为正值，表示趋势向上；红色柱状图在零轴之下，为负值，表示趋势向下。零轴上下两侧的红/蓝柱状图的含义如下。

- 蓝色柱状图：正值，表示趋势向上、波动加剧。

- 浅蓝色柱状图：正值，表示趋势向上、波动减弱。

- 红色柱状图：负值，表示趋势向下、波动加剧。

● 浅红色柱状图：负值，表示趋势向下、波动减弱。

（3）算法：计算零轴上下方的红/蓝柱状图，使用了唐奇安通道和简单移动平均线指标，应用了线性回归算法。公式为

$$\text{柱状图高度：} MOM = \text{Linreg} \left(close - \frac{\text{Donchian Midline} + SMA(close, 20)}{2}, 20, 0 \right)$$

$$\text{这里的 Donchian Midline} = \frac{Highest(high, 20) + Lowest(low, 20)}{2}$$

其中 Linreg 为线性回归函数；Highest(high,20)表示 Highest high in 20 periods；Lowest(low,20)表示 Lowest low in 20 periods；该指标默认周期为 20。

30.3.2　实例：TTM Squeeze

下面脚本使用了 TTM Squeeze 指标的设计思想，并增加了两项功能，即用竖线标识受挤压状态和提醒功能。

```
//@version=5
indicator("TTM Squeeze", shorttitle="TTM Squeeze", overlay=false, precision=2)

length = input.int(20, "TTM Squeeze Length")

//布林带
BB_mult = input.float(2.0, "Bollinger Band STD Multiplier")
BB_basis = ta.sma(close, length)
dev = BB_mult * ta.stdev(close, length)
BB_upper = BB_basis + dev
BB_lower = BB_basis - dev

//肯特纳通道（KELTNER CHANNELS）算法
KC_mult_high = input.float(1.0, "Keltner Channel #1")
KC_mult_mid = input.float(1.5, "Keltner Channel #2")
KC_mult_low = input.float(2.0, "Keltner Channel #3")
KC_basis = ta.sma(close, length)
devKC = ta.sma(ta.tr, length)
KC_upper_high = KC_basis + devKC * KC_mult_high
KC_lower_high = KC_basis - devKC * KC_mult_high
KC_upper_mid = KC_basis + devKC * KC_mult_mid
KC_lower_mid = KC_basis - devKC * KC_mult_mid
KC_upper_low = KC_basis + devKC * KC_mult_low
```

```
KC_lower_low = KC_basis - devKC * KC_mult_low

//挤压（SQUEEZE）条件
NoSqz = BB_lower < KC_lower_low or BB_upper > KC_upper_low //NO SQUEEZE: GREEN
LowSqz = BB_lower >= KC_lower_low or BB_upper <= KC_upper_low //LOW COMPRESSION:
BLACK
MidSqz = BB_lower >= KC_lower_mid or BB_upper <= KC_upper_mid //MID COMPRESSION:
RED
HighSqz = BB_lower >= KC_lower_high or BB_upper <= KC_upper_high //HIGH
COMPRESSION: ORANGE

xSqz = MidSqz or HighSqz

//计算震荡指标（MOMENTUM OSCILLATOR）变量mom
mom = ta.linreg(close - math.avg(math.avg(ta.highest(high, length),
ta.lowest(low, length)), ta.sma(close, length)), length, 0)

//设置震荡指标的红、蓝色柱（MOMENTUM HISTOGRAM）
iff_1 = mom > nz(mom[1]) ? color.new(color.aqua, 0) : color.new(color.aqua, 50)
iff_2 = mom < nz(mom[1]) ? color.new(color.red, 0) : color.new(color.red, 50)
mom_color = mom > 0 ? iff_1 : iff_2

//设置挤压点（SQUEEZE DOTS）的颜色
sq_color = HighSqz ? color.new(color.orange, 0) : MidSqz ? color.new(color.red,
0) : LowSqz ? color.new(color.black, 20) : color.new(color.green, 0)

stick_color=HighSqz ? color.new(color.orange, 50) : MidSqz ?
color.new(color.red, 80) : color.new(color.white, 100)

//提醒
Detect_Sqz_Start = input.bool(true, "Alert Price Action Squeeze")
Detect_Sqz_Fire = input.bool(true, "Alert Squeeze Firing")

if Detect_Sqz_Start and NoSqz[1] and not NoSqz
    alert("Squeeze Started")
else if Detect_Sqz_Fire and NoSqz and not NoSqz[1]
    alert("Squeeze Fired")

//绘图
```

```
plot(mom, title='MOM', color=mom_color, style=plot.style_columns, linewidth=2)
plot(0, title='SQZ', color=sq_color, style=plot.style_circles, linewidth=3)
bgcolor(color=stick_color)

alertcondition(xSqz,"Squeeze","Squeeze at price = {{close}}")
```

将指标添加到图表中，以沪深 300 指数（399300）为例，运行结果如图 30-4 所示。

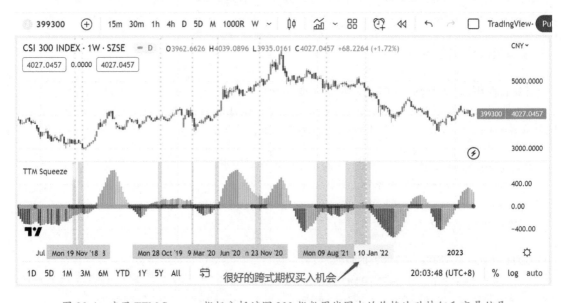

图 30-4　应用 TTM Squeeze 指标分析沪深 300 指数周线图中的价格波动特征和交易信号

在图 30-4 中，我们为了便于观察手动用蓝色和黄色虚线竖线标识了 Squeeze 发生的位置。通过观测与分析可以得出结论，橙色柱（使用黄色虚竖线标识）所示的位置是大波动爆发前夕，是很好的跨式期权买入的机会。

30.4　布林带

30.4.1　布林带简介

布林带（Bollinger Bands，简称 BB）指标，是由美国金融分析师 John Bollinger 于 1980 年提出的技术分析工具。该指标结合了移动平均和标准差的概念，其基本形态是由三条轨道线（上轨、中轨、下轨）组成的带状通道。上轨和下轨可分别视为金融资产价格的压力线和支撑线。通过该工具，交易者可以观测金融资产的价格是如何随着时间而波动的。当布林带开口收缩（Bollinger Squeeze）时，也即上轨、中轨和下轨的间距迅速缩小时，这通常意味着突破或变盘的大行情即将到来。

标准的布林带公式将中轨线设置为 20 天的简单移动平均线，而上轨线和下轨线则基于简单移动平均线相关的市场波动率（标准差 σ）计算。

标准布林带指标的公式如下：

- 中轨线 = 周期为 20 的 SMA
- 上轨线 = 周期为 20 的 SMA + 周期为 20 的标准差 × 2
- 下轨线 = 周期为 20 的 SMA − 周期 20 的标准差 × 2

30.4.2 实例：布林带+均线带

下面的脚本是 TradingView 平台上收获点赞数很高的@Adarsh 所分享的脚本，并进行了优化和升级。该脚本结合了多个技术指标，包括移动平均线（用户可以选择 EMA、SMA、VWMA 或 WMA，默认为 EMA）、VWAP 和布林带，并应用了 Hull Trend with Kahlman 算法。它在图表中绘制了布林带、一个基于 Hull Trend with Kahlman 算法自定义的 VWAP 移动平均线和一条自定义的非线性移动平均线。此外，该脚本还支持提醒功能，如下所示。

```
//@version=5
indicator("IDEAL BB with MA (With Alerts)" , overlay=true)

length1 = input.int(title='1st Length', minval=1, defval=120)
length2 = input.int(title='2nd Length', minval=1, defval=12)
maInput = input.string(title='MA Type', defval='EMA', options=['EMA', 'SMA',
'VWMA', 'WMA'])
src = input(title='Source', defval=hl2)

getMA(src, length) =>
    ma = 0.0

    if maInput == 'EMA'
        ma := ta.ema(src, length)
        ma

    if maInput == 'SMA'
        ma := ta.sma(src, length)
        ma

    if maInput == 'VWMA'
```

```
        ma := ta.vwma(src, length)
        ma

    if maInput == 'WMA'
        ma := ta.wma(src, length)
        ma
    ma

getNMA(src, length1, length2) =>
    lambda = length1 / length2
    alpha = lambda * (length1 - 1) / (length1 - lambda)

    ma1 = getMA(src, length1)
    ma2 = getMA(ma1, length2)

    nma = (1 + alpha) * ma1 - alpha * ma2
    nma

nma = getNMA(src, length1, length2)

plot(nma, title='NMA Black Line', linewidth=2, style=plot.style_stepline,
color=color.new(color.black, 0))

//VWAP 带
lenvwap = input.int(1, minval=1, title='VWAP Length')
src1a = input(close, title='VWAP Source')
offsetvwap = input.int(title='VWAP Offset', defval=0, minval=-500, maxval=500)
srcvwap = hlc3
vvwap = ta.vwap(srcvwap)
line1 = ta.sma(src1a, lenvwap)
plot(vvwap, color=color.new(#e91e63, 0), linewidth=2, style=plot.style_line,
title='VWAP MIDDLE')

// 布林带
emaSource = close
emaPeriod = 20
devMultiple = 2
baseline = ta.sma(emaSource, emaPeriod)
plot(baseline, title='BB Red Line', color=color.new(color.red, 0))
stdDeviation = devMultiple * ta.stdev(emaSource, emaPeriod)
upperBand = baseline + stdDeviation
lowerBand = baseline - stdDeviation
```

```
p1 = plot(upperBand, title='BB Top', color=color.new(color.blue, 0))
p2 = plot(lowerBand, title='BB Bottom', color=color.new(#311b92, 0))
fill(p1, p2, color=color.new(color.blue, 90))

//HULL TREND WITH KAHLMAN算法
srchull = input(hl2, 'Price Data')
lengthhull = input(24, 'Lookback')
showcross = input(true, 'Show cross over/under')
gain = input(10000, 'Gain')
k = input(true, 'Use Kahlman')

hma1(_srchull, _lengthhull) =>
    ta.wma(2 * ta.wma(_srchull, _lengthhull / 2) - ta.wma(_srchull, _lengthhull),
math.round(math.sqrt(_lengthhull)))

hma3(_srchull, _lengthhull) =>
    p = lengthhull / 2
    ta.wma(ta.wma(close, p / 3) * 3 - ta.wma(close, p / 2) - ta.wma(close, p),
p)

kahlman(x, g) =>
    kf = 0.0
    dk = x - nz(kf[1], x)
    smooth = nz(kf[1], x) + dk * math.sqrt(g / 10000 * 2)
    velo = 0.0
    velo := nz(velo[1], 0) + g / 10000 * dk
    kf := smooth + velo
    kf

a = k ? kahlman(hma1(srchull, lengthhull), gain) : hma1(srchull, lengthhull)
b = k ? kahlman(hma3(srchull, lengthhull), gain) : hma3(srchull, lengthhull)
c = b > a ? color.lime : color.red
crossdn = a > b and a[1] < b[1]
crossup = b > a and b[1] < a[1]

p1hma = plot(a, color=color.new(c,75), linewidth=1, title='Long Plot')
p2hma = plot(b, color=color.new(c,75), linewidth=1, title='Short Plot')
fill(p1hma, p2hma, color=color.new(c,55), title='Fill')
plotshape(showcross and crossdn ? a : na, location=location.abovebar,
style=shape.labeldown, color=color.new(color.red, 0), size=size.tiny,
text='Sell', textcolor=color.new(color.white, 0), offset=-1)
```

```
plotshape(showcross and crossup ? a : na, location=location.belowbar,
style=shape.labelup, color=color.new(color.green, 0), size=size.tiny,
text='Buy', textcolor=color.new(color.white, 0), offset=-1)

//提醒
alertcondition(crossup, title='Buy', message='Go Long')
alertcondition(crossdn, title='Sell', message='Go Short')
```

将指标添加到图表中，以特斯拉股票（TSLA）为例，运行结果如图 30-5 所示。

图 30-5   探究 IDEAL BB with MA 指标在价格走势分析中的应用效果

可以发现 IDEAL BB with MA 指标提示的做多和做空的位置都是不错的买卖点位。

30.5   小结

波动率是金融交易中最为重要的概念之一，它能够决定交易者的风险和收益。波动率指标更是期权交易者的良友挚爱，是期权交易中不可或缺的技术分析手段。

本章介绍了几款常见的波动率指标，包括均幅指标、肯特纳通道、布林带和 TTM Squeeze。其中均幅指标、肯特纳通道和布林带常常作为基础工具与其他技术分析算法结合使用。TTM Squeeze 指标是一款复合了多种技术分析工具的综合指标，灵活且巧妙地运用该工具可以带来意想不到的收益。

第 31 章　其他指标与技术分析工具

31.1　斐波那契回撤与扩展

31.1.1　斐波那契回撤与扩展简介

斐波那契数列（Fibonacci Sequence）是由意大利数学家莱昂纳多·斐波那契（Leonardo Fibonacci）提出的理论。斐波那契回撤与扩展（Fibonacci Retracement & Extension）是斐波那契数列的逻辑推论，在金融市场的技术分析领域很受欢迎，因为既可以应用这些理论来解释市场行为，还可以将这些理论应用于任何时间框架。

斐波那契回撤简单说来就是根据斐波那契数列绘制的百分比回撤线。斐波那契回撤位，指价格在延续主导趋势前，可能回撤至该水平位置，根据 0.236、0.382、0.50、和 0.618 几个关键比率划分为几个部分。

同理斐波那契扩展（Fibonacci Extension）就是根据斐波那契数列绘制的百分比扩展线。斐波那契扩展位，指价格在延续主导趋势后，可能延展至该水平位置，根据 1.618、2.618 和 3.618 等几个关键比率划分为几个部分。

TradingView 平台提供的绘图工具可用于绘制斐波那契回撤与扩展。此外，用户还可以通过使用脚本实现绘制斐波那契回撤与扩展。

31.1.2　实例 1：Auto Fib Retracement

TradingView 平台自带 Auto Fib Retracement 指标，脚本在 Pine Script V5 中是开源的，感兴趣的读者可以自行查看源码。以 SPDR 标普 500 指数 ETF（SPY）周线图为例，首先单击图表上方的"Indicators，Metrics & Strategies"选项，然后在弹出窗口中搜索"Auto Fib Retracement"指标，如图 31-1 所示。

将该指标添加到图表中，并将参数 Depth 的值修改为 50，运行结果如图 31-2 所示。

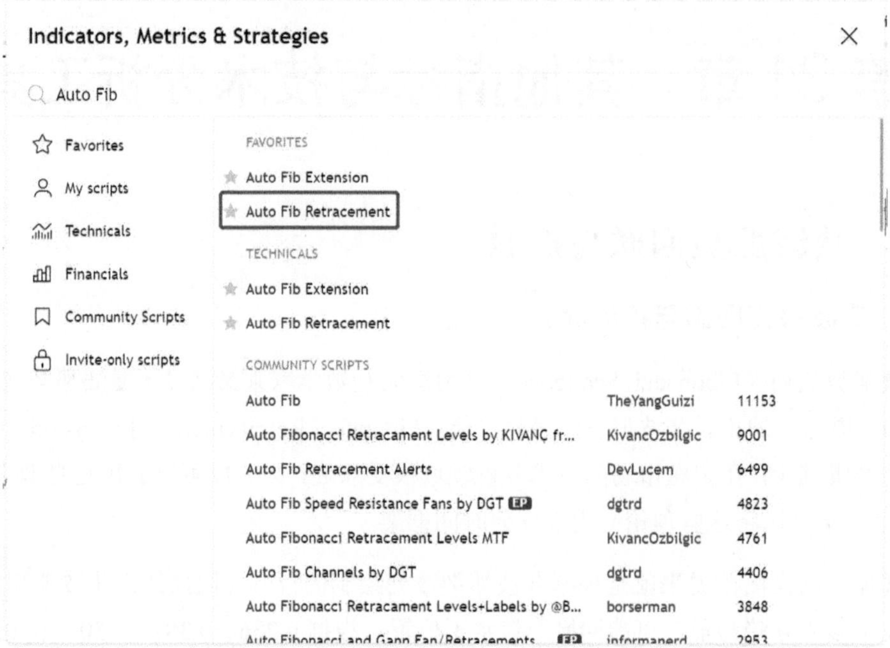

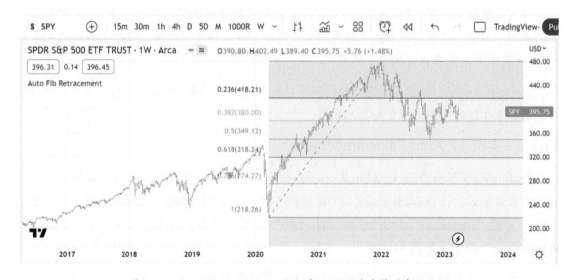

图 31-1　搜索"Auto Fib Retracement"指标

图 31-2　Auto Fib Retracement 指标在 SPY 周线走势图中的应用

可以看出，斐波那契回撤的点位处似乎有一种无形的力量在影响行情的走势。

31.1.3 实例 2：Auto Fib Extension

TradingView 平台自带 Auto Fib Extension 指标，脚本是开源的，感兴趣的读者可以自行查看源码。仍然以 SPDR 标普 500 指数 ETF（SPY）周线图为例。在主图上方的菜单栏中单击 "Indicators, Metrics & Strategies" 选项，然后在弹出窗口的搜索栏中输入该指标脚本名称 "Auto Fib Extension"，并选中再将其添加到图表中，然后将参数 Depth 的值修改为 60，运行结果如图 31-3 所示。

图 31-3　Auto Fib Extension 指标在 SPY 周线走势图中的应用

31.1.4 实例 3：Fibonacci Zone

斐波那契回撤与扩展是一种用于分析金融市场价格走势的技术指标，其算法相对简单，用户可以根据自己的需求进行定制。

下面的脚本使用了斐波那契数列（0.236、0.382、0.5、0.618 和 0.764）来绘制几条折线，分别代表不同的回测比例，然后通过 fill 函数填充不同颜色的通道来代表不同的回测比例价格区间。这个价格区间指标可以帮助交易者分析价格走势和评估价格可能出现的区间。脚本如下所示。

```
//@version=5
indicator("Fibonacci Zone", overlay=true)
per = input(21, 'calculate for last ## bars')
hl = ta.highest(high, per)  //最上面的边界线
ll = ta.lowest(low, per)   //最底部的边界线
dist = hl - ll  //range of the channel 带宽
```

```
hf = hl - dist * 0.236   //Highest Fibonacci line
cfh = hl - dist * 0.382  //Center High Fibonacci line
ct = hl - dist * 0.5     //Center 中间线
cfl = hl - dist * 0.618  //Center Low Fibonacci line
lf = hl - dist * 0.764   //Lowest Fibonacci line
plot(ct,color=color.maroon)
fill(plot(hl, title='high border'), plot(hf), color=color.new(#00FFFF, 90))  //
上面的蓝色区域
fill(plot(cfh), plot(cfl), color=color.new(color.gray, 90))  // 中间灰色区域
fill(plot(ll, title='low border'), plot(lf), color=color.new(color.orange,
90))  //下面的橙色区域
```

将该脚本添加到图表中，运行结果如下图 31-4 所示。

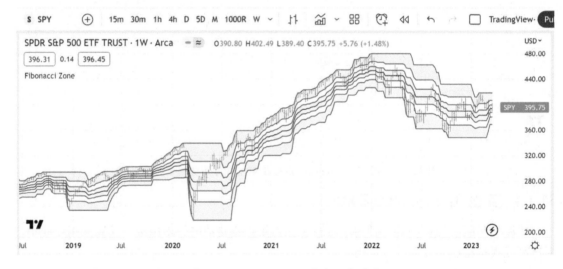

图 31-4　Fibonacci Zone 指标运行结果

与前文提到的 Auto Fib Retracement 指标和 Auto Fib Extension 指标相比，Fibonacci Zone 指标的优势在于它可以伴随着 K 线的变化动态地调整斐波那契线的位置。

31.2　跳空缺口

31.2.1　跳空缺口简介

跳空缺口（Gap）是指金融资产当日的开盘价高于昨日的最高价（跳空高开）或者低于昨日的最低价（跳空低开），使 K 线图出现缺口的现象。

31.2.2 实例：Gaps

TradingView 平台最新发布了 Gaps 指标，实现的功能是用浅绿色水平通道指示跳空高开的缺口，用浅红色水平通道指示跳空低开的缺口，同时包括提醒功能，脚本如下所示。

```
//@version=5
indicator("Gaps", overlay = true, max_boxes_count = 500)

var allBoxesArray = array.new<box>()
var boxIsActiveArray = array.new<bool>()
var boxIsBullArray = array.new<bool>()

boxLimitInput = input.int(15, "Max Number of Gaps", minval = 1, maxval = 500)
minimalDeviationTooltip = "Specifies the minimal size of detected gaps, as a
percentage of the average high-low range for the last 14 bars."
minimalDeviationInput = nz(input.float(30.0, "Minimal Deviation (%)", tooltip
= minimalDeviationTooltip, minval=1, maxval=100) / 100 * ta.sma(high-low, 14))
limitBoxLengthBoolInput = input.bool(false, "Limit Max Gap Trail Length (bars)",
inline = "Length Limit")
limitBoxLengthIntInput = input.int(300, "", inline = "Length Limit", minval =
1)

groupName = "Border and fill colors"
colorUpBorderInput = input.color(color.green, "Up Gaps", inline = "Gap Up", group
= groupName)
colorUpBackgroundInput = input.color(color.new(color.green, 85), "", inline =
"Gap Up", group = groupName)
colorDownBorderInput = input.color(color.red, "Down Gaps", inline = "Gap Down",
group = groupName)
colorDownBackgroundInput = input.color(color.new(color.red, 85), "", inline =
"Gap Down", group = groupName)

// 检测缺口 gap
isGapDown = high < low[1] and low[1] - high >= minimalDeviationInput
isGapUp = low > high[1] and low - high[1] >= minimalDeviationInput
isGap = isGapDown or isGapUp
isGapClosed = false
```

```
// 检测缺口的回补
for [index, _box] in allBoxesArray
    if array.get(boxIsActiveArray, index)
        top = box.get_top(_box)
        bot = box.get_bottom(_box)
        isBull = array.get(boxIsBullArray, index)
        box.set_right(_box, bar_index)
        if ((high > bot and isBull) or (low < top and not isBull)) or
(limitBoxLengthBoolInput and bar_index - box.get_left(_box) >=
limitBoxLengthIntInput)
            box.set_extend(_box, extend.none)
            array.set(boxIsActiveArray, index, false)
            isGapClosed := true

// 若有新缺口则绘制 box, 并根据实际情况移除时间最远的 box
if isGap
    box1 = box.new(
      bar_index[1],
      (isGapDown ? low[1] : low),
      bar_index,
      (isGapDown ? high : high[1]),
      border_color = isGapDown ? colorDownBorderInput : colorUpBorderInput,
      bgcolor = isGapDown ? colorDownBackgroundInput : colorUpBackgroundInput,
      extend = extend.right)

    array.push(allBoxesArray, box1)
    array.push(boxIsActiveArray, true)
    array.push(boxIsBullArray, isGapDown)
    if array.size(allBoxesArray) > boxLimitInput
        box.delete(array.shift(allBoxesArray))
        array.shift(boxIsActiveArray)
        array.shift(boxIsBullArray)

if barstate.islastconfirmedhistory and array.size(allBoxesArray) == 0
```

```
    noGapText = "No gaps found on the current chart. \n The cause could be that
some exchanges align the open of new bars on the close of the previous one, resulting
in charts with no gaps."
    var infoTable = table.new(position.bottom_right, 1, 1)
    table.cell(infoTable, 0, 0, text = noGapText, text_color = chart.bg_color,
bgcolor = chart.fg_color)

alertcondition(isGap, "New Gap Appeared", "A new gap has appeared.")
alertcondition(isGapClosed, "Gap Closed", "A gap was closed.")
```

将该指标添加到图表中，以上证指数（000001）为例，运行结果如图 31-5 所示。

图 31-5　跳空缺口实例运行结果

31.3　砖形图

31.3.1　砖形图简介

砖形图（Renko）是一种 K 线形态，也可用作技术指标。"Renko"一词源自日语单词
"Renga"，意为"砖"。砖形图是由一系列"砖块"构成的，砖块的生成取决于价格的波动。
一旦价格波动超过用户定义的砖块大小，就会向图表添加新的砖块：若价格上涨，则在最近
的砖块之上添加，反之，若价格下跌，则在最近的砖块之下添加。

通常有两种方法设置砖块的尺寸。一种是传统方法，即设置一个固定的砖块尺寸的值；另一种是 ATR（Average True Range）方法，即应用 ATR 指标的算法计算砖块的尺寸。砖形图与常规 K 线图之间最主要的差别在于砖形图不考虑时间因素，只考虑价格变化。

31.3.2   如何使用砖形图

1. 在 TradingView 平台上使用砖形图

TradingView 平台支持砖形图类型的 K 线，目前用户可以在界面上自由切换多达 14 种 K 线形态，如图 31-6 所示，用户也可以将砖形图作为指标。

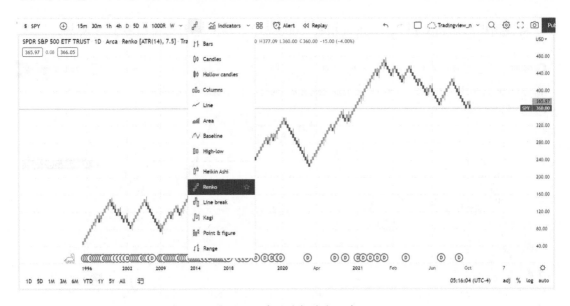

图 31-6   砖形图类型的 K 线

2. 砖块尺寸的设置方法

对于 TradingView 平台上的任意一个砖形图类型 K 线图表而言，都可以通过单击图表界面的"Chart settings"选项，在弹出的对话框中查看砖形图属性，如图 31-7 所示。

单击"Box size assignment method"的下拉列表，会弹出"ATR"和"Traditional"两个选项，如图 31-8 所示。

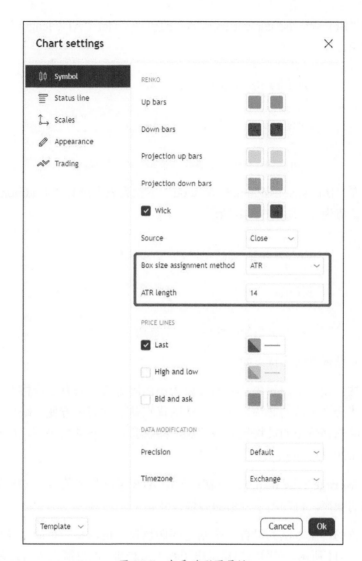

图 31-7 查看砖形图属性

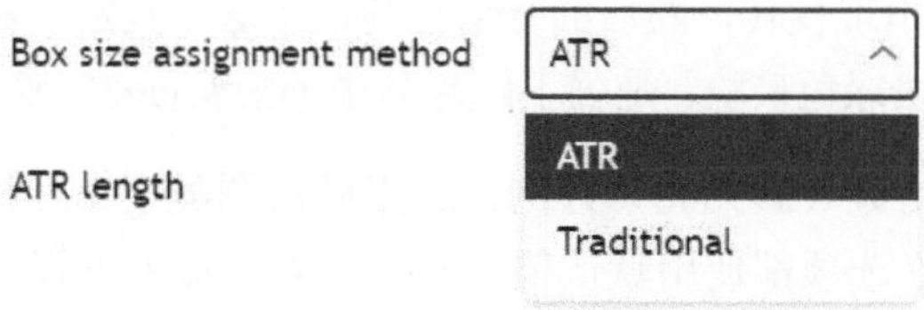

图 31-8 砖块尺寸参数的设置方法 1

系统默认的"Box size assignment method"的值为 ATR,"ATR length"选项的默认值为 14,如图 31-9 所示。

Box size assignment method	ATR
ATR length	14

图 31-9　砖块尺寸参数的设置方法 1 的默认值

用户也可以在"Box size assignment method"下拉列表中选择"Traditional"选项,此时 "Box size"的默认值为 3,如图 31-10 所示。

Box size assignment method	Traditional
Box size	3

图 31-10　砖块尺寸参数的设置方法 2

两种砖块尺寸设置方法的特点如下。

- **传统方法**:使用用户预先定义的砖块大小的固定值。只有当价格变动不小于砖块尺寸时,才会产生新的砖块。这种方法的优点是非常简单方便;缺点是为了给特定的金融产品选择恰当的砖块尺寸需要做一些试验。在通常情况下,用户可以选择当前市价的 1/20 大小的砖块。

- **ATR(Average True Range)方法**:使用 ATR 算法生成的值。ATR 算法可以过滤价格波动的噪声,自动调整合适的砖块尺寸。

砖块尺寸设置的传统方法为设置一个固定的砖块尺寸值,举一个简化模型的例子(砖块尺寸为 5),如图 31-11 所示。在图左侧显示出了强上涨趋势,橙色箭头所指处有一块红色砖块,为强上涨趋势中的短暂回撤,这是一个很好的做多机会。图中的 K 线顶部有 3 块红色砖块,提示前期的强上涨趋势可能出现反转,随后的行情也验证了这个判断。在图右侧展示了强下跌趋势,橙色箭头所指处有一块绿色砖块,是强下跌趋势中的短暂回撤,这是一个很好的做空机会。

我们以 A 股创业板指数(399006)为例,选用砖形图类型 K 线,"Box size assignment method"和"ATR length"选项都使用默认值,并在图表上加入支撑/压力位指标,如图 31-12 所示。使用砖形图并配合支撑/压力位指标,是在技术分析中的很不错组合。

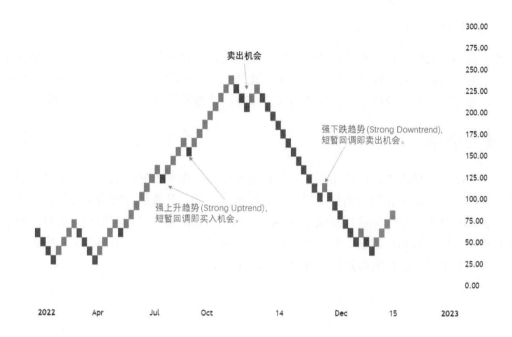

图 31-11 砖形图的简化模型

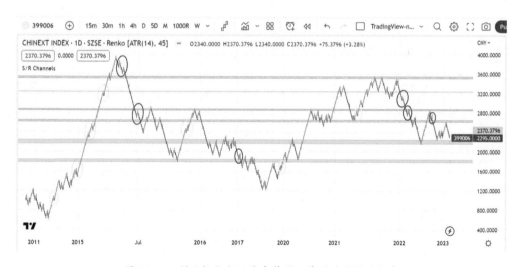

图 31-12 创业板指数日线走势图：基于砖形图的视角

在图 31-12 中，我们手动加入了黄色圈和蓝色圈，其中黄色圈标识了上升趋势中的短暂回撤，而蓝色圈标识了下跌趋势中的短暂回撤。可以看出砖形图对于 A 股创业板指数是一种比较有效的工具。

3. 砖形图的优势

砖形图的最大优势在于能够过滤掉价格的小波动,从而使交易者既可以更容易地观察价格趋势,也可以从不同的角度观察 K 线形态。此外,还可以用于追踪止盈/止损位。砖块的尺寸越大,能过滤掉的小波动越多;砖块的尺寸越小,则越能够呈现更细节的价格变化。

31.4 小结

本章介绍了三种特殊的技术指标。分别是斐波那契回撤与扩展、跳空缺口和砖形图,它们不能被归类于前面所介绍的指标类型。这三种技术分析工具都很有实用的价值:斐波那契回撤与扩展和跳空缺口指标可以反映市场情绪和心理,而砖形图可以帮助交易者换个角度观测市场行情、探究真相,洞察、筛选和汲取有用的信息,从而助力于交易决策。事实上,这既是砖形图的优势,也是编写指标/策略所追求的目标之一。